在渝高校与中科院所属院所合作项目重点项目 HZ2021013

金属电极材料及电化学特性研究

田亮亮　曾　冲　宋　静／著

中国原子能出版社

图书在版编目（CIP）数据

金属电极材料及电化学特性研究 / 田亮亮，曾冲，宋静著. —— 北京：中国原子能出版社，2022.5

ISBN 978-7-5221-1963-2

Ⅰ.①金… Ⅱ.①田… ②曾… ③宋… Ⅲ.①金属电极—材料—研究②金属电极—电化学—特性—研究 Ⅳ.① O646.54

中国版本图书馆 CIP 数据核字（2022）第 083594 号

内 容 简 介

电极材料是决定电化学电容器性能的关键。作为超级电容器的核心组成，电极材料对超级电容器的性能起着决定性作用，因此开发廉价、高性能的电极材料，将是推动超级电容器产业化的重要途径。本书以金属电极材料为研究对象，对其电化学特性展开研究，积累了大量的实验数据。全书主要内容包括高效电活性材料形貌调控机理、分级空心结构过渡金属材料的台成及其电化学性能、笼状 TMOs 材料的设计合成及其电催化性能、β–氢氧化镍纳米片的电化学腐蚀制备及性能、空心贵金属纳米材料的制备及其在电化学传感器中的应用、多级笼状纳米活性材料的设计及在电化学传感器中的应用等。该系列研究对金属电极材料性能优化和可控制备有重要的参考意义。本书可以作为高校教材使用。

金属电极材料及电化学特性研究

出版发行	中国原子能出版社（北京市海淀区阜成路 43 号 100048）
责任编辑	白皎玮
责任校对	冯莲凤
印　　刷	北京九州迅驰传媒文化有限公司
经　　销	全国新华书店
开　　本	710 mm × 1000 mm　1/16
印　　张	19.25
字　　数	305 千字
版　　次	2023 年 3 月第 1 版　2023 年 3 月第 1 次印刷
书　　号	ISBN 978-7-5221-1963-2　定　价　98.00 元

网　　址：http://www.aep.com.cn　E-mail:atomep123@126.com
发行电话：010-68452845

前　言

当前，化石燃料的燃烧已造成了严重的环境问题，且化石燃料为不可再生能源，能源危机也成为人类所面临的严峻考验。储能器件作为清洁、可再生能源走向应用的桥梁，近半个世纪以来已经成为国际热点话题。

电化学超级电容器是近年来出现的一种新型能源器件，其容量可达法拉甚至数千法拉，享有"超级电容器"之称。它弥补了电池及常规电容器的不足，兼有常规电容器功率密度和电池能量密度高的优点，是一种新型、高效、实用的能量储存装置。作为一种新型的能量存储装置，电化学电容器因具有功率密度高、电容量大、充放电过程简单及循环寿命长等优点而越来越受到人们的关注，在便携式仪器设备、数据记忆存储系统、电动汽车电源、应急后备电源等许多领域都有应用，具有广阔的应用前景及巨大的经济价值，已成为世界各国研发的热点。

电极材料是决定电化学电容器性能的关键。作为超级电容器的核心组成，电极材料对超级电容器的性能起着决定性作用，因此开发廉价、高性能的电极材料，将是推动超级电容器产业化的重要途径。镍、钴离子具有高的电化学活性、良好的可逆氧化还原性，通过温和的方法能够实现镍、钴基化合物的微纳米制备，非常适合用作超级电容器电极材料。但现有的研究成果还不理想，制备集各种优良性能于一体的、具有优异性能的新材料是研究者的目标。因此，研究电极材料的结构及性质对电极电化学性能的影响具有十分重要的理论和现实意义。

本书作者以金属电极材料为研究对象，对其电化学特性展开研究，积累了大量的实验数据。全书共计7章，主要内容包括金属电极形貌调控机理、贵金属纳米电极的设计及其在电化学传感器中的应用、多级笼状纳米活性材料的设计及在电化学传感器中的应用、β-氢氧化镍片状电极的电化学性能研究等。该系列研究对金属电极材料性能优化和可控制备有重要的参考意义。

近年来化学电源方面的新材料、新工艺及新技术层出不穷，因此在写作过程中，既考虑到技术及理论的成熟性，也兼顾了技术的发展和展望。本书内容主要总结了作者近年来在镍、钴基超级电容器电极材料领域的研究进展。本书的完成，离不开多年来在实验室工作过的研究生坚持不懈的努力，在此对他们表示感谢。写作过程中还参考了近年来专业理论电化学、化学电源、电化学测量等内容，及国内外相关专著和一些文献资料，在此向各位作者一并致以诚挚的谢意，衷心感谢国内外同人们在超级电容器应用方面所做的工作。

本书由田亮亮、曾冲、宋静共同撰写，具体分工如下：

田亮亮（重庆文理学院电子信息与电气工程学院）：第3章~第7章，约19.602万字；

曾冲（重庆文理学院电子信息与电气工程学院）：第1章1.4~1.8、第2章，约8.019万字；

宋静（中国科学院过程工程研究所）：第1章1.1~1.3，约0.99万字。

我们尽最大努力去完成本书，但是由于水平有限，加之时间较为仓促，书中存在不当之处在所难免，敬请各位专家和学广大读者批评指正。

著　者
2022年3月

目 录

第1章 概述

1.1 电化学传感器概述

　　电化学传感器是由一个或多个能产生与被测组分性质相关电信号的敏感元件所构成的传感器，通过电化学分析检测电流、电阻或电位等电信号手段来测定体系中目标物质的含量。化学修饰电极作为电化学传感器的核心部件之一，其对电化学传感器的发展起到了关键性的作用。如何使化学修饰电极有选择性地按照人们所期望的反应进行，是亟需解决的关键问题。化学修饰电极的出现为解决此问题带来了可能，它是按照人们特定的意图，在电极表面进行分子设计和人工裁剪，将具有特定功能性的物质修饰于电极表面，赋予电极优良和特定的功能，从而提高其灵敏性、准确性和选择性。电化学传感器通常以化学修饰电极为工作电极（working electrode），为了确保工作电极在工作时保持恒定的电位，一般用参比电极（reference electrode）和对电极（counter electrode）组成三电极两回路的体系，如图1-1所示。

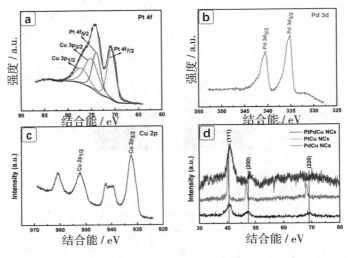

图1-1　电化学测试装置图

1.1.1　电化学传感器的分类

电化学传感器按照不同的工作原理可分为不同的种类。按照转变方式和输出检测信号的不同，电化学传感器可分为电流型传感器、电导型传感器和电位型传感器，电流型传感器是将被测物发生氧化还原流过外电路的电流变化作为输出检测信号，来实现被测物的检测，主要研究电流随时间的变化，该电流与被测物浓度成正比；电位型传感器是将电解质溶液中的被检测物质在电极上产生的电动势变化作为输出检测信号，来实现被测物的检测，主要将化学反应转换为电信号，该电信号与被测物质的浓度对数成正比；电导型传感器是将电解质溶液中被测物的电导变化作为传感器的输出检测信号，主要根据电解质溶液中的被测物与电极之间的电阻变化，来实现被测物浓度检测的一种方法。按照传感器的制备过程是否有酶参与，又分为酶传感器和无酶传感器。按照被测物的不同，电化学传感器分为离子传感器、生物传感器和气体传感器，具体分类如图1-2所示。

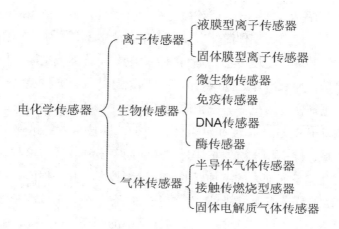

图1-2 电化学传感器分类

1.1.1.1 离子传感器

离子传感器又称离子选择性电极，它能与待测液中特定的离子产生选择性的响应，并将离子活度转化为电位，此电极有独特的电极膜，电极膜电位与待测离子含量之间的关系遵从能斯特公式。离子选择性电极主要由活性膜或敏感膜、内导系统和电极控件等组成，敏感膜是离子选择性电极的重要组成部分，内导系统包括内参比溶液和内参比电极，而全固态离子选择性电极无内参比溶液，只有碳棒或金属丝，其作用是将膜电位引出。所以，离子传感器又分为液膜型离子传感器和固体膜型离子传感器。

1.1.1.2 生物传感器

生物传感器是固定化的生物活性分子（酶、蛋白质、DNA、抗原、抗体、生物膜等）与目标物特异性结合，将结合反应过程中所发生的物理或化学变化转化为电信号予以放大输出，从而得到对目标物的检测结果。根据生物活性分子的不同，主要有微生物传感器、免疫传感器、酶传感器、电化学DNA传感器等。微生物传感器主要是利用微生物的呼吸活性或代谢物质来追踪其活动状态利用丝网印刷的方法，将酵母-Arxula固定在氧薄层电极上，构建了一个微生物传感器用于生物需氧量的检测，检测时间仅需

100 s，检测下限达1.24 mg·L^{-1}，该微生物传感器具有实际应用的前景。微生物传感器最大的优点是操作简便、设备简单、成本低，主要应用在发酵工程和环境监测等领域。免疫传感器是利用免疫物质（抗体或抗原）作为分子识别元件，依赖抗原和抗体之间的特异性吸附进行结合，通过免疫反应形成免疫复合物，进而实现对抗体（或抗原）高选择性、高灵敏性检测的生物传感器。由于具有极高的选择性和灵敏度，免疫传感技术发展迅速，并拓展应用到其他领域，除应用于抗原抗体外，还应用于多种物质的检测。DNA生物传感器是近几年发展起来的一种新的DNA检测技术，它是把已知序列的单链DNA（ssDNA）分子作为识别元件，在一定的条件下（pH、离子强度和温度等），按照DNA碱基互补配对原则，与样品中的靶 DNA 杂交，结合成双链DNA（dsDNA），当固定在电极上的ssDNA与样品中互补的ssDNA链相遇时，发生杂交反应，反体系中的电流、电压等电化学信号会发生改变，通过对电化学信号变化的检测可对实现对样品中DNA的序列和含量的测定。电化学酶传感器是应用最广泛的一种生物传感器，最早的酶传感器是UPdike和Hicks在将葡萄糖氧化酶固定在氧电极表面而制成的，用于测定血糖的含量。此后，酶传感器引起了高度重视并得到了迅速的发展。它的发展经历了三个阶段，前两个阶段由于氧化还原活性中心被包埋在酶蛋白质分子里面，它与电极表面之间的直接电子传递难以进行，即使能够进行，传递速率也很低。第三代酶生物传感器是将酶共价键合到化学修饰电极上，使酶氧化还原活性中心与电极接近，促使直接电子传递相对容易地进行，主要依靠一些特有的酶固定方法和修饰电极表面的导电材料来增加酶活性中心和电极表面的电子传递。因此，生物活性分子的固定和酶的氧化还原活性中心与电极间的电子传递是制备酶电化学传感器的关键。但酶生物传感器易受外界条件的影响，主要是温度及pH等，过低的温度使得酶活性降低，较高的温度和过高过低的pH都可以使酶发生变性而失去活性，影响酶传感器的检测效果。无酶电化学传感器由于灵敏度高、选择性好、响应迅速、操作简单和价格低廉等优点而被广泛应用。

1.1.1.3　气体传感器

工业的飞速发展，工业废气、有毒有害气体的大量排放严重污染了自然生态环境，同时也危害了人类的身心健康。因此，各种气体监测装置的开发应用也得到了广泛的关注，电化学气体传感器因其快速、准确、微型化以及可实时和连续检测等优点，而成为广大科研工作者研究的热点。电化学气体传感器主要分为半导体气体传感器、接触燃烧型气体传感器和固体电解质气体传感器[20]。半导体气体传感器使用的半导体气敏材料主要是SnO_2、ZnO和Fe_2O_3等金属氧化物。接触燃烧型气体传感器是利用可燃性气体在检测元件表面产生无焰燃烧而升温使其电阻值发生变化这一原理来检测各种可燃性气体（H_2、CO和CH_4等）在其爆炸下限以内的浓度，可实现对可燃性气体的浓度检测及对危险浓度的早期预警。目前日美两国对此类传感器已实现大规模生产，成功实现商品化且实用效果好、可靠性高。

1.1.2　电化学传感器的特点

随着科学技术的发展和科学研究的深入，人们对传感器的需求量会不断增加，对传感器性能的要求也会不断提高，电化学传感器在其中扮演着重要的角色，已经广泛应用于基础电化学和应用电化学研究、材料分析、环境分析及医学分析等领域。电化学传感器主要有以下特点。

（1）电化学酶传感器由于酶的专一性而具有高的选择性，能够在多种复杂体系中测定。但酶的活性易受温度以及pH等外界环境因素的影响而使酶变性失活，影响传感器的寿命和测定结果的准确性，而且酶电极的固定过程比较繁琐，制作程序复杂，因此酶传感器在实际应用中受到了很大的限制，无酶传感器制备和应用是重要的研究方向之一

（2）电化学传感器最关键的部分是修饰电极，选择好电极材料可以有效提高其选择性。有些电极材料对特定的检测物质有更好的催化效果，检测时就会具有高的灵敏度。传感器检测时响应时间短，设备与计算机连接，可以快速显示检测结果。测量检测限低，检测浓度可达10^{-12}数量级。

（3）电化学传感可以直接测量电化学信号，所需仪器装置简单，操作方便，易于与其他仪器连用实现自动控制和实时在线分析。

（4）检测范围广，可以检测无机物、无机离子、有机物以及DNA分析等。

（5）设备小巧，易于微型化便于携带，能耗低，成本低。

电化学传感器作为一种分析检测技术，操作简单和价格低廉，且具有灵敏度高、稳定性好、能进行快速实时连续监测等特点，被广泛应用于临床诊断、生物分析、环境监测、食品检测等领域。

1.1.3　传感性能指标

电化学传感器的性能指标主要有：

（1）灵敏度。灵敏度是电化学传感器的一个重要性能指标，是指传感器的输出变化与输入变化的比值，即输出量的增量 Δy 与引起该增量的相应输入量增量 Δx 之比，$\Delta y/\Delta x$ 值越大表示传感器越灵敏。

（2）选择性。我们使用的电化学传感器一般希望只对某种特定的物质起作用，这就需要传感器具有良好的选择性。工作电位和电极材料的选择直接影响传感器的选择性，较低的工作电位会导致灵敏度下降，较高的工作电位会导致一些干扰物质被氧化，对检测目标物有一定的干扰。

（3）测量范围。测量范围即可测量的量程，是指灵敏度随幅值的变化量不超出给定误差限的输入机械量的幅值范围。传感器所能测量到的最小输入量与最大输入量之间的范围，在此范围内，输出电压和机械输入量成正比，所以也称为线性范围。线性范围越宽表示可测量的范围就越广，传感性能越好。

（4）响应时间。指传感器可以获得测量信号的最短时间，对于电位型传感器取决于膜电位达到平衡时间的长短，对于电流型传感器取决于反应电阻和界面电容的时间常数。

（5）背景电流。由于测量系统或仪器本身的影响，传感器产生了一定的电流，如电极上的杂质、电解液等都会产生或大或小的电流，背景电流影响传感器的灵敏度。

此外，电化学传感器的性能指标还有稳定性、重现性、温度系数、使用寿命等，各性能指标与传感器中敏感元件的本质、电极材料、制备工艺、信号收集与处理系统的性能等因素有关。

1.2　纳米材料的电化学应用

1834年，法拉第（Faraday）通过很多的实验现象总结，提出了法拉第电解定律，使得人们可以客观研究电化学相关现象，使得电化学理论可以得到快速发展。纳米材料的电化学应用主要集中表现在电极表面对电化学反应的催化作用，主要体现在氢的析出（HER）、氧还原（ORR）、析氧（OER）、甲醇的催化氧化反应和电化学传感（Sensor）等领域。

1.2.1　电化学析氢（HER）

人类目前可以利用的可再生清洁能源之一的是氢能，它由于能量密度高并且环境友好，也是政治、军事、外交等领域的关注热点，且对减缓全球温室效应和能源危机有着重大的意义。氢能在以往众多的制氢的方案中，电催化产氢（Hydrogen Evolution Reaction，HER）是较其他方法更加安全，产物纯度更高。但是，电催化制氢需要过高的过电势来电解水，因此需要一种合适的催化剂来降低过电势。根据Tafel公式可以知道：$\eta = a + b \ln J$（公式中的b为经验常数，大约为$100 \sim 140 \ \mathrm{mV}$），对于大多数金属的表面，表面电场对HER的活化效应大致相同。通常使用超低电势金属做平衡氢电极，用于阴极或者负极材料，同时也应当考虑到金属元素在地球上的含量。

1.2.2 电化学传感

随着人类生活的提高，糖尿病已经成为目前世界上发病率最高的疾病之一，大约全世界有十分之一的人口的血糖浓度高于正常人，患有糖尿病的病人对人身体非常有害。血糖浓度已经开始作为糖尿病的标志性指标，医院可以通过检测血糖浓度来诊断患者的病情，所以通过实现对血糖浓度生理水平的快速、精准的检测对于治疗糖尿病具有重要的意义。目前对于血糖浓度检测主要采用光谱法。但是光谱法测试设备价格昂贵，测试周期较长，便携性差，不利于待测物的快速检测和现场使用等缺点。这也使得研发一种价格低廉、快速便携的传感器用于血糖浓度和双氧水的痕量检测成为一个热门研究。

电化学传感器（Electrochemical Sensor）是一种成本低，灵敏度高，操作方便且强时效性的检测手段，可以实现对待测物的准确快速检测。该检测方法通过固定于电极上的电催化材料来实现定量地建立催化电流与待测物浓度之间的线性关系。因此，传感器的各项性能指标是由电催化材料的应用催化效率直接决定了，通过研发应用具有高催化活性水平的电催化材料，对于传感器性能的改善和痕量物质的精确检测都具有重大意义。传感器是一种能够接收外界的物理/化学信号，并将此作为信息以一定的方式（电信号或生物递质）等形式输出的设备，广泛应用于医疗卫生、日常生活以及社会发展中。传感器有很多类型，如应力传感器、色谱传感、pH传感和生物传感等。运用剥离模板的办法成功地制备了空心立方结构的NiO并应用于检测人体血液中的葡萄糖，通过电化学检测可以知道，空心立方结构具有大的比表面积，有序的孔隙结构和高效的电子传输效率，获得很高的灵敏度和稳定性，从而大大改善了电催化动力学机制。

1.2.3 氧还原反应（ORR）

质子交换膜燃料电池（PEMFCs）被认为是取代传统能源的最合适的动

力源之一，其中氧还原反应（ORR）是直接将化学能转变成电能的关键，但其商业化受到一些问题的制约，如成本高、耐久性低、设施不足等。因此研究发展高效的ORR催化剂就变得极其重要了。在这些问题中，Pt基催化剂作为燃料电池关键部件，Pt基材料已经被誉为最有效的ORR电催化材料，但是因为其昂贵的价格和抗燃料能力等问题亟待解决，严重阻碍了燃料电池（FCs）技术的商业化。低Pt负载催化剂的是一种高效、低成本的设计和制备方法。在铂合金的三个低指标方面，（111）面具有最高的氧还原反应（ORR）活性，他们采用了表面活性剂法，并通过适当的有机还原剂和前体有机配体的协同调控来取代封盖剂。在优化反应条件下，PtNi/八面体纳米晶体催化剂与高度活跃的（111）面表面成功地结合，形成了高效的Pt基ORR电催化剂。

1.3　敏感材料的选择与形貌设计

1.3.1　生物酶

生酶电极法其主要的工作原理是通过固定生物酶在电极上，而生物酶与待测物质相水解，从而氧化还原反应产生响应电流，在一定的浓度范围内，待测物质的浓度与电流响应呈线性关系，从而通过电流响应与待测物质之间的线性关系来测定待测物质的浓度。虽然获得了极高的选择性，然而酶电极成本较高，固定和转移困难，实用性不强，并且酶的热稳定性较差，对pH和温度要求严格，所以人们一直在寻找可以替代的材料。

1.3.2　贵金属

贵金属（Au、Pt、Pd、Ag、Pd等）由于独特的电化学特性，是人们最早应用于电化学非酶传感器。尽管在诸多贵金属电化学传感器表现出不错的性能，但其氧化还原的速率缓慢、成本极高、并且容易被待测物质氧化过程中产生的中间体以及氯离子所毒化，所以检测电极仍存在线性范围狭窄、高浓度下灵敏度下降、选择性差等缺点，难以被推广。为此，科研人员致力于开发可替代贵金属的高性能材料。

1.3.3　过渡金属

过渡金属（TM）的种类繁多，含量丰富，价格低廉，再者过渡金属d轨道的部分填充可表现出不同价态，对检测物质有着极高的敏感性，是理想的生物传感器的敏感材料。现如今，Fe、Mn、Cu、Co等过渡金属的敏感材料已经凸显其优势，例如，CuS、$Ni(OH)_2$、$Co(OH)_2$、Co_3O_4等，这些敏感材料依靠自身多价态的特性在氧化还原反应中发挥着重要的作用。

1.3.3.1　Co基纳米敏感材料

作为电催化敏感材料，Co基材料表现出优异的性能。且其在碱性电解液中Co^{3+}/Co^{2+}能够保持良好的活性，从而被广泛的应用于敏感材料的制备。在给定电位的条件下，以葡萄糖为例，$CoOOH$（Co^{3+}）致使葡萄糖在敏感材料作用下催化为葡萄糖酸（Gluconic Acid），带走电子之后还原为$Co(OH)_2$。例如，研究人员过水热将金属有机框架衍生的Co_3O_4六面体参杂于还原氧化石墨烯，成功制备了葡萄糖传感器应用。其Co_3O_4六面体均匀地分布在石墨烯薄片上，以利于电子的传输，此电极表现出极低的检测限（0.4 $\mu mol \cdot L^{-1}$）。此外，将Co_3O_4修饰于碳布上，制备不同晶面Co_3O_4修饰于碳布的葡萄糖非酶电催化活性材料，这些不同的Co_3O_4晶体的电化学结果表明，晶体平面为

{111}的Co_3O_4表现出最佳的非酶电催化葡萄糖活性，其线性范围为（0.5 ~ 1 000 μmol·L^{-1}），灵敏度可以达到（246.8 μA·mmol·L^{-1}），检测限为0.012 μM（S/N=3）。这很好的证明了Co基材料的应用潜力。

1.3.3.2　Cu基纳米敏感材料

Cu基纳米材料相对于Co基材料的氧化还原反应是非常相似的，Cu的氧化价态主要有Cu^{2+}、Cu^+和Cu^0，其化合物有主要是以稳态的形式存在。同时其具有金属类特有的电化学性能，作为电化学敏感材料被广泛应用。利用金属Cu制备了纳米尺寸的Cu基材料，实现快速对葡萄糖的检测。这项工作中通过简单的电化学氧化，实现了在泡沫铜表面上形成了单晶Cu_2O纳米针阵列，制备的电化学传感器对葡萄糖具有较高的灵敏度（97.9 mA·mM^{-1}·cm^{-2}）和低的检测限（5 nmol·L^{-1}）。再者，在一维铜纳米线上利用外延生长制备二维Cu_2O纳米片，形成分层核壳结构Cu@Cu_2O纳米线电极敏感材料。研究表明，这种多层分级结构的三维结构提供大的比表面积，而一维的Cu_2O纳米片提供更多的活性位点。另外，Cu_2O壳与内部Cu纳米线之间形成异质结，不仅提高了电子的传输速率，而且使晶格的失配减小。同时这种独特的三维@一维结构也给长期的氧化还原提供了足够的空间，容纳大的体积变化，避免电极的长期工作后导致的形貌破坏，从而提高电极材料的长期稳定性。其对葡萄糖检测具有低的检测限（40 nmol·L^{-1}）与高的灵敏度（1 420 μA·mM^{-1}·cm^{-2}）。

1.4　常见的金属纳米催化剂

1.4.1　过渡金属型纳米催化剂

过渡金属具有储量大、价格低廉等资源优势，并且金属组分发生氧化还原可以提供高活性电子，使其具有电催化活性。过渡金属氧化物（TMOs）纳米催化剂在工业催化主要用于氧化还原型催化反应中，因为其电子轨道特殊，大都含有未成对电子，可以表现出来一定的铁磁性或者顺磁性，并且易吸附小分子。与传统的金属单质催化剂相比，其耐热性和抗毒性显著提高，同时还具备一定的光敏性能和热敏性能。例如，Co、Ni形成的单元多元氧化物是一种半导体材料，其结构中包含了两对带正电的电子构型（Ni^{2+}/Ni^{3+}，Co^{2+}/Co^{3+}），兼备了单一氧化镍和氧化钴作为催化剂的优势，电子点位的多样性确保了材料对电子探测的敏感性。同时Co、Ni单元/多元氧化物具有很高的催化活性和选择性，是因为其本身具有显著的表面效应和体积效应。所以，Co、Ni单元/多元氧化物可以作为一种性能优异的电催化材料。

1.4.2　贵金属纳米催化剂

贵金属特有的化学稳定性表现出来的独特催化活动和再生性使其具备了作为催化剂的基本条件。例如，Au是一种典型的贵金属元素，从其最外层原子轨道上电子分布情况来看，半充满电子结构的d轨道一般不易化学吸附小分子，并且很难控制高分散的Au纳米颗粒，因此人们认为普通的Au没有催化作用。但是与传统的催化剂载体如Al_2O_3和活性炭这两类载体相比，炭纳米管（CNTs）与负载的金属之间可以反应生成一种新型的催化剂载体，是其发生特殊的相互作用而使其表现出特殊的助催化性能。

1.4.3　纳米分子筛催化剂

相对于普通孔径分子筛而言，纳米分子筛具有更大的比表面积和更高的晶内扩散速率，在提高催化剂的利用率、增强大分子转化能力、减小深度反应、提高选择性以及降低结焦失活等方面均表现出优异能力。利用常规水热合成技术制得ZSM-5纳米分子筛催化剂，并通过对比微米分子筛催化剂，ZSM-5纳米分子筛催化剂在氢化反应中不仅表现出较高的催化活性，并且也表现出较强的吸附能力和表面活性。

1.5　贵金属纳米材料

1.5.1　贵金属纳米材料

纳米材料因其自身所具备独特的物理化学性质，一直受到广泛的关注和研究，在当今与未来的科学技术发展中将发挥越来越重要的作用，纳米技术的发展带动了以它为基础应用科学的不断进步，渗透到了物理、化学、生物、材料、光电和医药等诸多学科，纳米材料将成为应用最为广泛、用途最大的材料。简单的说，纳米材料是由纳米粒子组成的超微材料，超微粒子的尺寸至少有一个维度处于纳米量级。纳米材料具有独特的效应：表面效应、小尺寸效应、量子尺寸效应和宏观量子隧道效应，并由此派生出传统固体材料所不具有的特殊性能：电学性能、磁学性能、热学性能、力学性能、光学性能、光催化性能等。铂系元素{钌（Ru）、铑（Rh）、钯（Pd）、锇（Os）、铱（Ir）、铂（Pt）}和金（Au）、银（Ag）一起称为贵金属，通常这类金属有着亮丽的金属色泽，在一般情况下不易发生化学反应，且在自然界的含量极为稀少，由于数量稀少且具有化学惰性所以被称为贵金属。贵金属之所以"贵"，除了价格贵以外，良好的化学稳定性以及其他独特的性质是最可"贵"之处。贵金属纳米材料是指运用纳米技术开发和生产贵金属制品，得到的尺寸在100 nm以下（或含有相应尺寸纳米相）的含有贵金属的新材料。贵金属纳米材料是纳米材料的重要组成部分，将贵金属特殊的物理化学性质与纳米材料的特殊性能有机地结合起来，表现出更特殊优越的性能，在电化学催化、能源和生物等领域得到了越来越广泛的应用。

1.5.2 贵金属纳米材料的催化性能

贵金属纳米粒子由于尺寸很小，比表面积大，表面原子的键态和配位情况与颗粒内部原子有很大的差异，从而使贵金属颗粒表面的活性位置大大增加，因而被广泛用于催化领域。催化剂主要有三个方面的作用：①提高反应速度，缩短反应时间；②催化剂具有一定的选择性，选择特定的反应进行；③降低反应所需要的温度。

催化反应中，主要是催化剂的表面原子在反应中起催化作用，而贵金属纳米粒子中处于表面的原子占很大的比例。因此，贵金属纳米颗粒相比于其他的体相材料，表现出更优异的催化性质。它们的d电子轨道都未填满，表面易吸附反应物，且强度适中，利于形成中间"活性化合物"，具有较高的催化活性。此外，贵金属纳米粒子之间没有孔隙，可有效避免反应物向内孔的缓慢扩散而引起的某些副反应。贵金属特有的化学稳定性，使贵金属在制作成催化剂后具有特定的催化稳定性、催化活性和再生性。主要催化剂是贵金属Pt，在石油化工中广泛用于加氢、脱氢、氧化、还原、异构化、芳构化、裂化、合成等反应。例如，通过种子生长法，将Pt选择性生长在Au上，并将所得Au@Pt纳米颗粒用于催化，大大提高了Pt的催化效率；在氧化锌表面沉积贵金属银，并对光催化性能进行了研究，结果沉积贵金属的薄膜比氧化锌薄膜的光催化效率提高了约20%；利用光沉积法制备贵金属/TiO$_2$（Pt、Pd、Au、Ag），并研究对气相甲苯的光催化活性，结果表明，沉积了贵金属的材料提高TiO$_2$的光催化效率，且Pt/TiO$_2$的光催化活性最好。

1.5.3　贵金属纳米材料在电化学传感器中的应用

贵金属纳米材料作为催化剂，具有粒径小、比表面积大、催化效率高的优点，在电催化领域有着广泛的应用，但贵金属昂贵，这使得其大量块体材料的使用受到了限制。为了降低贵金属的用量的同时又能提高其催化活性，其有效催化面积是影响其催化性能的重要因素，空心贵金属纳米材料具有密度低、比表面积大、高的稳定性以及表面渗透性等性质，作为电极材料具有广阔的应用前景。制备空心贵金属纳米材料是获得高活性贵金属催化剂的一个重要方向，在电化学传感器领域具有潜在的应用前景。

1.5.3.1　空心贵金属材料的应用

随着科学技术的飞速发展，对纳米材料的性能要求越来越高且多样化。其中研究最活跃的就有空心纳米结构材料。近年来，空心纳米结构材料由于其独特的结构和形貌引起了广泛的关注。空心贵金属纳米材料综合了空心结构和贵金属两者的特点，具有比表面积大、表面能高、稳定性高以及表面渗透性等性质，在燃料电池、催化剂、药物运输、染料的缓释、光能转换、电器材料方面具有广泛的应用。金纳米粒子具有稳定性好、生物相容性高、化学面丰富和光稳定性高的特点，在生物医学领域和生物检测领域得到了广泛应用。铂钯纳米颗粒因尺寸小、表面所占的体积百分数大、表面的键态和电子态与颗粒内部不同、表面原子配位不全等特点而导致其表面的活性位置增加，随着粒径减小，表面容易形成凹凸不平的原子台阶，增加了化学反应的接触面，大大提高了催化效率。在石油化工、燃料电池、废水处理等领域有着广阔的应用前景。贵金属纳米颗粒由于其独特的光学性质，在这方面受到了极大的关注；而局域表面等离子体共振（LSPR）是贵金属纳米粒子重要光谱表现形式。一定内径、壳层含有孔洞的空心球对某些波段的声音有吸收，空心球材料可望被开发为声吸收材料。因此，空心微球材料在建筑、装潢材料、涂料工业等领域有很大的潜在应用价值。

1.5.3.2　空心贵金属纳米材料的合成方法

模板法是制备空心纳米材料最广泛且有效易行的方法。其基本原理是以微纳米粒子为模板，在模板表面通过组装、化学反应沉积、静电吸附或溶胶–凝胶等方法逐渐沉积一定厚度的目标材料或其前驱物，形成核/壳复合纳米结构，然后根据模板的物理化学特点，去除模板得到相应的空心微纳米结构。使用模板法所获得空心结构的形状、大小和分布均与模板本身有着紧密的关系，根据模板的属性分为硬模板、软模板和牺牲模板法。

（1）硬模板法

硬模板法是指以必须通过化学手段去除的聚合物、氧化物以及金属等胶体粒子为模板，然后通过化学沉积、溶胶–凝胶包覆等手段，在模板的外表面包覆一层目标物质，形成核壳结构；然后通过煅烧、腐蚀、溶解等物理化学手段除去模板，最后得到中空结构，制备过程如图1–3所示。硬模板法合成中空结构材料通常包括四个主要过程：硬模板的制备、对模板进行表面改性以获得功能化和修饰良好的表面性质、以目标物或其前驱体对改性后的模板进行表面包覆形成模板/目标材料的核壳结构和去除模板获得中空结构。硬模板法是制备中空结构的一种有效方法，其结构遗传并复制了模板的形貌和尺寸，此方法的关键是要对模板表面进行改性，增强目标物与模板之间的结合力，使目标物更容易且致密的包覆在模板表面。其次要控制反应条件，避免目标物在包覆过程中，模板可能出现团聚、被刻蚀的现象，导致期望材料的结构发生变化；生成模板/目标物核壳结构后，模板的去除过程可能导致目标材料壳的坍塌、破损等。

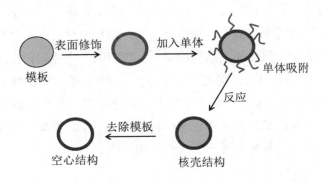

图1–3　硬模板法制备空心结构示意图

（2）软模板法

软模板是采用（反）胶束、液滴、气泡、聚合物等为模板，然后两相界面之间发生化学反应，最后经过分离和干燥，更加快捷地制备得到中空结构材料，如图1-4所示。这类模板主要是通过分子之间弱相互作用而形成具有明显界面结构特征的有序集体。正是这种特殊的结构界面使无机物的分布呈现出特定的趋向，从而获得特殊结构的纳米材料。由于模板形貌的限制，通常只能得到球形结构的空心材料，软模板的形态具有多样性，一般都很容易构筑，不需要复杂的设备，但此类模板制备出的材料结构不稳定，所以应用的较少，大多数是应用于无机材料及聚合物材料的制备。例如，运用氧乙烯与甲基丙烯酸的嵌段共聚物与表面活性剂十二烷基硫酸钠的复合胶束为模板制备了$CaCO_3$和金属Ag的空心球；将蜂蜡在超声作用下混入CTAB和溴化钾的熔融液中进行改性，然后加入硝酸银，通过吸附并发生缓慢的还原反应，最后通过加热并加入乙醇熔融而制备了Ag空心结构。软模板虽容易除去，但其结构稳定性差、制备过程缓慢、效率低，对实验条件要求苛刻等。因此，探究更简单、更有效的合成中空结构的方法是非常有必要的。

图1-4　软模板法制备空心结构示意图

（3）牺牲模板法

牺牲模板法也叫消耗模板法，是硬模板法的一种。与硬模板不同的是牺牲模板法在作为模板过程中会参与反应而自身被消耗。所以，模板材料的选择及合成是制备空心贵金属材料的关键，贵金属的前驱体溶液可以与模板发生反应，通过不断的自身发生反应而逐渐消失最终形成空心结构，有的时候模板全部参与反应被消耗掉，不需要进行后续实验将模板除去，这是制备空心结构最简便的方法。在多数情况下，模板不会被全部消耗，这就需要进行后续腐蚀处理才能得到空心结构。此类方法中，模板可以与贵金属的前驱体溶液发生氧化还原反应或置换反应等，获得贵金属纳米粒子包覆在模板表面。根据不同金属之间氧化还原电对值的不同，可以通过简单的电流置换反应获得贵金属原子包覆在模板表面。以金属氧化物模板，通过与贵金属前驱体溶液发生氧化还原反应使贵金属原子包覆在模板表面，然后再腐蚀未被消耗的模板获得空心结构。由于银的氧化还原电对值AgCl/Ag（0.22 V）值比PtCl$_6^{2-}$/Pt（0.735 V）、PdCl$_4^{2-}$/Pd（0.987 V）、AuCl$_4^-$/Au（0.93 V）等要小得多，因此常被用作制备贵金属空心材料的模板。

研究且应用最多的是采用Ag、Co、Te等为牺牲模板，通过还原反应、置换反应以及选择性的电化学刻蚀是模板消失来获得遗传模板形貌的贵金属空心结构。但是这些模板材料比较昂贵，大批量生产成本较高，使用受到限制。且这些材料作为模板，其形貌的可控合成比较复杂。因此，选择一种理想的模板材料和其形貌可控的制备方法对获得贵金属空心结构尤其重要。

1.6 过渡金属纳米材料及结构设计

1.6.1 过渡金属纳米活性修饰材料

商用传感器多为基于生物质酶的器件，这类传感器尽管选择性很高，然而由于酶的固有特性，它存在潜在的缺点：酶对环境、材料和操作条件的要求较高，基于酶的传感器很容易受到温度、pH、湿度和有毒化学物质等因素影响，这造成传感器分析性能的下降。纳微结构材料的相对稳定性表明，由金属和金属衍生物构成的无酶传感器能够克服这些缺陷。早期的研究揭露，在一些贵金属（如Pt、Au等）表面，氧化还原十分缓慢，无法产生有意义的法拉第电流；此外，贵金属表面很容易被一些中间体和离子吸附，导致传感器低的灵敏度以及较差的选择性。有鉴于此，一些过渡金属（TM）及其衍生物被发掘作为活性电催化剂，用于电化学传感器中。基于过渡金属的活性材料拥有丰富的氧化态，同时也能够吸附分析物分子于其表面，并在此过程对这些物质进行活化。特别地，因为纳米材料尺寸的特殊性，纳米材料能够产生许多特殊的效应，如小尺寸效应、表面效应、量子尺寸效应、宏观量子隧道效应等。纳米尺寸的过渡金属在物质传输、电子转移、比表面积、可控的形态、理想的物理化学性质等方面展现独特的优势。迄今为止，已报道了V、Mn、Fe、Co、Ni、Cu、Zn等用于电化学传感器。一些基于纳米尺寸的过渡金属活性材料已经在电化学传感器领域崭露头角，这些活性材料依靠自身的金属组分在电化学氧化还原反应中发挥着重要的作用。

1.6.1.1 Ni基活性材料

作为电催化剂，Ni基材料是最受青睐的活性材料之一。由于其活性Ni^{3+}/Ni^{2+}氧化对能够在碱性介质中保障良好电催化活性，Ni基材料被广泛用于电化学传感器的制备。单质Ni在电化学传感器中作为电催化剂时，其催化性能取决于在在电极表面氧化形成的$Ni(OH)_2$，这样在给定电势下，富集的Ni^{2+}驱动Ni^{3+}/Ni^{2+}氧化对在电化学传感器中工作。以葡萄糖传感器为例，NiOOH（Ni^{3+}）驱使葡萄糖分子在电极表面氧化为葡萄糖酸，然后还原为$Ni(OH)_2$状态（Ni^{2+}）。氧化镍（NiO）和氢氧化镍[$Ni(OH)_2$]因其固有的特性，优异的稳定性和易于合成等优势，被广泛用于对有机分子进行电氧化/还原的催化性能的研究，这为传感设备的微型化建立可能性。NiO线修饰碳糊电极（CPE）制备的无酶H_2O_2传感器拥有宽广的线性范围以及极低的检测限（$34 \times 10^{-5} \mu mol \cdot L^{-1}$）。研究人员设计了一种新型的超灵敏无酶电化学传感器，将Ni^{3+}/Ni^{2+}和Au/Aut^{+1}两种有效的电子介质结合到纳米多孔结构中，即在纳米多孔金薄膜（NPGF）上覆盖一层厚度约4 nm的氢氧化镍薄膜。采用阳极电位步进法快速制备粗糙度高的NPGF，并用电氧化法获得$Ni(OH)_2$的薄表面涂层电沉积镍覆盖层。NPGF复合的$Ni(OH)_2$薄膜在不改变纳米孔结构的情况下，可以实现电极材料的相互稳定。制备的电化学传感器在较宽的电位范围内（$-0.5 \sim 0.2$ V）对葡萄糖具有较高的电催化活性，表现出较宽的线性范围（$2\mu M^{-1} \cdot mM$）、高的灵敏（3529 μA·mM^{-1}·cm^2）、低的检测限（0.73 μM）、良好重复性和长期稳定性（3周）。同时，该传感器采用加标法成功地测定了人血清样品中的葡萄糖，回收率理想。这项工作有望为制备无酶葡萄糖电化学传感器开辟一条新的途径。

1.6.1.2 Cu基活性材料

在电化学传感器领域，Cu基材料对生物分子的电氧化原理与Ni基材料十分相似，依赖于Cu/Cu^{2+}活性氧化对，但是电子转移过程不如Ni基材料明显。研究表明，具有不同氧化态、不同结构形态和合适载体的Cu基材料可以提高电化学传感器的性能，这些方法的利用可以大规模暴露材料的活性面积并提高导电性。电催化材料与集电器之间紧密的界面接触对于增强电极的电导率并充分利用电活性物质具有重要意义。例如，合成Cu@CuO纳米线作为活性电极材料，在碱性介质中对葡萄糖进行敏感侦测，发现制备的电化学传感器具有十分低的检测限（40 nM）和快速的响应时间（0.1 s）；利用金属Cu制备纳米尺寸的Cu基材料，实现高效的葡萄糖侦测。这项工作中通过在H$_2$C$_2$O$_4$中进行简单阳极氧化和在KOH中进行电化学氧化，实现了在商业铜泡沫上形成单晶介孔Cu$_2$O纳米刺阵列，制备的电化学传感器对葡萄糖具有极高的灵敏度（97.9 mA·mM^{-1}·cm^2）和极低的检测限（5 nM）。

1.6.1.3 Mn基活性材料

在Mn的氧化物中（MnO、MnO$_4$、Mn$_2$O$_3$、MnO$_2$），MnO$_2$已经被广泛用于能源储存领域，包括锂电池、超级电容器等，因为MnO$_2$具有较大的比电容且价格低廉。研究统计，MnO$_2$存在许多种结构形式，包括α-MnO$_2$、β-MnO$_2$、γ-MnO$_2$、δ-MnO$_2$。在这些晶型中，β-MnO$_2$具备优异的化学稳定性甚至在强酸中也不易溶解，因此在电化学领域展现有潜力的利用。除此之外，α-MnO$_2$由于共边MnO$_2$八面体的出现，导致一维（2×2）和（1×1）隧道的形成，这些隧道通过拐角处的连接沿平行于四方单元晶胞轴的方向延伸，因此也展现出杰出的电催化性能。在分析侦测过程中，MnO$_2$可通过Mn$^+$/Mn^{2+}电子对去捕捉靶向分子的电子从而促进其电氧化。在目前的报道中，许多研究者倾向于引入一种导电材料到MnO$_2$中，以增强电子转移速率。在研究CNT/MnO$_2$复合材料在电化学传感器的作用时，发现MnO$_2$修饰电极添加0.5 mmol·L^{-1}葡萄糖引起的电流响应增加值远低于CNT/MnO$_2$修饰的响应增加。除了MnO$_2$，Mn$_2$O$_4$也可作为活性电极材料，运用于电化学传感器。

1.6.2 过渡金属纳米活性材料结构的设计

众所周知，电催化剂依靠材料成分的选择并不能满足实际利用的需要，因为其电催化过程可能在电子传导和质量传输两个方面受到限制。随着纳米材料和纳米技术的发展，由于纳米尺寸效应的存在，电化学反应的活性进一步提升，使得纳米材料电极相比传统电极具有更加优异的电化学性能。从分子和原子水平到纳米级化学修饰的新材料和物质的设计和创造，将为电化学应用提供可靠的途径。结构形态稳定、粒子尺寸适宜、制备方法简易是实现纳米材料优异的电催化性能的重要保障。研究结果表明，在电催化活动中，动力学因素对纳米材料的催化活性起着决定性作用。多维度、多形貌、多孔道的纳米结构材料，以其高的比表面积，导电性以及电子收集、传输效率，可以获得理想的电催化性能。根据动力学和微观结构之间的密切联系，提高材料的电催化活性可以通过改善其比表面积、孔隙尺寸、结构和形态等特征来实现。因此，许多一维（1D）、二维（2D）和三维（3D）纳米结构的催化剂被设计开发，例如纳米线、纳米盘、纳米带、纳米棒、纳米管、纳米箱和纳米球等。

1.6.2.1 1D纳米活性材料

1D纳米材料是指三维尺寸中有两个维度尺寸小于100 nm，另外一个维度尺寸大于100 nm的结构材料。1D结构材料由于其独特的物理和化学性质在电分析领域引起了广泛的关注。小的粒子尺寸和大的比表面积让1D纳米结构的材料在电化学中具有潜力的运用。1D纳米材料暴露大量的表面原子，为活性位点和电解液之间提供大的接触面积，有利于提高电化学反应过程中无机晶格的反应活性。此外，1D纳米材料能够通过逐层法组装成具备两个二维混合网络的薄膜，这预示着将其集成到柔性平面电子器件中的希望。1D纳米结构的材料，包括纳米管、纳米纤维、纳米棒和纳米线等，已经广泛运用在电池、超级电容器、电催化和电化学传感器等领域。郭的课题组通过对电纺丝获得的纳米前驱体进行燃烧处理，制备了γ–Fe_2O_3纳米纤维，以其修饰得到的电化学传感器对DA展现高的电催化活性。高取向单晶氧化锌纳米管（ZnO–NT）阵列通过在镀金玻璃基板上沿c轴修整ZnO纳米棒进行制备，以其作为活性材料制备的电化学传感器对葡萄糖具有高的灵敏度、优异的选择性以及快速的电流响应时间。

1.6.2.2　2D纳米活性材料

自从2010年诺贝尔物理学奖授予石墨烯的发现以后，2D纳米结构材料受到全世界科研学者的注目，基于石墨烯的2D纳米材料被广泛研究于电池、超级电容器、析氢、发光、电化学传感器等领域。受石墨烯的启发，近年来许多课题组研究发现了其他具有单层或多层厚度且结构类似石墨烯的二维纳米材料。2D纳米材料的厚度从几纳米到几十纳米不等，横向尺寸可达几厘米，具有出色的物理和化学特性。一方面，2D纳米材料表面原子中暴露出的原子总数可与活性位点的数量进行比较；另一方面，二维纳米材料的活性表面是化学可及的，可以轻松修饰以提高电化学传感器的电催化性能。独特的性能使其非常适合于实现电化学传感器中所需的高催化活性。因此，新兴的低成本2D纳米结构材料，例如过渡金属硫化物（TMD）、过渡金属碳化物（TMC）、过渡金属氧化物（TMO）、过渡金属氮化物（TMN）、过渡金属磷化物（TMPs）、金属有机框架（MOF）引起了人们对电化学传感器中敏感侦测的关注。为充分发掘2D纳米材料的结构优势，到目前为止，解决策略大致可分为两个方面，分别为增加纳米结构的活性位点以及增强其电导率。这样，为了获得更多的活性位点，许多研究报道了处理等离子体或薄层以暴露更多的边缘或产生活性缺陷的方法。除此之外，加速电荷转移也可作为一种有效途径，例如掺杂原子、与导电材料耦合产生协同效应和基面上引入应变等方法。

1.6.2.3　3D纳米活性材料

尽管1D和2D纳米结构材料在电化学中展现出潜力的电催化性质，然而低维材料很容易发生团聚，屏蔽其催化活性位点，导致材料利用率的降低。3D空心结构被认为是实现杰出的电催化性能最理想的纳米结构之一，一些基于过渡金属的3D空心纳米结构最近已经被开发作为电化学传感器的活性电极材料，这主要归结于以下几点：①多孔结构为反应物和中间产物提供足够的扩散通道，有利于离子快速的传输；②空心结构提供高的比表面积，暴露充足的催化活性位点，增强氧化还原反应；③理想的内腔可以有效地避免纳米颗粒的团聚，从而充分利用活性材料，达到较高的材料利用率；④它的结构形态稳定，密度低。

基于此，3D纳米空心结构由于具备潜在的应用价值，引起了众多学者越来越多的兴趣，且在结构制备和形貌调控方面引起广泛的关注。对于3D空心纳米结构的合成来说，研究者们通常选择利用模板法控制形态，得到空心结构。尽管模板合成路线在概念上很简单，但在实际应用中，常常会遇到一些困难，比如难以掌握活性材料壳体与牺牲模板之间的反应动力学平衡。基于Krkendall效应、电偶置换和化学腐蚀等不同的原理，人们也提出了一些新的方法来有效地制备空心纳米结构。上述方法由于去除模板的基本原理都遵从酸性或氧化还原蚀刻，因此很适合基于贵金属、过渡金属硫化物以及过渡金属氧化物3D空心纳米结构的制备。对于3D过渡金属氢氧化物，一些报道利用Pearson软硬酸碱原理来进行制备纳米空心结构。郭林教授课题组利用Pearson软硬酸碱原理，首次提出协同腐蚀的概念，制备了多孔的$Ni(OH)_2$纳米箱，以此作为活性材料运用在电化学传感器领域。

除此之外，一些其他方法也可制备3D空心纳米结构。水热法合成的空心纳米海胆状MnO_2修饰的电极具备良好的动力学特征，制备的电化学传感器对H_2O_2和DA有较低的检测限，分别为80 nM和12 nM。

1.6.3 过渡金属元素纳米的应用

材料作为人类赖以生存和发展的基础，是人们生活中不可或缺的组成部分。自古以来，人类一直对自然界的物质进行不断地研究和探索，在传统材料的应用基础上，认识材料性能变化的规律，不断探索出适合时代发展的新材料及相关科技，让它们造福社会。当今时代，能源、信息和材料在社会发展的过程中相辅相成，能源和信息科技的发展受到材料技术发展的有力支持，材料技术的发展使得人类对物质本质的认识和应用踏上了一个新的高度。

近年以来，在所有的材料应用与制备技术中，纳米材料技术取得了迅猛的发展与进步，纳米材料技术作为纳米科学和技术（Nano Science and Technology，Nano ST）领域的重要分支，其涉及的专业技术领域十分广阔，包括物理、化学、能源、信息科学、生物医学工程等专业领域，几乎无所不包。纳米（Nanometer，nm），又称作微毫米，是一种长度单位，它的典型尺寸是：1纳米（nm）约为10亿分之一米，或10^{-9} m，与4～5个原子并列排列的直线长度大致相似。纳米材料的定义则为：在三维空间中，至少存在一维处在纳米尺度范围（1～100 nm）或由其作为基本结构单元所构成的材料。人们发现，与那些并不具备纳米结构的相同物质相比，纳米材料往往能表现出非常新颖的、优秀的相关特性，比如出众的导电性、电催化活性以及强悍的力学性能等。经过研究者们的探索，在对追求材料超微化的过程中的诸多研究发现，微纳材料不仅本身存在着以上新颖的特性，还可以通过改变其表面结构和微观形貌实现对材料性能的有效调控，且在微观尺度上构建有益的表面结构从而改善材料性能。这样的思路和纳米材料所表现的新颖的特性与纳米材料所具备的表面与界面效应、小尺寸效应、量子尺寸效应以及宏观量子隧道效应息息相关。

（1）表面与界面效应。是指纳米晶体粒子表面的原子数目与所含总原子总数之比随着纳米粒子尺寸的减小而急剧增大从而导致物质性质的变化现象。由于纳米材料表面原子的周期性遭到破坏，其配位原子饱和度较低，形成了大量的悬挂键，使得材料具有较高的表面能，同时随着纳米粒子尺寸的减小，其比表面积也会进一步增大，二者的促进作用使得材料的化学活性有了进一步的提高。例如，贵金属的纳米颗粒表现出了比块状材料更高的电催化活性；一些金属纳米粒子（比如Al）在空气中极易发生自燃等。

（2）小尺寸效应。是指当纳米材料单位尺寸与光波波长、超导态以及传导电子的德布罗意波长的相干透射长度等物理特征尺寸相似或更小时，纳米晶体的周期性边界遭到破坏从而导致材料的声、光、电、热、磁等物理特性发生显著变化的现象。例如，Cu颗粒的尺寸达到纳米级时就变成绝缘体，但原本就绝缘的SiO_2颗粒尺寸达到纳米级（大约为20 nm左右）时却反而开始导电。这种效应可被广泛应用于太阳能的转换以及军事红外隐身等用途。

（3）量子尺寸效应。当粒子尺寸下降到纳米级别时，费米能级附近的电子能级由准连续态分裂拓展为离散能级态。当能级的间距变化程度大于热能、磁能、光能或超导形态的凝聚能的变化时，导致了材料的热、磁、光、电荷超导特性与常规材料有较为明显的不同。由此带来的量子效应使得样品能级和能隙出现改变，微粒的发射能量有所增大，光学吸收超这短波长光方向移动，从而使得样品出现颜色变化。例如，Au微粒会失去金属光泽，在1 kg左右的水中放入千分之一的量子级颗粒，水的清澈度就会急剧下降。同时，纳米颗粒会随着能级的改变产生大的光学三阶非线性响应，从而增强其氧化还原能力，拥有更强的光电催化活性。

（4）宏观量子隧道效应。其是指纳米粒子贯穿宏观系统的势垒的能力。它对基础研究和应用研究都有着十分重要的意义，例如，量子相干器件的磁通量和微粒的磁化程度等都具有宏观量子隧道效应。该效应与量子尺寸效应是未来光电子和微电子器件进一步微型化的航标。

根据基本维度约束的标准不同，纳米材料一般可分为以下类别：（1）零维纳米材料。在空间的三维尺度中均受到约束且为纳米尺寸的材料，例如量子点、纳米团簇微粒等。（2）一维纳米材料。在三维空间之内有两个维度处于纳米尺寸的材料，例如纳米线、纳米棒等。（3）二维纳米材料。在三维空间之内仅存在一个维度处于纳米尺寸的材料，例如纳米片、超薄膜、多层纳米结构等。（4）三维纳米材料。通常为上述零维、一维和二维材料构成的多级三维体相结构材料，例如纳米陶瓷材料等。

在以上纳米结构类别中，二维纳米片状结构材料具有稳定的微观组织和较大的比表面积，高比表面积代表了高的表面化学活性，尤其是二维片状材料对电子传输具有很强的空间限域效应，能够高速有效地传递电子，为高效电极的构建提供了前提。

如果根据纳米材料的物质类别来进行划分，则纳米材料可分为纳米陶瓷材料、半导体纳米材料、有机–无机纳米复合材料和金属纳米材料等。目前，这些物质类别所关联的纳米材料技术已经在传统材料、医疗器械、电子器件和涂料等行业领域得到了广泛的应用，但在产业化方面仍然只有少数国家如美国、日本和中国等初步实现了规模量产。今后几年，各国对纳米材料的应用研究投入会持续增加，促进纳米新材料科技的产业化领军作用，总体市场规模会出现进一步的增长趋势。作为金属纳米材料系统的一个分支，过渡金属氢氧化物纳米材料由于其特殊的性能优势，在医疗、储能应用领域也具有无穷的潜力。

过渡金属元素是指元素周期表中的d区的一系列元素，这一区域一般包括除内过渡元素以外的3到12族共十个族的元素。它们通常原子半径较小，金属键强，有着一些特殊的物理化学性质：比如密度和硬度较大、较高的熔沸点和升华热以及较好的催化活性等。其中，由于其多种氢氧化态和氧化态化合物在催化过程中容易形成中间体（配位催化），导致了其催化能力的突出。在实际应用的过程中，过渡金属氢氧化物纳米材料由于其具有结构多变的晶体形态以及丰富多样的物理化学性质被广泛地应用于电化学传感器（电催化）和电化学储能等相关领域，有着非常广泛的应用前景。研究者们对过渡金属氢氧化物纳米材料的表面形貌进行合成、改变以实现对材料性能进行调控，对其性能和制备方法的改进研究也日趋增多。

1.7　不同维度过渡金属电极材料的研究进展

电催化过程中主要受到质量传输和电子传导这两个方面影响。随着纳米技术的发展，将材料纳米化，材料获得纳米尺寸效应，使得电催化性能进一步地提升。众多的研究表明，在电化学中，动力学因素对催化性能有着举足轻重的影响。根据材料的结构与效能关系，研究者们设计了不同维度、不同结构、不同形貌的材料以提高过渡金属材料的电化学性能，取得了不错的效果。例如，许多不同维度的纳米结构的敏感材料被设计开发，例如纳米棒、纳米线、纳米片、纳米球和纳米箱等[41]。其中，一维和二维过渡金属材料在电催化中表现出了不错的电化学性能，但其团聚问题导致催化性能下降。而三维过渡金属材料具有独特的网络结构，比表面积大，能够提供足够的催化活性位点，其多孔性不仅提供了大量的待测物扩散通道，同时缓解了使用过程中的应力释放，基于三维材料的电化学生物传感器表现出响应速度快、灵敏度高、稳定性强等诸多优点。鉴于此，三维纳米结构由于其巨大的潜在价值，引发了越来越多的关注与报道。

1.7.1 三维泡沫金属基电极

以泡沫金属为基底的电极材料具有特殊的三维网状结构，可以提供较大的比表面积，同时成本低廉。本小节主要总结了以泡沫镍、泡沫铜为基底的三维电极材料及其在电化学生物传感器领域的应用。

1.7.1.1 以泡沫镍为基底

泡沫镍是一种性能优良的三维网状材料，其比表面积高达 1 098 ~ 9 146 cm^2/cm^3，且自身结构稳定性较好，适用于三维传感器敏感电极的构建。2012年，有研究人员首次将泡沫镍应用于非酶葡萄糖敏感电极，传感器的检测范围为 0.05 ~ 7.35 $mmol \cdot L^{-1}$，检测限低至 2.2 $\mu mol \cdot L^{-1}$。但其灵敏度并不尽如人意。此后研究者们致力于泡沫镍电极的性能提升，主要途径为在泡沫镍表面负载不同结构的活性物质。高活性过渡金属材料的负载大幅提升了泡沫镍电极的活性，传感器性能明显提高。研究同时发现，泡沫镍电极在电解液中长期工作后，活性物质容易脱落，从而导致性能下降。另一方面，泡沫镍表面活性物质的载量难以提高，大大限制了其性能提升。泡沫镍的表面处理可以有效改善上述问题，例如，通过化学气相沉积法在泡沫镍上合成了石墨烯薄膜，并通过热蒸发法在泡沫镍上附着活性Cu层，发现包覆石墨烯不仅提高了活性物质的负载量，同时还提高了电极的稳定性和灵敏度，有助于传感器性能的进一步提升。

1.7.1.2　以泡沫铜为基底

泡沫铜相比于泡沫镍，延展性和导电性都较好，且成本较低，但泡沫铜的稳定性较差，因此在提高三维泡沫铜电极性能的同时，更重要的是兼顾电极的稳定性。例如，首先将泡沫铜进行硫化，在泡沫铜表面形成一层CuS，提高了泡沫铜的稳定性，进而固定RGO/CuS于泡沫铜上，在经过2周稳定性测试之后还可以保持原灵敏度的95.2%；同样将Cu_2S制备于泡沫铜的表面以提高其稳定性，在2周的稳定性测试之后，还可以保持原灵敏度的94.8%。此外，相比泡沫镍，泡沫铜化学性质相对活跃，可以通过对泡沫铜的原位处理构建敏感电极，例如，通过退火工艺，将CuO纳米线阵列原位生长在泡沫铜表面，这种在泡沫铜上原位生长的方法不仅提高了泡沫铜本身的稳定性，同时降低了电子迁移的阻力，上述电极在一周的稳定性测试后保留了98.9%的初始响应，同时灵敏度高达32 330 $\mu A \cdot mM^{-1} \cdot cm^{-2}$。基于泡沫金属的三维电极材料制备简单，价格低廉，具有良好的应用前景。但是三维网状基底在工作状态下稳定性不强，附着的活性物质容易脱落，且活性物质负载量有限，限制了其发展，提高其长期工作稳定性和活性物质负载量将是未来的主要发展方向。

1.7.2　三维碳基电极

与泡沫金属相比，三维碳基底具有柔韧性好、来源广泛等优点，本小节主要综述了以碳布（carbon cloth，CC），三维石墨烯泡沫（three-dimensional graphene，3DG）为基底的三维过渡金属电极在葡萄糖电化学传感器领域的应用。

1.7.2.1　以碳布为基底

碳布是由碳纤维丝编织而成的三维网络，具有良好的柔韧性和优良的导电性，有利于柔性传感器的构建。研究者直接在碳布基底上生长出各种纳米线/棒/杆/球/片状等阵列材料，得到三维柔性碳布电极。例如，在碳纤维原位生长Co(OH)$_2$纳米管阵列；采用水热合成和电化学沉积在碳布上生长一维

Co_3O_4/PbO_2纳米线阵列。但构建的电极性能并不尽如人意，研究者们为了更优异的性能，在碳布上构建更复杂的分级结构以改善电化学动力学。例如，在碳纤维上原位生长了线状$Co(OH)_2$，随后在线状$Co(OH)_2$表面通过电化学沉积，制备了$CuO@Co_3O_4$核壳纳米棒阵列/碳布，获得了更优异的性能，葡萄糖灵敏度可以达到5405 $\mu A\cdot mM^{-1}\cdot cm^{-2}$。另一方面，研究者们从材料的导电性入手，在材料中引入导电粒子以提高电极性能，通过电沉积法将Cu粒子附着于碳纤维表面，该电极对葡萄糖表现出较高的电化学灵敏度。研究表明，负载高活性的材料阵列和改善电极导电性是提高碳布电极性能的有效方法，也是将来高性能柔性碳布电极的发展方向。

1.7.2.2　3D石墨烯泡沫基底

由二维（2D）的sp^2碳原子单层组成的石墨烯具有优异的电子迁移率、机械柔韧性、强度、大的比表面积以及良好的生物相容性，受到人们的关注。然而2D石墨烯的团聚也给石墨烯的应用带来了巨大挑战，随后研究者们开发了具有互连孔隙度的三维石墨烯泡沫，很大程度上改善了团聚问题。早在2012年研究人员就使用3D石墨烯泡沫负载Co_3O_4纳米线来提高非酶葡萄糖传感器的性能，其灵敏度可以达到3.39 $mA\cdot mM^{-1}\cdot cm^{-2}$；或通过在3D石墨烯表面负载$Ni(OH)_2$以提高材料的活性位点，所构建电极也具有不错的灵敏度。然而经过长期的研究，表明3D结构会因其堆积空腔而会带来低导电率，往往通过引入高导电元素的方法来改善导电性。虽然三维碳材料作为基底能够提供良好的生物相容性，但过渡金属电极本身导电性仍然受限。另外，在高电流密度下活性物质易脱落也是影响其性能的原因之一。

1.7.3　三维空心笼状自支撑电极材料

泡沫金属和3D碳材料虽然具有高的比表面积，但作为基底，其自身的电化学活性并不高，一定程度上限制了电极整体性能的提高。而无基底的三维自支撑材料具有比表面积大、制备简单、成本低、材料利用率高、稳定性好等特点，是理想电极材料的一种选择，其中以空心笼状材料为典型代表。三维自支撑过渡金属电极在葡萄糖电化学传感器中表现出独特的物理化学性质以及优异的电极性能，但是目前的应用和报道相对较少，还需要进一步的开发和研究。

1.8 基于石墨烯电化学传感器的研究进展

碳元素是自然界中广泛存在的与人类密切相关的元素之一，电子轨道杂化多样性（sp、sp^2、sp^3杂化）使得以碳元素为唯一构成元素的碳材料具有各式各样的存在形式。1985年发现的富勒烯和1991年发现的碳纳米管已经成为碳材料研究的热点。2004年英国Manchester 大学的Geim小组首次用机械剥离法成功制得了以碳原子sp^2杂化构成的单原子层二维晶体（石墨烯），它是碳原子紧密堆积成单层二维蜂窝状晶格结构的碳质材料，可看作是构建其他维数碳质材料（富勒烯、碳纳米管和石墨等）的基本组成单元中，其理论厚度仅为0.35 nm，是世界上最薄的二维材料（单原子厚度的材料）。

自从石墨烯被发现以来，众多科学工作者投入大量的研究去挖掘这种新材料的特性，关于石墨烯的研究成果被SCI收录的文献报道有几千篇，已成为纳米材料科学领域的"明星"材料。石墨烯是继零维富勒烯和一维碳纳米管之后的具有奇特优异性能的新型二维碳纳米材料，具有优异的光学、热力学、力学性能，非常高的机械强度，大的比表面积以及很强的电子传导能力等，这些优异的性能使得石墨烯在传感器、超级电容器、纳米电子器件及复合材料等领域有着广阔的应用前景。此外，经过功能化的石墨烯具有两亲性，既可以溶于水又可以溶于有机溶剂，在实现电子的高效率传导方面比碳纳米管更具有优势，因此，将其修饰于电极表面可有效促进电子转移，是电化学传感器的理想材料。

1.8.1 石墨烯的制备和功能化

1.8.1.1 制备方法

石墨烯的制备最早采用的是机械剥离法，随着石墨烯优异的物理化学性能的广泛应用，其制备技术也在不断地发展，制备方法主要分为物理方法和化学方法，主要有微机械剥离法、化学气相沉积法、外延生长法和氧化石墨还原法。

1.8.1.2 功能化

灵敏度是电化学传感器的一个重要特性指标，鉴于对电化学传感器的灵敏度要求越来越高，很多纳米材料已被广泛用于电化学传感器的构建，如碳纳米管、纳米金属颗粒、碳纤维、多孔纳米材料，而石墨烯作为一种新型的碳纳米材料具有一系列特异的性能，对电化学传感器起到了很好的增敏作用。结构完整的石墨烯化学稳定性高，其表面呈惰性状态，与其他介质的相互作用较弱，这给石墨烯的进一步研究造成了很大的困难，为了实现更为丰富的功能和应用，可对石墨烯进行有效的功能化。将石墨烯功能化是将石墨烯进行化学改性、掺杂、表面官能化以及合成石墨烯的衍生物，如纳米金粒子修饰后的石墨烯其导电性提高了，掺杂B、N后的石墨烯对特定气体的选择性和灵敏度提高了，氧化石墨烯具有很好的生物相容性，有一定晶格缺陷和引入官能团的石墨烯可以为各种反应的发生提供有效的接触面和媒介。将功能化石墨烯作为修饰电极基底材料大大提高了修饰电极的导电性以及表面积，用此种修饰电极构建的一系列电化学传感器提高了传感器的灵敏度、稳定性和重现性。

1.8.2　基于石墨烯的电化学传感器

电化学传感器是基于待测物的电化学性质并将待测物化学量转变成电学量进行传感检测的一种传感器，按所检测的物质不同分为离子传感器、气体传感器、生物传感器，离子传感器中的pH传感器应用广泛。此外，基于重金属离子构建的石墨烯电化学传感器在环境监测中具有重要的研究意义。近来报道的石墨烯气体传感器相比以往的传感器，用于气体分子检测时的灵敏度和选择性有所提高，在诊断呼吸系统疾病和探测环境污染气体方面有重要应用。电化学生物传感器是以生物活性材料（酶、蛋白质、DNA、抗原、抗体、生物膜等）作为敏感元件，电极作为转化元件，电流作为特征检测信号，主要有免疫传感器、酶传感器、电化学DNA传感器等。

1.8.2.1　石墨烯离子传感器

离子型传感器也叫离子选择性电极，它响应于特定离子并将离子活度转化为电位，遵从能斯特公式，所谓响应是指离子选择性电极敏感膜在溶液中与特定离子接触后产生的膜电位值随溶液中该离子的浓度变化而变化。理想的感应膜材料是改进并开发新的离子传感器的关键。基于石墨烯/Au修饰电极对pH变化响应灵敏，研发了石墨烯的pH传感器，将适量电化学法制备的石墨烯（GNs）加入DMF（N，N二甲基甲酰胺）溶液中制得混合液，并用微量注射器滴加到Au电极表面，置于红外灯下烘干得到石墨烯/Au电极，实验研究表明，该修饰电极在不同pH缓冲溶液情况下有良好的电位响应，且随pH的变化所需的响应时间很短，在一定的pH范围内，pH与电极电位呈良好的能斯特线性响应关系。由于石墨烯边角残存极少量的酚羟基，当电极表面石墨烯边角的酚羟基与缓冲液接触时，发生质子交换，会在氧化物和溶液两相间产生界面电位差，此电位与溶液的pH有关。其响应机理为

$$\text{C–OH+H}^+ \longrightarrow \text{C+H}_2\text{O}$$

且相应响应斜率的理论值与实验值很接近。这为石墨烯修饰电极在pH传感

器中的应用提供了一种可能。石墨烯表面少量的含氧基团可与水及OH⁻形成氢键，晶体外延型的1~2层石墨烯可灵敏地感知表面的离子密度，从而可以作为好的pH传感器。

重金属广泛分布于各种水体，通过饮水、食物链以及生物富集等方式积累在生物体内不可降解，正在严重危害人体健康，可引起多种疾病甚至癌症，因此重金属的定量分析是非常重要的。

1.8.2.2　石墨烯气体传感器

石墨烯是由碳原子以sp^2杂化构成的蜂窝状的二维结构，具有大的比表面积和独特的电化学性质，对一些气体分子具有很强的吸附能力，可用来制作气体传感器。研制成本低、选择性好、灵敏度高的气敏传感器是气体定量检测的主要手段，石墨烯气体传感器基于设备与气体分子作用时的电导率变化，吸附在石墨烯层的气体分子可作为受体或供体，引起设备电导率的增加或降低。研究发现，本征石墨烯气体传感器只对NO_2、NH_3等少数气体有较高的灵敏度，且往往通过加热使其解吸附，而功能化和掺杂B、N等元素的石墨烯提高了对特定气体的选择性和灵敏度。CO、H_2O、NO、NO_2、O_2吸附在Si掺杂石墨烯上的稳定结构和电子特性，发现Si掺杂增强了气体在石墨烯上的吸附，其对石墨烯的导电性也有较大的影响。据新近报道，中国科学院金属研究所的研究组研发了一种支撑状的海绵状石墨烯制备的气体传感器，可以避免器件制备时的光刻过程。以化学气相沉积生长的石墨烯为电极，采用交流电泳法俘获钯（Pd）修饰石墨烯复合物为活性通道制作了探测NO的石墨烯气体传感器。他们发现Pd修饰和CVD石墨烯电极可以分别提高传感器的灵敏度和稳定性，检测限可达到10^{-9}数量级，响应时间为数百秒。此高灵敏度的器件对研究早期诊断呼吸系统的疾病和探测环境污染气体有重要的指导意义。

1.8.2.3　石墨烯生物传感器

电化学生物传感器主要有免疫传感器、酶传感器、电化学DNA传感器等。电化学免疫传感器就是利用抗原（抗体）对抗体（抗原）的识别功能而研制成的生物传感器，其中抗原/抗体是分子识别元件，且与电化学传感元件直接接触，并通过传感元件把某种或者某类化学物质浓度信号转变为相应的电信号，具有极高的选择性和灵敏度，操作简便、分析速度快、易于实现自动化操作，已在医疗保健、环境检测、食品安全等领域广泛应用。

癌胚抗原（CEA）是用于临床诊断肠癌、乳腺癌、卵巢癌和囊腺癌的标志物，成人组织CEA质量浓度为$2.5\sim5.0\ \mu g\cdot L^{-1}$，当人体组织有炎症或有肿瘤发生时，CEA的水平就会上升。利用石墨烯和纳米金碳糊电极（以离子液体1-丁基-3甲基咪唑六氟磷酸盐为黏合剂制备碳糊电极），将癌胚抗体修饰到电极表面制成免疫传感器，用于癌胚抗原的灵敏测定，用循环伏安法对传感器进行表征。实验结果表明，修饰电极提高了方法的检测灵敏度，在优化条件下（pH=6.5的PBS作为测试底液）峰电流变化值与癌胚抗原的浓度（在$0.5\sim5.0\ \mu g\cdot L^{-1}$和$5.0\sim120.0\ \mu g\cdot L^{-1}$范围内）呈良好的线性关系，有较好的选择性、稳定性和重现性（RSD=5.6%），用于检测人体血清中CEA的结果与酶联免疫法（ELISA）测得的结果基本相符，结果令人满意。因此石墨烯和金纳米修饰离子液体电极构建的CEA免疫传感器有望用于临床分析。1-芘丁酸是芘类多环芳烃最常见的衍生物，具有雌激素的性质，对人体和生物机体存在严重危害，是中国环境优先污染物之一，多环芳烃是一类致癌、致畸和致突变的持久性有机化合物，因此，对多环芳烃及其衍生物的快速检测对保护人类健康和生态系统有重要的现实意义。

采用石墨烯（GS）和壳聚糖（CS）复合膜修饰玻碳电极制得修饰电极（GSCS/GCE），利用1-乙基（3-二甲基氨基丙基）碳二亚胺盐酸盐（EDC）和N-羟基丁二酰亚胺（NHS）（4:1）活化GS-CS/GCE，共价固定多环芳烃抗体（anti-PAHs），构建了灵敏度高、稳定性好的非标记电流型免疫传感器，用于1-芘丁酸（PBA）的检测。实验结果表明，由于石墨烯和壳聚糖的协同作用提高了免疫传感器的灵敏度，PBA质量浓度在$0.1\sim80\ \mu g/L$范围内呈良好的线性关系，检出限为$0.03\ \mu g\cdot L^{-1}$，重现性好（RSD=2.2%），用于实际样品的测定，回收率高于90%。该传感器在环境监测方面具有潜在的应用价值。

电化学酶传感器是应用最广泛的一种生物传感器，它的发展经历了以氧为中继体的电催化、基于人造媒介体的电催化和直接电催化三个阶段，前两个阶段由于氧化还原活性中心被包埋在酶蛋白质分子里面，它与电极表面间的直接电子传递难以进行，即使能够进行，传递速率也很低。于是促进了第三代生物传感器的发展，它是将酶共价键合到化学修饰电极上，或将酶固定到多孔电聚合物修饰电极上，使酶氧化还原活性中心与电极接近，直接电子传递就能够相对容易地进行。因此，生物活性分子的固定和酶的氧化还原活性中心与电极间的电子传递是制备酶电化学传感器的关键。功能化石墨烯由于其独特的电化学性质和生物相容性而成为固定蛋白等生物分子的理想材料，可降低电子在电极和固定化酶间的迁移阻力，提高电子迁移率，有效地加速了酶的再生过程。

石墨烯酶传感器中研究最多的是基于石墨烯的葡萄糖传感器，葡萄糖的检测分析对人体健康及疾病诊断、治疗和控制有着重要意义。该复合材料与离子液体的协同作用，进一步加速了GOD与电极之间的直接电子传递，实现了固定酶（过氧化氢酶、辣根过氧化物酶、葡萄糖氧化酶）活性中心与修饰电极的直接电子传递。该传感器具有灵敏度高、响应快、稳定性（30 d后响应值仅下降15%）和重现性（RSD=2.3%）好的特点。此外，由于石墨烯复合材料表面的电催化性能已被用于制备新型的无酶葡萄糖传感器，能在无酶的情况下直接检测葡萄糖，以抗坏血酸（AA）为还原剂，通过同步还原法制得石墨烯/纳米金复合材料。通过伏安法考察了不同修饰电极在葡萄糖溶液中的电化学行为，在优化实验条件下，检出限为1.6×10^{-5} mol·L^{-1}（信噪比为3），RSD为2.7%。

H_2O_2通常是氧化酶和过氧化酶基体酶化的产物，在生物过程和生物传感器的发展中起着重要作用，H_2O_2含量的测定在工业、生物、环境、临床诊断和食品检测等领域具有非常重要的意义，因此引起了人们的高度重视。通过在玻碳电极表面修饰石墨烯（GR）、壳聚糖（CS）和辣根过氧化物酶（HRP），制备了石墨烯壳聚糖（GR-CS）纳米复合材料，并将其与辣根过氧化物酶（HRP）混合，构建了基于石墨烯壳聚糖辣根过氧化物酶的适用于H_2O_2检测分析的高灵敏生物传感器（GRCSHRP/GC）。该石墨烯壳聚糖复合物材料（GR-CS）修饰的界面能提供更大的活性面积和更小的界面电阻，固定于GR-CS上的HRP能成功实现其直接电化学响应。相比于GR-CS HRP玻碳电极，CSHRP玻碳电极的伏安响应要小得多，说明GR可以为辣根过氧化物酶HRP的负载提供更多活性位点。

利用聚多巴胺膜对基底极强的结合力及其良好的生物活性，通过一步反应法合成具有仿生功能的石墨烯聚多巴胺纳米材料，将其与辣根过氧化酶组装到电极表面，以对苯二酚（HQ）为电子媒介体制备了H_2O_2传感器。以HQ为媒介体的过氧化氢生物传感器的催化过程原理如下：

$$H_2O_2+HRP \longrightarrow HRP-I+H_2O$$
$$HRP-I+HQ（Red）\rightarrow HRP-II+HQ（Ox）\longrightarrow HRP+HQ（Ox）$$
$$HQ（Ox）+2H^++2e \longrightarrow HQ（Red）$$

此外，将氧化石墨烯修饰到电极上后通过电沉积法在氧化石墨烯上沉积Pt纳米颗粒制得复合材料。利用其对过氧化氢的直接催化还原作用，研制了无酶过氧化氢传感器，该传感器不需要使用辣根过氧化物酶，制备简单，稳定性好，可长期使用。

DNA生物传感器是进行DNA结构分析和检测的重要手段，已广泛应用于传染病的检测、肿瘤及遗传疾病的早期诊断、重组的筛选以及基因分子识别分析等方面。将DNA修饰到经过石墨烯氧化物修饰的石墨电极上，构建了由石墨烯为平台的无标记的DNA检测方法，该电极表面的π键官能团极易以共价键或者非共价键的π-π键形式与捕获探针结合来检测未知的DNA，其线性检测范围可达$5.0 \times 10^{-14}\sim1 \times 10^{-6}$ $mol \cdot L^{-1}$。研究人员合成了一种覆盖了石墨烯的聚酰胺复合物，在金电极表面先后修饰巯基丙酸和复合物制得了DNA传感器，该传感器可以区别杂合的双链DNA、ssDNA、非互补DNA和单核苷酸多态性，检测范围可达$1 \times 10^{-6}\sim1 \times 10^{-12}$ $mol \cdot L^{-1}$，与未用石墨烯修饰的电极比较，检测限和灵敏度都提高很多。此外，基于石墨烯构建的传感器也用于对多巴胺（DA）的检测，DA在常规电极上过电位高、电子传递速率缓慢且易受其他物质的干扰，石墨烯化学修饰电极可有效解决这一问题。还有研究人员制备了纳米金石墨烯修饰玻碳电极，研究了多巴胺（DA）在该修饰电极上的电化学行为，结果表明该修饰电极对多巴胺的电化学响应具有很好的催化作用。这是因为石墨烯具有好的导电性和丰富的活性官能团，表现出优异的催化活性。

第2章　金属电极形貌调控机理

2.1　高性能笼状空心纳米材料的设计合成及其电催化性能

　　高效电催化材料的研发对于工业生产的成本控制、新能源的开发设计、资源的高效利用等都具有至关重要的现实意义,从微观尺度上设计有益催化的材料结构是获得高性能电催化材料的一种思路。本项目首先合成不同形貌和尺寸的氧化亚铜,利用氧化亚铜与贵金属盐之间的自发氧化还原反应及其自身的歧化反应在氧化亚铜表面完成PtPdCu包覆,去除氧化亚铜核获得复制模板形貌和尺寸的空心PtPdCu纳米材料;力求通过控制氧化亚铜模板的形貌和结构实现对PtPdCu空心材料形貌和微观结构的精确控制,克服传统软模板法制备过程中存在的结构不规整、形貌不均一、活性不稳定等缺点,实现在纳米尺度上PtPdCu空心材料的精确可控制备;将获得的PtPdCu空心材料用于双氧水、葡萄糖、甲醇等目标分子的电催化研究,理解微观形貌和组元成分与其电催化活性之间的内在联系,明确组元之间的协同电催化动力学机制,建立协同电催化模型。

贵金属催化材料的过渡金属改性是近年来电催化领域的研究热点，过渡金属（Ni、Co、Sn、Cu等）对贵金属材料的改性会导致贵金属d轨道中心位置的负移，加快电催化中间产物的脱附速度，增加了电催化活性点位；同时，过渡金属的引入会造成表面微区成分的变化，在催化剂最外层形成贵金属原子的富集层，在提高电催化活性的前提下节约了贵金属使用。其中Cu由于其低廉的价格和良好的改性效果受到科研工作者的青睐，铜的引入不仅实现了贵金属表面电子结构和表面微区成分的调控，同时在电催化过程中形成的Cu（Ⅱ）/Cu（Ⅲ）氧化还原电对也具有对目标分子的电催化活性。因此，在微观尺度上设计合成PtPdCu空心材料，不仅获得了组元匹配所带来的优异电催化活性，同时获得了大比表面积、丰富孔隙构造的微观结构，因此系统研究组元成分、微观形貌对其电催化活性的影响及其规律，对开发高效PtPdCu电催化材料有重要的现实意义。

2.1.1　实验概述

2.1.1.1　主要试剂

实验所需主要试剂见表2-1。

表2-1　主要试剂

试剂名称	分子式	规格	生产厂家
氯化铜晶体	$CuCl_2 \cdot 2H_2O$	分析纯	成都市新都区木兰镇工业开发区
抗坏血酸	$C_6H_8O_6$	分析纯	成都市新都区木兰镇工业开发区
氯铂酸	H_2PtCl_6	分析纯	天津市光复精细化工研究所
四氯钯酸钠	Na_2PdCl_4	98%	上海麦克林生化有限公司
饱和氯化钾	KCl（饱和）	分析纯	成都市科龙化工试剂厂
氧化铝抛光粉	Al_2O_3	纯度≥99%	天津艾达恒晟科技发展有限公司

试剂名称	分子式	规格	生产厂家
氢氧化钠	NaOH	分析纯	成都市科龙化工试剂厂
聚乙烯吡咯烷酮	$(C_6H_9NO)_n$	分析纯	成都市新都区木兰镇工业开发区
氧化铝抛光粉	Al_2O_3	纯度>=99%	天津艾达恒晟科技发展有限公司
葡萄糖	$C_6H_{12}O_6$	分析纯	西格玛奥德里奇（上海）贸易有限公司
无水乙醇	C_2H_6O	分析纯	成都市科龙化工试剂厂
硫代硫酸钠（五水）	$Na_2S_2O_3 \cdot 5H_2O$	分析纯	成都市新都区木兰镇工业开发区
氯化钴（六水）	$CoCl \cdot 6H_2O$	分析纯	成都市新都区木兰镇工业开发区

2.1.1.2　主要仪器

实验所需主要仪器见表2-2。

表2-2　主要仪器

仪器名称	型号	生产厂家
恒温磁力水浴锅	DF-101S	巩义市予华器有限责任公司
真空干燥箱	DZF-6020	上海齐欣科学仪器有限公司
超声波清洗机	SB-3200-DT	宁波新芝生物科技股份有限公司
玻碳电极	CHL104	天津艾达恒晟科技发展有限公司
电子分析天平	SQP	赛多利新科学仪器（北京）有限公司
扫描电子显微镜	HitachiS-4800	
X射线光电子能谱分析仪	ESCALAB250Xi	
X射线衍射仪		
Autolab电化学工作站	μ3AUT71083Autolab	
前体煅烧管式炉		
红外干燥箱		
高分辨率透射镜	FEIF20	

2.1.1.3 基本表征测试

样品的微观结构和形貌采用场发射扫描电子显微镜（SEM）和透射电子显微镜（TEM）观察；分析元素种类采用X射线谱仪（EDS成分分析）；晶体结构和元素组成利用X射线粉末衍射仪（XRD）和能谱仪（EDX）进行表征；表面结构利用X射线光电子能谱（XPS）进行测试；物相分析用透射电子显微镜（TEM）；晶面分析利用高倍透射电镜（HRTEM）。

2.1.1.4 电化学性能测试

电化学性能测量在0.1 mol·L^{-1}磷酸缓冲溶液（PBS、pH=7.0）中进行，分别将Ag/AgCl（饱和氯化钾）和铂盘应用于三电极配置分别作为参考电极和对电极，用PtPdCuNCs,PtCuNCs或PdCuNCs修饰过的玻璃碳棒电极（GCE，Φ=3 mm）当作工作电极，一般来说，GCE要用三种不同规格的氧化铝抛光粉进行抛光，分别是3 μm、0.5 μm和0.05 μm。然后，将配制好的溶液5 μL滴到已经被抛光的GCE上（1 mg·mL^{-1} 0.1wt%萘酚溶液），最后将电极在红外下干燥。

2.1.2 PtPdCu笼状空心纳米材料的制备及其电催化活性研究

2.1.2.1 PtPdCu笼状空心纳米材料的制备

通过已有的研究报告表明，Cu$_2$O是立方体结构。在55 ℃水浴温度情况下，首先将CuCl$_2$·2H$_2$O（100 mL，0.01 mol·L^{-1}）溶液中加入10 mL的NaOH溶液（2 mol·L^{-1}）,30 min后，加入10 mL的抗坏血酸（0.6 mol·L^{-1}），再过3 h后，对具有砖红色的反应溶液进行离心，然后在40 ℃的真空条件下进行干燥。

制备PtPdCuNCs的过程是，将先前准备好的10 mLCu$_2$O超声分散到10 mL蒸馏水中，进行15 min的超声分散，然后加入1 mL氯铂酸钠（20 mmol·L^{-1}）和0.6 mL的四氯钯酸钠的混合液（33 mmol·L^{-1}），反应30 min后，将反应溶液离心，倒掉上层清液，加入1 mL NH$_3$·H$_2$O（1：1）。12 h后，将产物轻微的离心分离，然后在40 ℃条件下干燥24 h。PtCuNCs和PdCuNCs样品也在相同的条件下使用氯铂酸钠和四氯钯酸钠合成。

2.1.2.2　PtPdCu笼状空心纳米材料的基本表征与分析

XPS的测试可以确认产物表面的信息和成分，如图2-1（a）所示，Pt 4f和Cu 3p的结合能在65.5 eV和83.5 eV之间重叠。Pt $4f_{7/2}$和Pt $4f_{5/2}$的峰值分别位于70.8 eV和73.9 eV，Cu $3p_{3/2}$和Cu $3p_{1/2}$的峰值分别位于75.2 eV和77.3 eV，说明了产品中Pt和Cu同时存在。从图2-1（b）中观察到，Pd $3d_{5/2}$和Pd $3d_{3/2}$峰值分别位于335.1 eV和340.5 eV。图2-1（c）中，$Cu2p_{3/2}$和Cu $2p_{1/2}$峰值分别位于932.4 eV和952.3 eV，这与纯铜峰值相吻合。根据XPS显示，Pt、PdCu的原子比例为42：37：21。在XRD图像中[图2-1（d）]，所有的峰均可以表示为（111）、（200）和（220），说明此为面心立方结构。PtCu的反射峰与PtPdCu相比有轻微的积极转变，PdCu的反射峰与PtPdCu相比有轻微的消极转变。

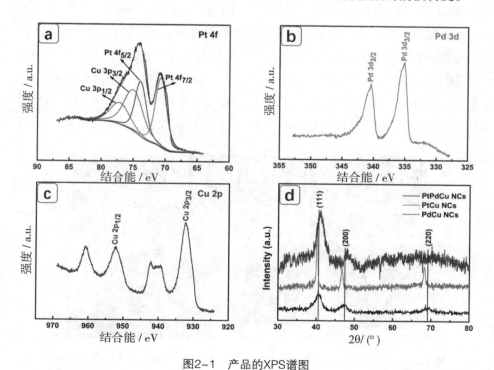

图2-1　产品的XPS谱图

（a）Pt 4f；（b）Pd 3d；（c）Cu 2p；（d）PtPdCu，PtCu和PdCu的XRD

谱图Cu_2O/Cu的氧化还原电位（0.36 V）远低于$PtCl_6^{2-}/Pt$（0.735 V）和Pd/Pd^{2+}（0.987 V）。因此，Cu_2O晶体可以作$PtCl_6^{2-}$和Pd^{2+}的还原剂。Pt和Pd的形成机制可以解释如下：

$$2Cu_2O + 4H^+ + PtCl_6^{2-} \longrightarrow Pt + 4Cu^{2+} + 6Cl^- + 2H_2O \qquad (1)$$

$$Cu_2O + 2H^+ + Pd^{2+} \longrightarrow Pd + 2Cu^{2+} + H_2O \qquad (2)$$

铜原子的产生可以归因于铜（I）歧化反应中H^+的存在：

$$Cu_2O + 2H^+ \longrightarrow Cu + Cu^{2+} + H_2O \qquad (3)$$

以上反应可以同时产生Pt原子，Pd原子和Cu原子，从而形成PtPdCu合金。

产品的形态如图2-2所示。图2-2（a）为立方Cu_2O表面放大图，可以看出Cu_2O表面十分光洁平滑。PtPdCu合金完全复制了Cu_2O的立方特征[图2-2（b）]，但PtPdCu合金表面粗糙且多孔，图2-2b中，部分破碎的立方体揭示了PtPdCu的空心笼状结构。进一步了解后，可以发现PtPdCu NCs是通过聚合的PtPdCu纳米颗粒构成的[图2-2（c）]。PtPdCu NCs的透射电镜图（图2-2d），为其立方空心结构提供了令人信服的证据；在另一个立方PtPdCu透射电镜图[图2-2（e）]中，可以测得立方体的外壳厚大约为80 nm；图2-2（f）中晶粒尺寸大约为4 nm。测得的晶粒间距为0.221 8 nm，它小于纯Pt（111）（0.224 5 nm）和Pd（111）（0.226 5 nm），但大于纯铜（111）（0.208 8 nm），说明该产物就是三元合金PtPdCu。

图2-2 （a）立方Cu_2O的扫描电镜图；（b，c）PtPdCu NCs的扫描电镜图；

（d，e）PtPdCu NCs透射电镜图；（f）PtPdCu NCs高分辩率投射电镜图

2.1.2.3　PtPdCu笼状空心纳米材料电催化活性及其机理研究

通过测试得到的循环伏安曲线可用来探讨电极反应过程中的电化学行为（包括氧化/还原反应、电极表面的吸附–脱附反应、电极反应的可逆性和难易程度等）以及电流随电压的变化而发生的变化关系。图片2–3（a）显示了不同电极响应电流的循环伏安法曲线（CVs），其中观察到电压为0.05 V时，响应电流最大的是PtPdCu NCs电极，说明PtPdCu NCs电极比PtCuNCs和PdCuNCs对H_2O_2的还原电催化活性更高。这种高活性与以下三个因素有关：（1）Pd和Cu原子主要促进OH_{ad}的生成，确保Pt活性物的活性；（2）Cu原子减少了Pt 4f的结合能和与Pt–OH_{ad}结合强度，加速Pt活性物的再生；（3）合金中含有丰富的Pt，由于它的高活性，故在Cu原子层的最外层。

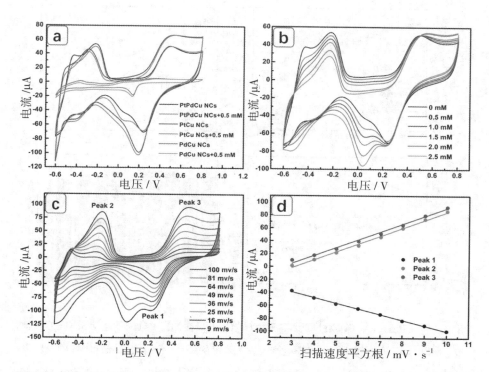

图2–3　（a）PtCuNCs、PdCu NCs和PtPdCu NCs电极在不加H_2O_2的中性PBS溶液中的CVs；（b）在中性PBS溶液中，PtPdCuNCs电极在不同浓度H_2O_2的CVs；（c）PtPdCu NCs电极在不同扫描速度与0.5 mmol·L^{-1} H_2O_2在中性PBS溶液的CVs；（d）峰值电流与扫描速度平方根之间的关系

图2-3（b）在0.05 V，峰值电流与H_2O_2浓度的线性相关。通过图2-3（c）中PtPdCu NCs不同扫描率的CVs记录估计其动力学过程。阳极峰电流（峰值2和3）和阴极峰电流（峰值1）与扫描速率的平方根成正比[图2-3（d）]，说明了这是一个典型的扩散控制的电催化过程。

图2-4（a）表明，PtPdCu NCs电极与PtCu NCs和PdCu NCs电极相比表现出更明显的响应电流。从图2-4（b）中观察到，H_2O_2浓度为1.5 $\mu mol \cdot L^{-1}$ ~ 11.6 $mmol \cdot L^{-1}$（检测极限）时，H_2O_2浓度与PtPdCu NCs电极的响应电流线性相关，灵敏度为562.83 $\mu A \cdot mM^{-1} \cdot cm^{-2}$，这高于PdCu NCs（210.19 $\mu A \cdot mM^{-1} \cdot cm^{-2}$）和PtCuNCs（411.34 $\mu A \cdot mM^{-1} \cdot cm^{-2}$）。

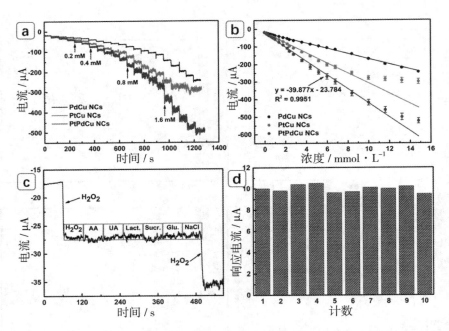

图2-4 （a）PtCunc，PdCu NCs和PtPdCu NCs电极在0.05 V电位下连续添加H_2O_2的响应电流；（b）不同电极对H_2O_2响应电流与注入浓度的关系；（c）检测在0.05 V的电位下，先加入0. $mmol \cdot L^{-1}$ H_2O_2，再连续注入0.02 $mmol \cdot L^{-1}$干扰物后，PtPdCu NCs电极的响应电流；（d）十个相同PtPdCu电极对0.2 $mmol \cdot L^{-1}$ H_2O_2的检测结果

PtPdCu NCs电极的选择性估计可以通过添加1/10抗坏血酸（AA），尿酸

（UA）、乳糖（Lact），蔗糖（Sucr），葡萄糖（Glu）和生理盐水中来实现，PtPdCu NCs电极在0.05 V时，只有AA（4.5%）和蔗糖（5.4%）对H_2O_2检测存在轻微的干扰。此外，添加第二次0.2 mmol·L^{-1}H$_2$O$_2$后保留约93%的原始反应，展示了其优良的选择性和防毒性能。PtPdCu NCs电极的再现性测试通过测量10次0.2 mmol·L^{-1} H$_2$O$_2$响应电流，响应电流的相对标准偏差为3.34%左右。综上所述，PtPdCu NCs电极具有灵敏度高，可靠的稳定性和良好的重现性等特点，表明非酶的H_2O_2电化学传感器具有潜在的应用价值。

2.1.3 Co$_3$O$_4$笼状空心纳米材料的制备及其电催化活性研究

2.1.3.1 Co$_3$O$_4$笼状空心纳米材料的制备

根据以前合成立方Cu$_2$O的数据，将10.0 mL氢氧化钠溶液（2 mol·L^{-1}）缓慢加入CuCl$_2$·2H$_2$O（100 mL，0.01 mol·L^{-1}）55 ℃水浴中。30 min后，加入抗坏血酸10.0 mL（0.6 mol·L^{-1}），反应3 h后，红砖色的产品离心液和洗后，在真空40 ℃环境下干燥12 h。

Co$_3$O$_4$笼状空心结构的合成，将10 mg立方Cu$_2$O和8 mg CoCl$_2$·6H$_2$O混合倒入10 mL乙醇/水（1∶1）混合超声分散。然后添加0.33 g聚乙烯吡咯烷酮（PVP，Mw=40 000），搅拌30 min。随后，在室温下1 min缓慢滴加4 mL Na$_2$S$_2$O$_3$（1 mol·L^{-1}）溶液。反应3 h后，离心收集Co(OH)$_2$并在烤箱内放干。最后，前体煅烧用管式炉以1 ℃/min升温，2 h达到500 ℃得到笼状空心Co$_3$O$_4$。

2.1.3.2 Co$_3$O$_4$笼状空心纳米材料的基本表征与分析

Co(OH)$_2$的前体形态的研究是通过图2-5中的SEM和TEM图片展示的。产品的半透明特性在图2-5（a）中已充分的展示，指出了Co(OH)$_2$前体中空的特点。正如图片2-5（b）中展示的那样，立方结构的Cu$_2$O就是完全复制Co(OH)$_2$并使其表面变成粗糙和多孔形貌。从图2-5（c）中，可以在大量的纳米片上明显观察到Co(OH)$_2$前体的表面特征。这些纳米片相互交织，形成多孔结构。图2-5（c）中的TEM图像为Co(OH)₂的立方空心结构的前体提供了令人信服的证据。为了获得细节信息，一个结构良好的Co(OH)₂立方体在图片中被仔细说明。空心立方体的边缘长度约500 nm而且壳厚度约80 nm。其外壳是通过纳米片交织构造的而且纳米片向外扩展出几十纳米的壳，为电解液与被分析物建立了丰富的扩散与渗透路径。在图2-5（f）中不规则的Co(OH)₂前体晶体是通过典型的选择区域电子衍射（SAED）模式图被确认的，这与XRD的结果非常一致。

立方笼状Co₃O₄的TEM形貌、HRTEM形貌和相应的观察总结如图2-6所示。如图2-6（a）所示，可以观察到煅烧后有轻微的聚合。虽然在图2-6（b）中找到了几个破碎的立方体，则几乎都能都维持立方的结构。煅烧后，Co₃O₄表面仍呈片状特征，仍然保留了较大的比表面积和丰富的扩散路径，这有利于电化学活性。从TEM图像可以看出，能观察到空心和多孔的结构[图2-6（e）]，片状特征得到进一步的证实。根据对一个立方体特定的观察，相比图2-6（e），薄片的生长密度显著降低，延伸长度明显缩小。在图2-6（f）HRTEM图像中，两种相邻格子条纹间距能很清楚地观察到。0.286 nm和0.467 nm这两个值分别与（220）和（111）立方Co₃O₄晶格间距标准值一致。

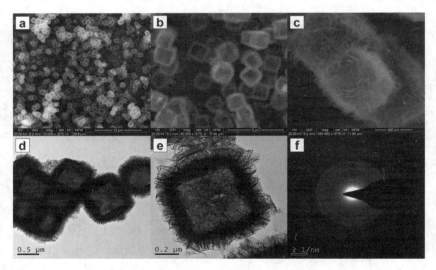

图2-5　Co(OH)₂前体准备SEM（a，b，c）和TEM（d，e）；（f）是Co(OH)₂前体的SAED模式

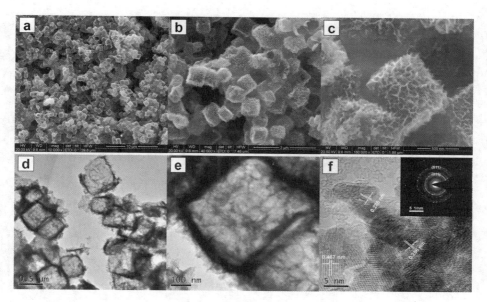

图2-6 立方笼状Co₃O₄的SEM（a，b，c）图像和TEM（d，e，f）图像；
（f）立方笼状Co₃O₄的SAED图

为了研究Co₃O₄的形成过程，我们拍摄了一系列不同反应时间的光学照片，结果如图2-7（a）所示。第一瓶溶液里，砖红色Cu₂O立方体均匀地分散在水和酒精（1∶1）的混合并有PVP存在的溶液中。随着反应时间、反应体系的颜色逐渐变浅，亮绿色沉淀产生的同时，即为非晶态Co(OH)₂。产生的沉淀在5 min和15 min离心后并用TEM测试进一步了解其形成过程。如图2-7（c）所示反应5 min的透射图，部分空心方块与外壳分离，由于优先腐蚀菱角处Cu₂O模板。如图2-7（d）所示，反应30 min后的透射图，Cu₂O笼状Co(OH)₂内部明显缩小，进一步证实了笼状表面的多孔结构。

N₂吸附脱附等温线和Barrett-Joyner-Halenda（BJH）孔隙大小分布测试描述Co₃O₄HPA的比表面积和孔隙度。如图2-8所示，Co₃O₄的比表面积45.7 m²·g⁻¹和孔隙体积为0.15 cm³·g⁻¹。对于孔隙大小分布，Co₃O₄提出了一种广泛分布于1~45 nm的范围为7.6~45.5 nm的孔隙大小分布可以归因于空间交错形成Co₃O₄纳米片。一般来说，多孔结构材料能够提供足够多的有效接触面积、丰富的电解质和分析物的扩散路径，有利于改善电催化活性。

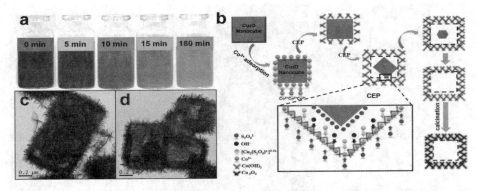

图2-7 （a）添加4 mL Na$_2$S$_2$O$_3$的不同时间表征图；（b）分层Co$_3$O$_4$架构的形成原理机制；（c，d）Co(OH)$_2$反应5 min的（c）和15 min（d）透射图

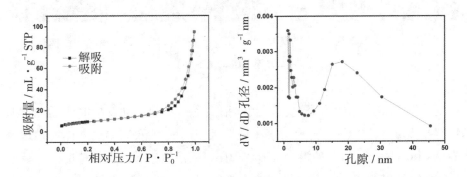

图2-8　N$_2$吸附-脱附等温线以及相应的笼状立方Co$_3$O$_4$的孔隙大小分布

2.1.3.3　Co$_3$O$_4$笼状空心纳米材料电催化活性及其机理研究

图2-9（a）为笼状Co$_3$O$_4$和Co(OH)$_2$空白和加1 mmol·L^{-1}葡萄糖循环伏安对比图。比较曲线Ⅰ和Ⅲ，曲线Ⅰ电流显著增加，Co$_3$O$_4$煅烧后结晶度增高。在1 mmol·L^{-1}葡萄糖溶液下，响应电流分别对应笼状Co$_3$O$_4$（曲线Ⅱ）和Co(OH)$_2$（曲线Ⅳ）电极。然而，立方笼状Co$_3$O$_4$电极响应电流高于高于Co(OH)$_2$电极。此外，葡萄糖氧化的Co$_3$O$_4$电极起始电位0.34 V比Co(OH)$_2$电极（0.39 V）低，揭示Co$_3$O$_4$电极的催化活性较高。值得注意的是对两对氧化还原峰曲线Ⅱ调查，氧化还原峰1和2之间归因于Co$_3$O$_4$和CoOOH可逆变换：

$$Co_3O_4 + OH^- + H_2O \longleftrightarrow 3CoOOH + e^-$$

而氧化还原峰3和4是CoOOH和CoO$_2$之间进一步转变相关：

$$CoOOH + OH^- \longrightarrow CoO_2 + H_2O + e^-$$

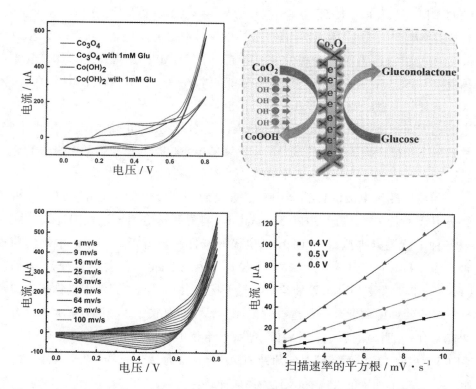

图2-9 （a）立方笼状Co$_3$O$_4$和Co(OH)$_2$电极在的循环伏安对比图；（b）立方笼状Co$_3$O$_4$
对电极的葡萄糖氧化的作用机制；（c）立方笼状Co$_3$O$_4$电极在不同扫描速度下的循环伏
安图；（d）阳极电流与扫描速率的平方根之间的关系

由葡萄糖在立方笼状Co$_3$O$_4$HPA电极的电氧化动力学，可以通过判断在
阳极电流和扫描率之间的关系。CVs记录在不同的扫描率4～100 mV/s在含
有1 mmol·L^{-1}葡萄糖的碱性溶液，数据的得出如图2-9（c）所示。立方笼状

Co_3O_4电极的阳极电流随CV扫描率的增加而增加，阳极电流是线性与扫描速率的平方根的0.4～0.6 V[图2-9（d）]，展示了一个典型的电氧化葡萄糖扩散控制的动力学过程。

为了测试电极的工作参数，如图2-10所示的是Co_3O_4HPA的典型测量电流的响应和Co在0.6V$(OH)_2$电极电流的响应数据。虽然，Co_3O_4 HPA和Co$(OH)_2$电极组合体在连续浓度变化的葡萄糖溶液中响应电流都明显加快，但是可以发现，Co_3O_4 HPA电极比Co$(OH)_2$组合体电极反应显示出更高和更稳定的电流，证明前者具有高电催化活性。从图2-10（d）中的统计数据可以看出，获得范围达1.9 mmol·L^{-1} 839.3 Co_3O_4 HPA电极的灵敏度为μAcm^{-2}·mM^{-1}，这是高于Co$(OH)_2$组合体电极（652.5 μA·cm^{-2}·mM^{-1}）。这一性能的本质是由于Co_3O_4HPA电极表面积大，薄片状形态以及高度多孔结构。可能机理为，首先中空多孔结构具有巨大的比表面积，它提供了足够的Co_3O_4HPA和分析物之间的接触面积。此外，片状形态特征提供了充足的接触活动网络的电氧化葡萄糖和帮助更快的电子转移动，互动之间的空隙纳米片供应足够的葡萄糖的渗透扩散路径。

葡萄糖测量电流的传感器中，最重要的一个分析参数是能从目标分析物分开干扰因素。是通过在0.5 mmol·L^{-1}葡萄糖安培测试过程中连续性注射各种干扰因素来测量Co_3O_4 HPA电极的选择性。对于人体血液中的葡萄糖来说，抗坏血酸（AA）、尿酸（UA）、乳糖（Lact）、蔗糖（Sucr）、果糖（Fruc）和柠檬酸（CA）等种类是常见干扰因素。因此，五种干扰物被添加在1/10的葡萄糖浓度来进行选择性的测量，结果如图2-11（a）所示。只有果糖对UA无明显的影响，AA和蔗糖观察干扰电流分别约为（5.1±0.3）%和（5.4±0.4）%。而乳糖对葡萄糖的检测产生了最大干扰约（7.6±0.4）%。此外，第二个加入的0.5 mmol·L^{-1}葡萄糖仍然保留约（93.1±0.3）%的响应，表明Co_3O_4HPA电极具有良好的选择性。改进的选择性可以归因于Co_3O_4 HPA电极之间的静电排斥机制和干扰物。Co_3O_4的等电点约为8。Co_3O_4 HPA电极会将0.1 mol·L^{-1} NaOH溶液中带负电荷（pH=13）。主要的干扰物种（AA和UA）由于质子的损失在碱性电解液中也带负电荷，在Co_3O_4HPA电极和干扰之间由于静电斥力作用导致选择性的增强。此外，负电荷的壳允许葡萄糖的穿透和扩散。然而，阻碍了带负电荷的干扰物的扩散，导致电氧化葡萄糖干扰电流的弱化。稳定性测试是通过记录30 d 0.1 mmol·L^{-1}葡萄糖的当前响应，如图2-11（b）所示。第一天时，Co$_3$O$_4$ HPA电极保留96.8%的原始电流响应，揭示了其卓越的长期稳定性。Co$_3$O$_4$ HPA电极的对0.1 mmol·L^{-1}葡萄糖安培响应进行检测，工作稳定性无明显衰减的影响，如图2-11（b）所示。其卓越稳定性与在碱性溶液中的Co$_3$O$_4$ HPA结构和理化惰性相关。在相同条件下通过测量0.1 mmol·L^{-1}葡萄糖，五个不同电极的电流响应来评估Co$_3$O$_4$ HPA电极的重现性，响应电流的相对标准偏差（RSD）约为6.98%[图2-11（c）]。此外，同一电极对0.1 mmol·L^{-1}的葡萄糖测定电流响应的十倍[图2-11（d）]，并且测试的Co$_3$O$_4$ HPA电极RSD显示为2.01%。Co$_3$O$_4$ HPA电极提供了潜在的实用性，高选择性，可靠的稳定性和良好的重现性，在非酶的电化学葡萄糖传感器的设计中展示广阔的前景。

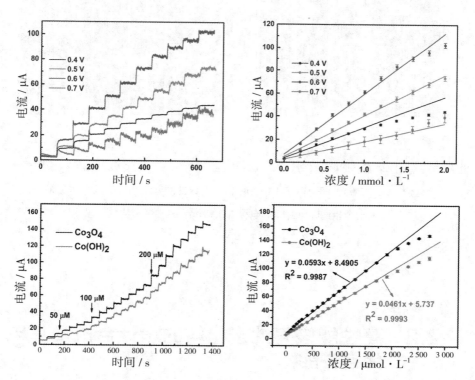

图2-10　（a）Co$_3$O$_4$ HPA电极在不同电位的电流响应；（b）注射葡萄糖浓度和Co$_3$O$_4$ HPA电极响应电流之间的关系在不同应用潜力；（c）Co$_3$O$_4$HPA的典型测量电流响应；（d）Co(OH)$_2$组合体电极和Co$_3$O$_4$HPA注射葡萄糖的浓度之间的关系

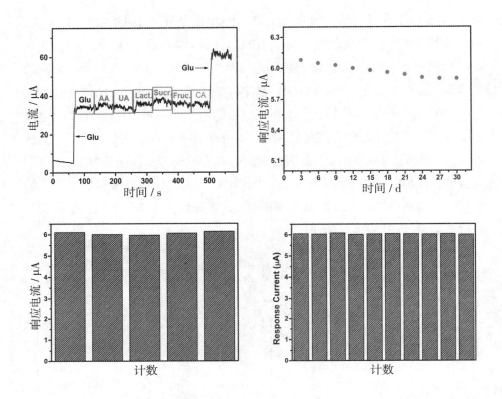

图2-11 （a）Co$_3$O$_4$HPA电极对注入干扰物的电流响应；（b）Co$_3$O$_4$HPA电极长期稳定

性的检测；（c）Co$_3$O$_4$HPA电极0.1 mmol·L^{-1}葡萄糖的电流响应的五个测量结果；

（d）十个相同Co$_3$O$_4$HPA电极对0.1 mmol·L^{-1}葡萄糖的测量

2.2　高性能核壳纳米材料的设计合成及其电化学性能

核壳材料具有独特的微观结构，"核"材料可以提高电子转移的效率，而"壳"材料能够提供大的比表面积和扩散通道，具有优异的电化学活性。然而传统"鸡蛋型"核壳结构具有其自身无法避免的缺点。由于外层"壳"材料的屏蔽作用，是内部的"核"材料很难充分利用，尤其是在高载量情况下，壳层强烈的屏蔽作用导致电解液扩散困难，难以发挥电活性材料的性能。本节通过对传统核壳材料进行结构改进使核壳材料得以充分利用，具体内容如下：（1）利用不同维度材料之间的协同作用，采用水热法在立方空心$Ni(OH)_2$表面包覆MnO_2纳米片，构建了$Ni(OH)_2@MnO_2$的核壳结构，该结构具有优异的电化学动力学优势，对多巴胺表现出优异的电催化活性；（2）通过连续的两步水热反应，在泡沫镍表面构建了$Ni(OH)_2@MnO_2$片状核壳电极，该2D核壳结构大大提高了物质传输效率和电子收集转移效率，获得了优异的电化学性能。以上研究均通过形貌和结构设计实现了传统颗粒材料和传统核壳材料的动力学环境改善，为高性能电活性材料的研发提供了理论指导。

2.2.1 实验概述

2.2.1.1 主要试剂

主要试剂见表2-3。

表2-3 主要试剂

试剂名称	分子式	规格	生产厂家
氯化铜晶体	$CuCl_2 \cdot 2H_2O$	分析纯	成都市新都区木兰镇工业开发区
抗坏血酸	$C_6H_8O_6$	分析纯	成都市新都区木兰镇工业开发区
高锰酸钾	$KMnO_4$	分析纯	成都市新都区木兰镇工业开发区
氢氧化钠	$NaOH$	分析纯	成都市科龙化工试剂厂
聚乙烯吡咯烷酮	$(C_6H_9NO)_n$	分析纯	成都市新都区木兰镇工业开发区
葡萄糖	$C_6H_{12}O_6$	分析纯	西格玛奥德里奇（上海）贸易有限公司
乳糖	$C_{12}H_{22}O_{11}$	分析纯	西格玛奥德里奇（上海）贸易有限公司

续表

试剂名称	分子式	规格	生产厂家
果糖	$C_6H_{12}O_6$	分析纯	西格玛奥德里奇（上海）贸易有限公司
无水乙醇	C_2H_6O	分析纯	成都市科龙化工试剂厂
硫代硫酸钠（五水）	$Na_2S_2O_3 \cdot 5H_2O$	分析纯	成都市新都区木兰镇工业开发区
氯化镍（六水）	$NiCl_2 \cdot 6H_2O$	分析纯	成都市新都区木兰镇工业开发区
尿酸	$C_5H_4N_4O_3$	分析纯	成都市新都区木兰镇工业开发区
盐酸多巴胺	$C_8H_{11}NO_2 \cdot HCl$	分析纯	上海阿拉丁生化科技股份有限公司
聚四氟乙烯乳液	PTFE	黏合剂	成都市新都区木兰镇工业开发区
泡沫镍	Ni	–	成都市新都区木兰镇工业开发区

2.2.1.2　主要仪器

所需仪器见表2-4。

表2-4　主要仪器

仪器名称	型号	生产厂家
超声波清洗机	SB-3200-DT	宁波新芝生物科技股份有限公司
真空干燥箱	DZF-6020	上海齐欣科学仪器有限公司
不锈钢高压水热反应釜	50mL	上海齐欣科学仪器有限公司
Autolab电化学工作站	PGSTAT128N	瑞士万通
玻璃碳电极	$\phi = 3mm$	瑞士万通
X射线衍射仪	RigakuD/MAX-2400	日本理学电企仪器有限公司
场发射扫描电镜	SU8020/FEIQuanta250	日立（Hitachi）公司/美国FEI公司
X射线光电子能谱分析仪	ThermoESCALAB250Xi	美国赛默飞世尔科技
BET比表面分析仪	Max-490	大昌华嘉商业有限公司

2.2.1.3　基本表征测试

样品的晶体结构利用X射线粉末衍射仪（XRD）进行表征；表面化学成分利用X射线光电子能谱（XPS）进行测试，微观结构和形貌利用场发射扫描电子显微镜（SEM）进行表征，采用BET测量比表面积和孔隙结构。

2.2.1.4　电化学性能测试

在AutolabμⅢ电化学工作站上进行了0.1PBS（pH=7.0）的电化学测试。将预处理后的玻碳电极（$\Phi=3$ mm）、Ag/AgCl电极和Pt电极分别作为工作电极、参比电极和对比电极。首先，用1 μm、0.5 μm和0.05 μm氧化铝粉末对玻碳电极（GCE，GCE=3 mm）进行抛光，用清水对电极进行彻底清洗。然后，分别在水和乙醇中对抛光电极进行超声清洗，并在氮气流量下进行干燥。然后将5 mg [Ni(OH)$_2$@MnO$_2$CSA，Ni(OH)$_2$NCs和MnO$_2$ NSs] 粉末溶于0.9 mL水和0.1 mL Nafion溶液的混合物中，将5 μL的溶液滴入制备的GCE上室温下干燥。修饰后的工作电极分别为Ni(OH)$_2$@MnO$_2$ CSA/GCE、Ni(OH)$_2$ NCs/GCE和MnO$_2$ NSs/GCE。

分别以Ni(OH)$_2$@MnO$_2$CSA、MnO$_2$/NF和Ni(OH)$_2$/NF（~5mm×5mm）为工作电极、Ag/AgCl为参比电极、铂片电极为对电极，在AutolabμⅢ电化学工作站上进行电化学测量。以Ni(OH)$_2$@MnO$_2$CSA为正电极，以AC电极（将9∶1的AC与5%PTFE黏合剂的混合物涂在NF）为负电极，用3 μm的隔板和电池组装在一起，在AutolabμⅢ电化学工作站上进行电化学测量。

2.2.2　Ni(OH)$_2$@MnO$_2$笼状核壳纳米材料的制备及其电催化性能研究

2.2.2.1　Ni(OH)$_2$@MnO$_2$笼状核壳纳米材料的制备

首先，在前人工作的基础上，我们合成了立方Cu$_2$O晶体。随后通过配位刻蚀和沉淀（CEP）原理制备了Ni(OH)$_2$NCs。将400 mg Cu$_2$O和140 mg NiCl$_2$依次倒入装有400 mL水和乙醇混合溶液（体积比为1∶1）的1 000 mL烧杯中。超声几分钟后，持续搅拌30 min，将13.2 mg PVP分散到溶液中。然后滴加160 mL Na$_2$S$_2$O$_3$（1 mol/L），室温下反应3 h。制备的Ni(OH)$_2$样品离心后在60 ℃真空干燥12 h。

通过水热反应合成了Ni(OH)$_2$@MnO$_2$CSA。首先，向30 mL 0.02 mol·L^{-1}的KMnO$_4$溶液加入30 mg Ni(OH)$_2$并使之混合。完全搅拌30 min后，将溶液倒入50 mL不锈钢高压釜中，在烘箱中140 ℃进行反应，反应时间分别为4 h、8 h、12 h和16 h。最后分别用去离子水和酒精洗涤，然后在60 ℃下真空干燥12 h。

2.2.2.2　Ni(OH)$_2$@MnO$_2$笼状核壳纳米材料的基本表征与分析

图2-12（a）是Ni(OH)$_2$@MnO$_2$CSA的合成工艺示意图。反应开始时（过程1），在超声辅助下，Ni^{2+}富集在Cu$_2$O模板的表面。随着S$_2$O$_3^{2-}$的引入，Cu$_2$O发生了配位刻蚀，形成了可溶性[Cu$_2$(S$_2$O$_3^{2-}$)$_x$]$^{2-2x}$：

$$Cu_2O + S_2O_3^{2-} + H_2O \longrightarrow [Cu_2(S_2O_3)]^{2-2x} + 2OH^-$$

S$_2$O$_3^{2-}$的配位刻蚀和部分水解过程中吸附的Ni^{2+}与OH$^-$的结合：

$$S_2O_3^{2-} + H_2O \longrightarrow {}^- + OH^-$$

最终在Cu$_2$O模板周围形成Ni(OH)$_2$壳层：

$$Ni^{2+} + OH^- \longrightarrow Ni(OH)_2$$

扩散动力学在传质过程中起着至关重要的作用[图2-12（b）]。S$_2$O$_3^{2-}$从外部到内部空间的扩散反映了Cu$_2$O的刻蚀速率，而OH$^-$和[Cu$_2$(S$_2$O$_3^{2-}$)$_x$]$^{2-2x}$从内到外的传递速率与Ni(OH)$_2$壳层的生成密切相关。因此，在过程2，Cu$_2$O的配位刻蚀速率和Ni(OH)$_2$沉淀速率的同步控制促使Ni(OH)$_2$NCS的形成。最后，在过程3，通过水热法制备Ni(OH)$_2$@MnO$_2$CSA。图2-12（c）为Ni(OH)$_2$@MnO$_2$CSA产品在不同阶段的图像。很明显观察到过程与推导出的机理相吻合。此外，还研究了MnO$_2$纳米片的形成过程，SEM图像如附图2-12所示。

$$KMnO_4 \longrightarrow MnO_2 + O_2$$

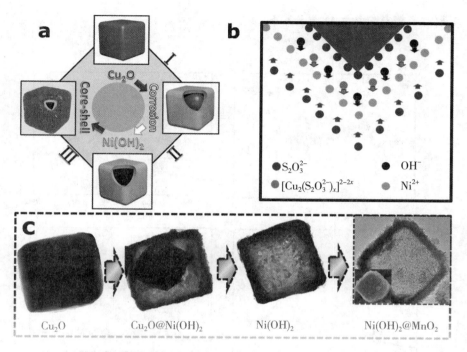

图2-12　（a）Ni(OH)$_2$@MnO$_2$CSA合成过程示意图；（b）Cu$_2$O的刻蚀原理；（c-f）样品的真实结构

Ni(OH)$_2$@MnO$_2$CSA的XRD图谱如图2-13（a）所示。在38.7 eV处所观察到的峰可与典型的Ni(OH)$_2$六方相峰匹配（PDF#03-0177）。位于36.8 eV和65.7 eV处的两个特征峰对应MnO$_2$（PDF#18-0802）的（006）和（119）。为了支持XRD分析，进一步通过XPS研究样品的化学成分和电子状态。比起Ni(OH)$_2$ NCs，Ni(OH)$_2$@MnO$_2$ CSA[图2-13（b）]的全谱中多了另外两种元素，这与EDS的结果是一致的。对于Ni 2p[图2-13（c）]，位于854.76 eV和857.39 eV的两个主峰，被认定为Ni 2p$_{3/2}$和Ni 2p$_{1/2}$，这与Ni(OH)$_2$中的Ni^{2+}匹配。由最终态效应和等离子体损耗产生的另外两个伴峰进一步证实了Ni^{2+}的存在。Mn 2p谱[图2-13（c）]中，Mn 2p$_{3/2}$和Mn 2p$_{1/2}$峰值分别位于642.37 eV和654.19 eV。在O 1s谱中观察到氧元素的两种不同状态[图2-12（d）]。与Ni(OH)$_2$的O 1s光谱比较，在531.32 eV处的O$_2$峰可认定为Ni(OH)$_2$羟基的O 1s而529.88 eV处O$_1$峰可归属于MnO$_2$氧化物中的氧原子。因此，XRD和XPS的结果证实我们成功制备了Ni(OH)$_2$@MnO$_2$复合材料。

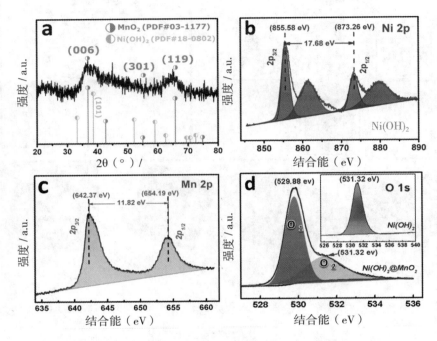

图2-13 （a）Ni(OH)$_2$@MnO$_2$CSA的XRD图谱；XPS能谱：（b）Ni 2p；
（c）Mn 2p；（d）O 1s

如图2-15所示，Cu$_2$O模板为立方体形态，其平均边缘长度约为500 nm。经过CEP处理后，Ni(OH)$_2$NCs呈均匀分布，仍然保留了Cu$_2$O模板的立方体结构。从图2-14（a）可以看出，破碎的立方体呈现出中空的内部结构，证实了笼状结构的形成。Ni(OH)$_2$ NCs的边缘长度与Cu$_2$O模板大致相同[图2-14（b）]。如图2-14（c）所示，Ni(OH)$_2$ NCs由微小颗粒组成，表面粗糙且多孔，这为MnO$_2$ NCs在其表面的生长提供了足够的条件。从图2-14（d）可以看出，水热反应后，Ni(OH)$_2$ NCs仍然保持立方体形态。其表面变得更加粗糙。经过进一步观察[图2-14（e）]，可以发现MnO$_2$ NSs垂直生长在Ni(OH)$_2$ NCs上，形成了核壳结构。如图2-14（f）所示，MnO$_2$层由随机组成的超薄MnO$_2$ NSs组成，形成了多孔网络结构。在核壳结构方面，空心Ni(OH)$_2$提供了足够的内外表面积，促进了分析物和中间产物的有效吸附。网状壳层不仅为电催化提供了大量的活性位点，而且提供了足够的电子转移路径。综上所述，这些特性揭示了Ni(OH)$_2$@MnO$_2$ CSA具有通过调控分析物路径来支持动力学传质的结构优势，从而产生良好的电催化活性。

图2-14　（a-c）Ni(OH)$_2$ NCs的FESEM图像；（d-e）Ni(OH)$_2$@MnO$_2$ CSA的FESEM图像

如图2-15（a）所示，透射电镜图像显示了Ni(OH)$_2$ NCs清晰的笼状形态。水热处理后，在Ni(OH)$_2$ NCs表面沉积了一层MnO$_2$ NSs，并且Ni(OH)$_2$ NCs与MnO$_2$层之间没有明显的层间间隙，形成了一个分层的核壳结构。经过仔细观察[图2-15（c）]，MnO$_2$层和Ni(OH)$_2$NCs的厚度分别为25 nm和60 nm。插图中的SAED图形揭露了MnO$_2$ NSs的多晶特征。在MnO$_2$层的高分辨图像中[图2-15（d）]，可以清晰地观察到三种不同的晶格条纹，晶面间距为0.24 nm、0.17 nm和0.14 nm分别对应MnO$_2$的（006）、（301）和（119）晶面（PDF#18-0802）。通过Mapping和扫描EDX测量了Ni(OH)$_2$@MnO$_2$CSA的元素分布。从图2-15（e）可以看出，O、Mn和Ni元素在核壳结构中均匀分布。元素集中在边缘，而中心较弱，这符合空心结构的特点。此外，线扫描结果表明，Mn、Ni和O在近表面均匀分布[图2-15（f）]，这与Mapping的结果一致。

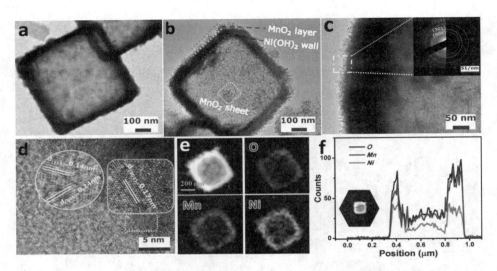

图2-15 （a）Ni(OH)$_2$NCsTEM图像；（b，c）Ni(OH)$_2$@MnO$_2$ CSA的TEM图像；
（d）HRTEM图像和（插图）MnO$_2$ NSs的SAED模式；（e）EDX映射；
（f）Ni(OH)$_2$@MnO$_2$CSA的线扫描EDX轮廓

用BET法测定样品的表面积和孔隙（图2-16）。根据计算，Ni(OH)$_2$@MnO$_2$ CSA的表面积为50 m^2·g^{-1}，远大于Ni(OH)$_2$NCs（22.1 m^2·g^{-1}）。Ni(OH)$_2$NCs和Ni(OH)$_2$@MnO$_2$CSA孔径分布揭露了两个样品的介孔特性。其中，Ni(OH)$_2$@MnO$_2$CSA的孔径主要分布在2.5～15.8 nm，这可作为电解质与催化表面高效传质的有序通道。Ni(OH)$_2$NCs和Ni(OH)$_2$@MnO$_2$CSA的孔隙体积分别测试为0.028 6 cm^3·g^{-1}和0.06 cm^3·g^{-1}。此外，Ni(OH)$_2$@MnO$_2$CSA的滞后环属于H$_4$型，这是多层结构的典型特征。一般来说，大的比表面积、大的孔体积和有序的通道可以有效地促进分析物的吸收和传质过程，从而提高电催化活性。因此，Ni(OH)$_2$@MnO$_2$CSA具有良好的电催化微观结构。

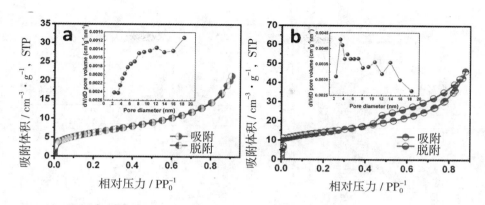

图2-16　（a）Ni(OH)$_2$NCs和（b）Ni(OH)$_2$@MnO$_2$ CSA的N$_2$吸-脱附等温线。
插图分别是相应的孔径分布

2.2.2.3　Ni(OH)$_2$@MnO$_2$笼状空心纳米材料电催化活性及其机理研究

采用CV、EIS和CA测定Ni(OH)$_2$@MnO$_2$ CSA/GCE的电化学性能。如图2-17（a）所示，Ni(OH)$_2$@MnO$_2$ CSA/GCE没有添加DA时，CV曲线没有峰值，然而添加50 μmol·L^{-1} DA后，出现明显的氧化还原峰。对于空心Ni(OH)$_2$ NCs/GCE[图2-17（b）]和MnO$_2$NSs/GCE[图2-17（c）]，在两个电极上都添加了DA后，阳极电流均有所增加，但响应电流小于Ni(OH)$_2$@MnO$_2$ CSA/GCE，说明DA的电催化活性较低。

Ni(OH)$_2$ NCs/GCE和MnO$_2$ NSs/GCE两个电极上分别加入DA后，阳极电流均有增加。然而，NCs/GCE和MnO$_2$ NSs/GCE两个电极的响应电流均小于Ni(OH)$_2$@MnO$_2$ CSA/GCE电极的响应电流，这表明Ni(OH)$_2$ NCs/GCE和MnO$_2$ NSs/GCE对DA的电催化活性较低。图2-17（d）中记录了Ni(OH)$_2$@MnO$_2$ CSA/GCE在不同扫描速率下的CV图，确定了DA从电解质扩散到电极催化表面的行为，阳极和阴极峰值电流均随扫描速率平方根的增加而线性增加，呈现出典型的扩散控制电催化过程。此外，随着扫描速率的增加，阳极/阴极峰值电位出现正/负位移，表明电催化过程是准可逆的。在这种准可逆的电化学过程中，电子传递数和电子传递系数可以由Laviron方程（Laviron，1979）计算得到：

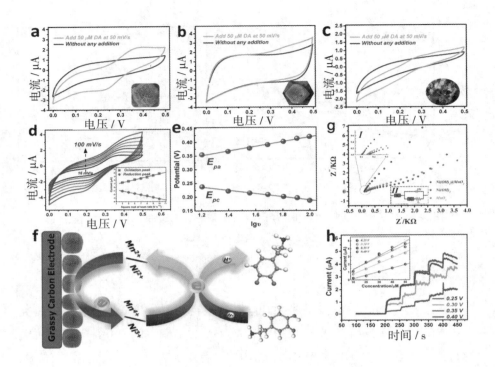

图2-17 （a）Ni(OH)₂@MnO₂ CSA/GCE；（b）（c）在50 mV/s下的空心Ni(OH)₂ NCs/
GCE和MnO₂ NSs/GCE的CVs；（d）滴加50 μM DA在不同的扫速下CVs和峰值电流与扫
描速率平方之间的关系；（e）lg v 和电压关系图；（f）在Ni(OH)₂@MnO₂ CSA/GCE上DA
氧化还原反应示意图；（g）空心MnO₂ NSs/GCE，Ni(OH)₂ CNs/GCE和Ni(OH)₂@MnO₂
CSA/GCE的Nyquist图；（h）Ni(OH)₂@MnO₂ CSA/GCE在不同电位测量电流的响应图和
连续滴加20 μmol·L⁻¹DA浓度与响应电流之间的关系图

$$E_{pa}=E^{0+}+2.3\frac{RT}{(1-\alpha)nF}\lg v \qquad (5)$$

$$E_{pa}=E^{0+}-2.3\frac{RT}{\alpha nF}\lg v \qquad (6)$$

其中，n是电子转移数，α是电子转移系数，v是扫描速度。F、R、T表达了传统的意义。在图2-17（e）中，峰电位线性增加与扫描速率的对数回归方程表示E_{pa}=0.249 5+0.084 57lg$v$（R^2=0.992）和E_{pc}=0.309 5～0.061 86lg$v$（R^2=0.992）。因此，n和α计算为1.676和0.576，分别揭示两个电子转移催化过程。DA的电催化机理如图2-17（f）所示。首先，Ni(OH)$_2$和MnO$_2$的金属组分分别转变成Ni^{3+}和Mn^{4+}的电子媒介。然后，这些电子媒介从吸附的DA分子中得到电子，变成了Ni^{2+}和Mn^{2+}。同时，DA分子通过双电子转移过程氧化为DA醌。

为了验证Ni(OH)@MnO$_2$CSA的动力学优势，我们在图2-17（f）中记录了三个电极的Nyquist图。Nyquist点能够拟合为由电子传递阻力（Rct）、溶液扩散阻力（Rs）和Warburg阻抗（ZW）构成的等效电路。Ni(OH)$_2$@MnO$_2$ CSA/GCE试验值（0.882 kΩ）比Ni(OH)$_2$/GCE（1.23 kΩ）、MnO$_2$/GCE（1.09 kΩ）的值小，表明Ni(OH)$_2$@MnO$_2$ CSA/GCE电子转移电阻更低。较低的电子转移电阻可以归因于独特的核-壳结构所产生的较高的电子收集效率。比起MnO$_2$/GCE和Ni(OH)$_2$/GCE，Ni(OH)$_2$@MnO$_2$CSA/GCE具有更低的R_S值（0.6 kΩ）。此外，Ni(OH)$_2$@MnO$_2$CSA/GCE的Z_W值大于Ni(OH)$_2$/GCE和MnO$_2$/GCE，这可以说明Ni(OH)$_2$@MnO$_2$CSA/GCE扩散电具有较小离子扩散阻力。较低的离子阻是由于Ni(OH)$_2$骨架的三维多孔性和MnO$_2$NSs构建的丰富的扩散通道所致。结果表明，Ni(OH)$_2$@MnO$_2$ CSA/GCE具有传质和电子转移动力学的双重优势，具有良好的电催化活性。图2-17（h）记录了Ni(OH)$_2$@MnO$_2$CSA/GCE在不同电位下的i-t曲线，这可以作为收集最佳工作电位的依据。如图所示，在所有电位处DA浓度与响应电流呈线性关系。Ni(OH)$_2$@MnO$_2$CSA/GCE与其他电位相比，在0.35 V时表现出更高的响应电流。因此，选择0.35V作为工作电势。

图2-18（a）记录了电压为0.35 V时Ni(OH)$_2$@MnO$_2$CSA/GCE、Ni(OH)$_2$NCs/GCE和MnO$_2$NSs/GCE的i-t曲线，用它来评估Ni(OH)$_2$@MnO$_2$CSA/GCE对DA的电催化活性。如图2-18所示，所有工作电极上都可以清楚地观察到两个线性范围。表2-5表明了三种电极的灵敏度、检测限、线性范围和响应时间的关系。Ni(OH)$_2$@MnO$_2$ CSA/GCE的灵敏度在低浓度范围内（0.02～16.3 μM）为467.1 μA·mM^{-1}·cm^{-2}，而在更高的浓度范围内（18.3～118.58 μM）为1 249.9 μA·mM^{-1}·cm^{-2}。在这个线性范围内，Ni(OH)$_2$@

MnO_2 CSA/GCE的灵敏度均高于Ni$(OH)_2$ NCs/GCE和MnO_2 NSs/GCE。而高灵敏度则与三维核心与二维壳体的比表面积大、孔隙特征和结构协同效应有关。值得我们关注的是，Ni$(OH)_2$@MnO_2 CSA/GCE的LOD为1.75 nM（信号/噪声=3），比Ni$(OH)_2$ NCs/GCE（10.2 nM）和MnO_2 NSs/GCE（30.2 nM）的LOD低得多。由表2-6和附图2-17可以看出，Ni$(OH)_2$NCs的灵敏度较高，但响应时间较长，而MnO_2 NSs的灵敏度较低，但响应时间较短。这些事实表明，Ni$(OH)_2$ NCs灵敏性大，而MnO_2 NSs响应时间长。此外，将Ni$(OH)_2$@MnO_2 CSA/GCE的性能与表2-6中的其他报道进行比较。可以看出，Ni$(OH)_2$@MnO_2 CSA/GCE在高灵敏度和超低LOD方面均表现出较好的性能。

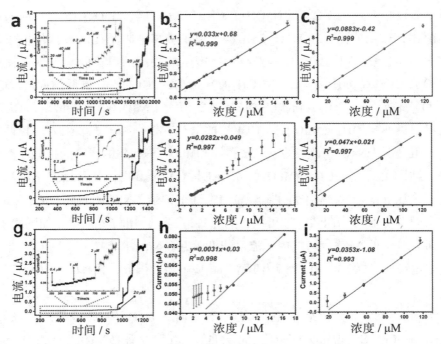

图2-18 （a）连续添加不同浓度DA的Ni$(OH)_2$@MnO_2 CSA/GCE电极；（b，c）Ni$(OH)_2$@MnO_2 CSA/GCE电极不同浓度范围与电流的线性关系；（d）是Ni$(OH)_2$ CNs/GCE电极；（e，f）Ni$(OH)_2$NC/GCE电极不同浓度范围与电流的线性关系；（g）MnO_2 NSs/GCE电极的电流响应；（h，i）空心MnO_2 NSs/GCE电极不同浓度范围内与电流之间的线性关系

选择性对电化学传感器的应用具有重要的意义。在 $i-t$ 测定过程中，我们将干扰物加入正在搅拌的PBS中，用于检测Ni(OH)$_2$@MnO$_2$CSA/GCE的选择性[图2-19（a）]。研究发现AA的干扰电流仅为8.6%，这表明该电极对DA具有极高的选择性。

表2-5　对DA的催化行为的参数统计

Electrodes	Linearange （μmol·L^{-1}）	Detectionlimit （μmol·L^{-1}）	Sensitivity （μA·μM^{-1}·cm^{-2}）	Stablecurrentsignal （s）
MnO$_2$NSs	8.3 ~ 16.3 37 ~ 97	0.0308	43.9 498.1	0.35
Ni(OH)$_2$NCs	0.22 ~ 4.3 18.3 ~ 98	0.0102	399.2 665.3	9.98
Ni(OH)$_2$@MnO$_2$ CSA	0.02 ~ 16.3 18.3 ~ 118.58	0.00175	467.1 1249.9	1.14

表2-6　灵敏度和LOD比较

Electrodes	Linearange （μmol·L^{-1}）	Detectionlimit （μmol·L^{-1}）	Sensitivity （μA·μM^{-1}·cm^{-2}）	References
Graphene–Au	5 ~ 1000	1.86	510.2	[78]
2Dg–C$_3$N$_4$/CuO nanocomposites	0.002 ~ 71.1	0.0001	0.0223	[79]
AuNPs[a]/MoS$_2$–PANI[b]	1 ~ 500	0.1	0.0274	[80]
Cu$_2$OHMS[c]/CB[d]	0.099 ~ 708	0.0396	0.0492	[81]
MWCNTs[e]/Q[f]/Nafion	50 ~ 500	4.72	0.00674	[82]
Au/GSNE[g]	0.01 ~ 2.55	0.0052	0.0000042	[83]
MnO$_2$nanowires/ chitosan	0.1 ~ 12	0.04	----------	[84]
Graphene	4 ~ 100	2.64	0.0659	[85]

续表

Electrodes	Linearrange（$\mu mol \cdot L^{-1}$）	Detectionlimit（$\mu mol \cdot L^{-1}$）	Sensitivity（$\mu A \cdot \mu M^{-1} \cdot cm^{-2}$）	References
MIPs[h]/ZNTs[i]/FTO[j]glass	0.02 ~ 5 and 10 ~ 800	0.1	−21.256 and −0.0389	[86]
Ni(OH)$_2$@MnO$_2$ CSA	0.02 ~ 16.3 and 18.3 ~ 118.58	0.00175	0.033 and 0.0883	Thiswork

表2-7　DAI中DA的检测（$n=3$）

Samples	Added（μM）	Founded（μM）	Recovery（%）	RSD（%）
1	5	4.87	97.4	1.3
2	10	9.56	95.6	2.2
3	50	46.02	92.0	4.1
4	100	101.74	101.7	0.9

此外，第二次添加DA时的响应电流仍保留了第一次注入时的82%，响应电流的衰减可能是干扰物或中间产物在电极表面的吸附所造成。图2-19（b）记录了5个Ni(OH)$_2$@MnO$_2$ CSA/GCE的响应电流，用来判断其重现性。计算得到相对标准偏差（RSD）为2.75%，这说明该电极具有良好的重现性。Ni(OH)$_2$@MnO$_2$ CSA/GCE的电流响应对50 μMDA检测了5次（图2-19），计算和RSD为1.06%，这表明该电极具有好的可重复性。关于长期稳定性，我们对其加入50 μMDA进行测试，电流响应每两天记录一次，持续进行了一个月[图2-19（d）]。最后其对DA的响应电流仍为初始值的80.5%，这表明Ni(OH)$_2$@MnO$_2$CSA/GCE具有显著的稳定性。我们从当地一家医院购买了盐酸多巴胺注射液（DAI），用Ni(OH)$_2$@MnO$_2$CSA/GCE对盐酸多巴胺注射液（DAI）中的DA进行检测，评价其应用价值。如表2-7所示，实测回收率为92.0%~101.7%，RSD值小于4.1%，这说明在无酶DA电化学传感器中Ni(OH)$_2$@MnO$_2$CSA具有良好的应用前景。

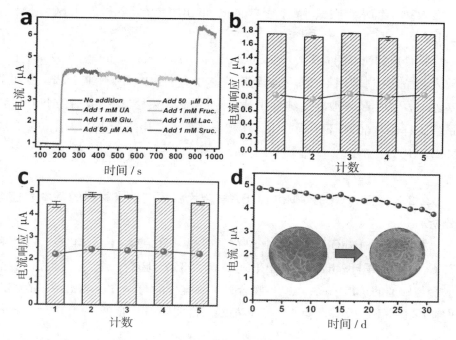

图2-19　（a）Ni(OH)$_2$@MnO$_2$CSA/GCE的选择性测试；（b）5个Ni(OH)$_2$@MnO$_2$CSA/
GCE对10 μMDA的电流响应；（c）同一个Ni(OH)$_2$@MnO$_2$CSA/GCE对50 μmol·L^{-1}DA的
　　　　五次响应；（d）Ni(OH)$_2$@MnO$_2$CSA/GCE对DA探测的长期稳定性测试

2.2.3　Ni(OH)$_2$@MnO$_2$CSA的制备及其电储能性能研究

2.2.3.1　Ni(OH)$_2$@MnO$_2$CSA复合片状核壳纳米材料的制备

合成前将NF（3.5 cm×1.5 cm）放入3 mol·L^{-1} HC溶液中超声2 h，彻底清洗，去除氧化层。再用超声仪将NF用无水乙醇和超纯水进行多次清洗，烘干待用。

水热条件下，通过电化学腐蚀法将片状Ni(OH)$_2$制备在NF上。具体过程为：将经过处理后的NF，放45 mL内衬聚四氟乙烯不锈钢高压反应釜中，釜中装入3/4蒸馏水。在140 ℃下密封24 h，取出NF冷却至室温，在60℃下干燥24 h。

将合成的Ni(OH)₂/NF（~1.5 cm×1.5 cm）和30 mL KMnO₄（0.02 mol·L⁻¹）放入45 mL内衬聚四氟乙烯不锈钢反应釜中，在140 ℃下密封24 h，冷却至室温。样品用超声波在超纯水中清洗5 min，除去松散吸附的试剂和产品。最后，样品在60 ℃下干燥24 h。在相同条件下，用NF代替Ni(OH)₂/NF合成MnO₂/NF。

2.2.3.2 Ni(OH)₂@MnO₂CSA复合片状核壳纳米材料的基本表征与分析

利用XRD对Ni(OH)₂晶体结构进行了表征，图2-20中位于44.7°、52.1°和76.6°的三强峰与标准的NF（JCPDSno.04-0850）吻合。菱形上标标记的衍射峰与标准的JCPDSno.14-0117吻合，可确定样品与立方β-Ni(OH)₂有关[89]。但在该条件下，没有显著的MnO₂特征峰，说明MnO₂含量低。

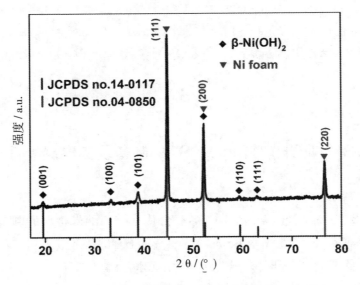

图2-20 Ni(OH)₂的XRD晶体结构的表征

为进一步确定Ni(OH)₂@MnO₂ CSA的表面化学成分，对其进行XPS谱测试，图2-21（a）初步证实了样品中含有元素Ni、O、C、Mn。图2-21（b）Ni 2p显示了位于855.9 eV（Ni 2p$_{3/2}$）和873.5 eV（Ni 2p$_{1/2}$）的两个主峰，它们表征的自旋劈裂能为17.6 eV，同时Ni 2p$_{3/2}$和Ni 2p$_{1/2}$主要卫星峰分别位于861.4 eV和879.6 eV，也都指向样品材料为立方β-Ni(OH)$_2$。图2-21（c）中Mn 2p两个特征光电子谱峰分别位于642.6 eV和654.4 eV，其自旋劈裂能为11.8 eV，这与MnO$_2$中的Mn 2p$_{1/2}$和Mn 2p$_{3/2}$状态一致。图2-21（d）中，位于529.9 eV的峰对应于MnO$_2$中的氧原子，位于531.4 eV的峰与Ni(OH)$_2$中OH$^-$一致。所有XRD和XPS分析结果都表明，通过水热法在NF上成功制备了MnO$_2$/Ni(OH)$_2$复合材料。

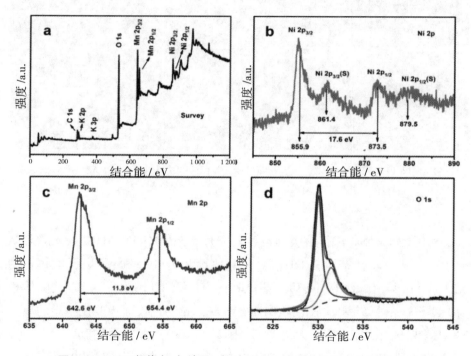

图2-21　XPS光谱（a）总图；（b）Ni 2p；（c）Mn 2p；（d）O 1s。

图2-22为Ni(OH)$_2$/NF（a，b，c）和Ni(OH)$_2$@MnO$_2$ CSA（d，e，f）不同放大倍数的形貌。对比图2-22（a，d）很明显地观察到Ni(OH)$_2$@MnO$_2$ CSA致密度比Ni(OH)$_2$/NF的致密度高得多。通过观察图2-22（b，e）发现其多孔

结构都是通过薄片之间的空隙而构建的。图2-22（c）中Ni(OH)$_2$/NF相邻薄片之间有几百纳米，为MnO$_2$的生长提供了足够的空间，也为Ni(OH)$_2$@MnO$_2$ CSA的成功构建做了铺垫。观察图2-22（f）发现MnO$_2$纳米薄片形成了一个核壳多孔结构，MnO$_2$纳米片构成的有序通道加速电解液扩散，有利于电极材料的氧化还原，而Ni(OH)$_2$@MnO$_2$ CSA高空隙结构具有大比表面积，增加了表面活性位点。

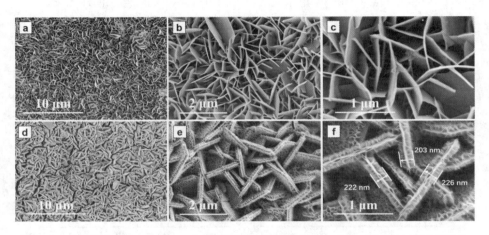

图2-22　Ni(OH)$_2$/NF（a，b，c）和Ni(OH)$_2$@MnO$_2$ CSA（d，e，f）放大不同倍数的SEM图像

利用77 K时N$_2$吸附-解吸等温线研究片状Ni(OH)$_2$和Ni(OH)$_2$@MnO$_2$CSA的比表面积与多孔结构Ni(OH)$_2$/NF的比表面积为40.8 m$^2 \cdot$g^{-1}，孔隙体积为0.23 cm$^3 \cdot$g^{-1}。在沉积MnO$_2$后，测试其比表面积为116.1 m$^2 \cdot$g^{-1}，孔隙体积为0.42 cm$^3 \cdot$g^{-1}。结果显示了Ni(OH)$_2$@MnO$_2$ CSA的比表面积要比报道的单一Ni(OH)$_2$或MnO$_2$的比表面积大得多。由图2-23（a）、（b）插图可知，Ni(OH)$_2$/N孔隙大小为30～120 nm，Ni(OH)$_2$@MnO$_2$ CSA孔隙大小为1.5～30 nm，因此Ni(OH)$_2$@MnO$_2$ CSA孔隙比Ni(OH)$_2$/NF孔隙小很多。孔隙减小可以归结为片状Ni(OH)$_2$层间间隙的消失和MnO$_2$纳米片多孔结构的构建。Ni(OH)$_2$@MnO$_2$ CSA大比表面积和高空隙结构的特点有利于电解液的扩散，为氧化还原反应提供了丰富的活性位点，使电化学性能增强。

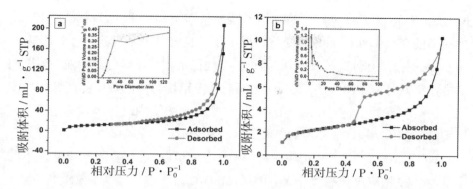

图2-23 （a）Ni(OH)$_2$/NF的N$_2$吸附-解吸等温线；（b）Ni(OH)$_2$@MnO$_2$CSA的N$_2$吸附-
解吸等温线；插图为孔隙大小分布

2.2.3.3　Ni(OH)$_2$@MnO$_2$CSA复合片状核壳纳米材料的电储能性能及其机理研究

为评估实验材料的性能，分别以Ni(OH)$_2$/NF，MnO$_2$/NF和Ni(OH)$_2$@MnO$_2$CSA/NF作PCs的电极材料在三电极体系中进行电化学测试。

50mv/s扫描NF、Ni(OH)$_2$/NF、MnO$_2$/NF和Ni(OH)$_2$@MnO$_2$CSA的CV对比曲线，其中NF的CV曲线积分面积最小，故可忽略NF对电容的影响。Ni(OH)$_2$@MnO$_2$CSA的CV曲线积分面积最大，展现了其高电容性。不同扫速下的Ni(OH)$_2$@MnO$_2$CSA的CV曲线，图中能明显观察到氧化还原峰，揭示了Ni(OH)$_2$@MnO$_2$CSA的赝电容性特征。所有CV曲线中显著的氧化还原峰都与M-O/M-O-OH的法拉氧化还原反应有关，M指Mn^{2+}或Ni^{2+}。观察随着扫速的增加阴极峰的负向位移和阳极峰的正向位移，使其CV曲线积分面积变大，其原因与充放电过程中的动力学限制有关。在2 A/g的电流密度下，对比不同电极的GCD曲线，可明显观察到Ni(OH)$_2$@MnO$_2$CSA具有较长的放电时间和低放电斜率，比Ni(OH)$_2$/NF电极和MnO$_2$/NF电极具有更高的比电容。Ni(OH)$_2$@MnO$_2$CSA在不同电流密度下的GCD曲线，非线性放电曲线进一步证实了电极材料的赝电容特性。

循环稳定性是超级电容器的一项重要性能。经过连续2 000次循环GCD测量后，Ni(OH)$_2$@MnO$_2$CSA比电容仍保留了原比电容的91.2%。远高于

Ni(OH)$_2$/NF电极（83.5%）和MnO$_2$/NF电极（72.6%），且前十个周期和后十个周期的充放电曲线无明显变化，揭示了其良好的循环稳定性。Ni(OH)$_2$@MnO$_2$CSA良好的循环稳定性可归因于其结构稳定和电化学可逆性强。电极的结构稳定性是由于Ni(OH)$_2$和MnO$_2$之间高孔隙结构与协同效应能调节体积变化，缓解在充放电过程中离子的吸附/解吸引起的结构改变[96]。电化学可逆性是由于多孔结构提供丰富的扩散路径有利于电解液的渗透。

对于Ni(OH)$_2$/NF、MnO$_2$/NF和Ni(OH)$_2$@MnO$_2$CSA在不同电流密度下的比电容。在相应电流密度下Ni(OH)$_2$@MnO$_2$CSA比电容值为1 521.7 F·g^{-1}、1 302.3 F·g^{-1}、1 126.2 F·g^{-1}、1052.8 F·g^{-1}、867.2 F·g^{-1}和761.07 F·g^{-1}。这比Ni(OH)$_2$、MnO$_2$材料的电容要高得多。而随着电流密度的增大，Ni(OH)$_2$@MnO$_2$CSA比电容的减少可归因于高电流密度下离子扩散不足引起的电极材料利用率低。

综上，Ni(OH)$_2$@MnO$_2$ CSA比Ni(OH)$_2$/NF和MnO$_2$/NF电极具有更优良的性能。这可归因于以下三个因素：①Ni(OH)$_2$@MnO$_2$ CSA的高孔隙结构和大比面积提供了丰富的活性位点和渗透通道，保证了赝电容的充分反应。②高利用率的Ni(OH)$_2$核和MnO$_2$壳提供了足够的法拉氧化还原反应，从而产生良好的电化学性能。③二维特性的约束效应提高了片状/分支结构的电子收集效率。

为评估Ni(OH)$_2$@MnO$_2$CSA在超级电容器中的实际应用，以Ni(OH)$_2$@MnO$_2$ CSA作正极，AC作负极，在3 mol·L^{-1} KOH电解液中与一块纤维素隔膜建立了Ni(OH)$_2$@MnO$_2$ CSA/ACASC。图2-24（a）显示的CV曲线在-1～0 V呈近似矩形的特征，无明显的氧化还原峰，表现出EDLCs典型特征。Ni(OH)$_2$@MnO$_2$CSA的充放电范围为-0.1～0.9 V，因此这两个电极材料组装的非对称超级电容器装置能够承受1.9 V的工作电压。图2-24（b）是不同扫速下ASC电池的CV曲线，在高扫速下也没有明显的畸变，说明ASC的充放电性能优良。图2-24（c）是ASC在不同电流密度下的GCD曲线。图2-24（d）中当电流密度从2 A·g^{-1}增加到10 A·g^{-1}时，比电容从59.6 F·g^{-1}降低到22.5 F·g^{-1}。在2 000次循环周期后电容损失仅为8.8%，揭示了其良好的循环稳定性[图2-24（e）]。根据ASC的GCD曲线计算出能量密度和功率密度如图2-24（f）所示，在功率密度为1 900.2 W·kg^{-1}时，得到29.9 W·h·kg^{-1}的高能量密度，并且在9 500.4 W·kg^{-1}的高功率密度下仍保持10.6 W·h·kg^{-1}的能量密度，这比报道中的Ni(OH)$_2$和MnO$_2$性能更高，展示了ASC电池的理想电容性能。简言之，Ni(OH)$_2$@MnO$_2$ CSA//ACASC电池良好的电容性和高循环稳定性表明了Ni(OH)$_2$@MnO$_2$ CSA复合体系在超级电容器应用中存在巨大的前景。

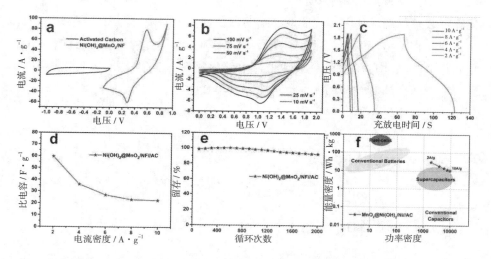

图2-24　（a）Ni(OH)$_2$@MnO$_2$CSA与AC电极在三电极体系中的CV曲线；（b）不同扫描速度下ASC的CV曲线；（c）不同电流密度下ASC的GCD曲线；（d）ASC的比电容值；（e）ASC的循环稳定性；（f）ASC的能量比较图

2.3　高性能片状分级纳米电催化材料的设计合成及其性能研究

电催化材料的催化活性与材料的表面电荷结构密切相关，对于表面电荷分布均匀的电催化材料而言，催化作用同时均匀的在其表面发生，产生的大量中间产物均匀吸附在活性位点上，阻碍了新鲜待测物质的扩散和吸附，造成有效催化活性位点减少，从而导致催化效率的降低。

本研究拟在前期研究的基础上，采用溶液浸渍法或水热法构建分级纳米片，并对其进行贵金属/过渡态金属修饰，采用第一性原理对分级纳米片的表面电荷结构进行计算，研究贵金属/过渡态金属修饰对分级纳米片的界面改性作用和表面电荷调制机理；研究贵金属/过渡态金属组元匹配、成分变化和负载量与纳米片电催化活性之间的内在联系，明确协同电催化动力学机制，建立相关物理模型。通过本项目的研究制备出具有高催化稳定性、高催化效率并具备实用价值的分级纳米片电催化材料，为氧化物/氢氧化物半导体电催化活性的改善和提高提供思路和指导意义。

2.3.1 实验概述

2.3.1.1 实验原料

实验所需要原料见表2-8。

表2-8 实验原料

试剂名称	分子式	规格	生产厂家
盐酸溶液	HCl	分析纯	成都市科龙化工试剂厂
葡萄糖	$C_6H_{12}O_6$	分析纯	西格玛奥德里奇（上海）贸易有限公司
无水乙醇	C_2H_6O	分析纯	成都市科龙化工试剂厂
普鲁士蓝	$Fe_4[Fe（CN）_6]_3$	分析纯	成都市科龙化工试剂厂
二水二氯化锡	$SnCl_2·2H_2O$	分析纯	成都市新都区木兰镇工业开发区
柠檬酸钠	$Na_3C_6H_5O_7·2H_2O$	分析纯	成都市新都区木兰镇工业开发区
硝酸银溶液	$AgNo_3$	分析纯	天津东聚隆化工技术开发有效公司
柠檬酸	$C_6H_8O_7$	分析纯	成都市新都区木兰镇工业开发区
氯化钾	KCl	分析纯	成都市科龙化工试剂厂
磷酸二氢钠	NaH_2PO_4	分析纯	成都市科龙化工试剂厂
磷酸氢二钠	Na_2HPO_4	分析纯	成都市新都区木兰镇工业开发区
饱和氯化钾	KCl（饱和）	分析纯	成都市科龙化工试剂厂

2.3.1.2 实验仪器

实验所需要仪器见表2-9。

表2-9 实验仪器

仪器名称	型号	生产厂家
超声清洗机	SB-3200-DT	宁波新芝生物科技股份有限公司
真空干燥箱	DZF-6020	上海齐欣科学仪器有限公司
电热鼓风干燥箱		上海博讯实业有限公司
X射线光电子能谱分析仪	ESCALAB250Xi	
X射线衍射仪		
扫描电镜	HitachiSU8020和FEIQuanta250	
场发射透射电子显微镜	FEITecnaiG2F2	
电化学工作站	瑞士万通Autolabμ Ⅲ型	
聚四氟乙烯不锈钢高压锅		
紫外仪		
Autolab电化学工作站		
玻碳电极	CHL104	天津艾达恒晟科技发展有限公司
RigakuD/max-2400x射线衍射仪（XRD）	RigakuD/max-2400	
FEIF20高分辨透射电镜（HRTEM）		
Belsort-max器		
高倍扫描电镜		

2.3.1.3 基本表征测试

样品的微观结构和形貌采用场发射扫描电子显微镜（SEM）和透射电子显微镜（TEM）观察；分析元素种类采用X射线谱仪（EDS）；晶体结构和元

素组成利用X射线粉末衍射仪（XRD）和能谱仪（EDX）进行表征；表面结构利用X射线光电子能谱（XPS）进行测试[21]；表面积分析采用BET比表面积测试技术（BET），物相分析用透射电子显微镜（TEM）；晶面分析利用高倍透射电镜（HRTEM）。

2.3.1.4 电化学性能测试

电化学性能相关测试采用三电极体系，工作电极采用所制备的 β –Ni(OH)$_2$/Ni复合电极，同时采用经预处理的纯泡沫镍电极作为对比用的工作电极，浸入电解液的工作电极尺寸大小均为5 mm×5 mm；对电极采用铂片电极（电极直径为2 mm，铂片大小为1 cm×1 cm）；参比电极采用含有饱和氯化钾溶液的Ag/AgCl电极。无特殊说明的情况下的电化学测试都在含有 $0.1\ mol\cdot L^{-1}$ NaOH的电解液中进行。

2.3.2 β –Ni(OH)$_2$片状分级纳米材料的制备及其电催化活性研究

2.3.2.1 β –Ni(OH)$_2$片状分级纳米材料的制备

首先将原材料泡沫镍裁剪成3.5 cm×1.5 cm的长方形大小后，先置于20 mL的浓度为20%的盐酸溶液中进行超声清洗并静置不超过2 h以去除样品表面氧化层，再将样品置于一定量的去离子水中充分超声以去除吸附的盐酸物质，最后将样品置于70 ℃恒温烘箱内烘干并保温12 h。

将烘干后的样品放置于容积为50 mL的高温水热釜中并加入40 mL去离子水，密封后置于140 ℃的电热鼓风干燥箱中高温反应24 h，此为样品的原位电化学腐蚀过程，后空冷置室温并置于40 ℃的恒温烘箱内充分烘干，得到 β –Ni(OH)$_2$。

2.3.2.2 β –Ni(OH)$_2$片状分级纳米材料的基本表征与分析

图2-25（a）是 β –Ni(OH)$_2$/Ni复合电极的XRD衍射图谱，经与标准卡片

对照可以看出，纯泡沫镍基底在2θ值为44.5°、51.8°、76.4°、92.9°、98.4°时有着明显的衍射峰出现，并与标准卡片JCPDS04-0850相拟合，但可以看出的是与标准卡片相对照Ni的衍射峰出现了些许偏移，这是由于在X射线穿透样品时由于样品的厚度原因X射线在其中发生一定偏折所导致的，这些不同的2θ值衍射峰分别对应（111）、（200）、（220）、（311）、（222）晶面。同时，经与标准卡片JCPDS14-0117比对，在2θ值位于19.3°、33.1°、38.5°、39.1°的衍射峰均可指标化为水滑石六方结构的β-Ni(OH)$_2$，分别对应（001）、（100）、（101）、（102）晶面。从本图谱中并未发现其他的杂质峰，表明所制备的电极具有较高的纯度。另外，我们可以看出Ni的衍射峰比β-Ni(OH)$_2$的衍射峰信号要强，这是因为在泡沫镍表面生长的β-Ni(OH)$_2$是以Ni基底为原材料，进行原位电化学腐蚀生长从而导致所制得的β-Ni(OH)$_2$活性材料含量相比基底相对较少。

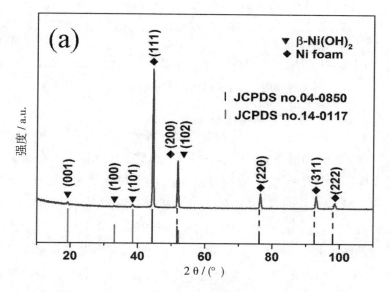

图2-25　（a）β-Ni(OH)$_2$/Ni复合电极的XRD衍射图谱

对β-Ni(OH)$_2$/Ni片状材料复合电极进行X光电子能谱分析以进一步确认样品的化学键合信息，测试谱图如图2-26所示。其中，图2-26（a）为样品的XPS全谱，从全谱图中可直观看出一系列的能谱峰分别对应着C元素、O

元素以及Ni元素。对Ni元素精细扫描分析如图2-26（b）所示，图中Ni 2p$_{3/2}$（855.9 eV）和Ni 2p$_{1/2}$（873.5 eV）峰都对应于Ni在Ni(OH)$_2$中的结合能峰位，它们的自选电子能量差值为17.6 eV，另外，在861.4 eV与879.6 eV处出现了与Ni 2p$_{3/2}$和Ni 2p$_{1/2}$主峰对应的伴峰，以上特征即为β-Ni(OH)$_2$的物相特征。对氧元素的光谱图分析如图2-26（c）所示，我们并未在该图谱中发现额外的吸附氧的峰，位于530.7 eV处的氧元素主峰可被完全诠释为在Ni-OH类型物质中Ni-O-Ni化学键的特征峰。

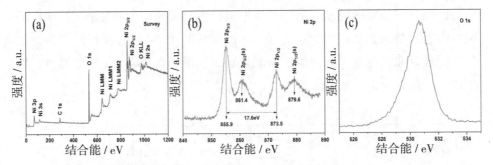

图2-26 （a）β-Ni(OH)$_2$/Ni片状材料x光电子能谱分析全谱图；（b）对Ni元素的精细扫描光谱图；（c）对O元素的精细扫描光谱图

图2-27（a）~（c）所展现的是纯泡沫镍分别在100倍、800倍和1 000倍放大倍数下的SEM形貌图，可以看到在较低倍数SEM照片下泡沫镍呈现三维多孔立体结构，孔径大小一般在200 μm左右，可提供充足的β-Ni(OH)$_2$预生长空间。图2-27（d）~（f）为β-Ni(OH)$_2$/Ni复合电极在1 000倍、50 000倍和100 000倍放大倍数下的SEM形貌图。其中如图2-27（d）所示，与相同放大倍数的图2-27（c）相比，经过24 h的水热反应后光滑的泡沫镍表面由于片状β-Ni(OH)$_2$的出现而发生变化；在图2-27（e）中可以清楚观察到数量庞杂的垂直生长的片状β-Ni(OH)$_2$，犬牙交错形成一种多孔的结构，经比例尺测量这些片状的平均直径在800 nm左右，厚度为30 nm左右；在图2-27（f）中，六边形形貌的片状结构可以清晰地从垂直交错生长的片状β-Ni(OH)$_2$上展现，从侧面证明了所制备材料的形貌结构是符合密排六方类水滑石结构β-Ni(OH)$_2$的特征。

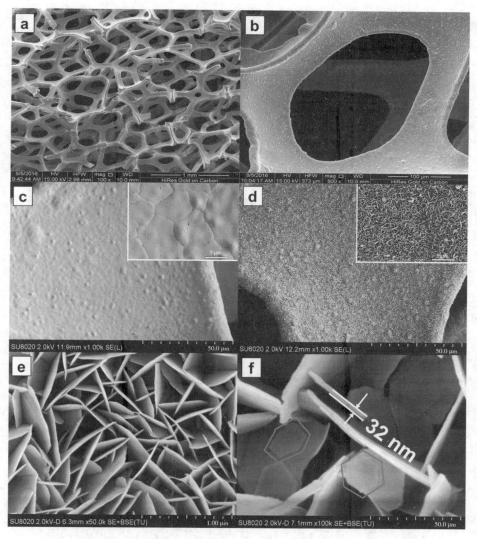

图2-27　泡沫镍以及β–Ni(OH)₂/Ni的扫描电子显微形貌图

　　一般来说，类水滑石结构的堆垛六边形$Ni(OH)_2$是由于羟基离子和镍离子结合而形成密排六方八面体结构后，继而从结构边缘延伸使得Ni表面堆垛成复杂垂直原位生长二维片状结构，这是由于片层间复杂的化学反应所引起的。

　　为进一步深入分析β–$Ni(OH)_2$的结构信息，对其进行了透射扫描及高分辨晶格观察。观察样品的制备方法为：将β–Ni(OH)$_2$/Ni复合电极裁剪成多个小片状形态，置于少量无水乙醇中进行5 min超声以使泡沫镍上生长的β–Ni(OH)$_2$片状材料脱落于无水乙醇中，接着取50 μL超声后含β–Ni(OH)$_2$的无水乙醇溶液滴于碳膜上测试。图2-28（a）展现了片状β–Ni(OH)$_2$的宏观TEM形貌和选区电子衍射形貌（嵌入的插图）从中可同样看出片状β–Ni(OH)$_2$的边长也为约800 nm，同时表现出了β–Ni(OH)$_2$的单晶片状微观结构。图2-28（b）为截取自图2-28（a）的放大倍数TEM形貌图，可清晰观察到片状材料的分层结构，这与先前的相关研究相符合；图2-28（c）为高分辨晶格图，如图所示相邻的晶格条纹间距大约为0.27 nm，可对应于β–Ni(OH)$_2$的（100）晶面指数的标准晶格间距，进一步证明了该复合电极由泡沫镍表面生长β–Ni(OH)$_2$纳米片状结构所组成。

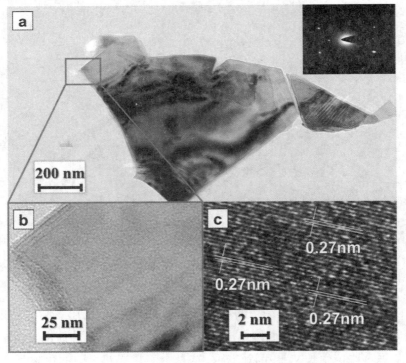

图2-28 （a）β–Ni(OH)$_2$/Ni的宏观TEM透射电镜图；（b）从a中的放大倍数TEM形貌图；（c）β–Ni(OH)$_2$/Ni的高分辨晶格图

将经过在真空条件下6 h的100 ℃预处理的β-Ni(OH)$_2$/Ni复合电极样品于液氮温度下进行N$_2$的吸附-脱附实验，图2-29为其吸附-脱附等温线，插图为其Barrett－Joyner－Halenda（简称BJH）孔径分布图，经BET测试软件BELMaster自动分析，所制得的样品具有较大的比表面积，达到56.4 m^2·g^{-1}，比孔径容积为0.27 cm^3·g^{-1}，本样品的比表面积与先前基于Ni(OH)$_2$材料的研究相比要大很多；从孔径分布插图分析我们可以看到，本样品所含的孔径大小集中在2～160 nm尺寸区域，其中孔隙直径为90 nm和160 nm的孔径数量最多，这是由于其表面交错的片状堆积在一起所形成的孔径尺寸分布。通常情况下，作为催化效应的活性材料的比表面积与孔隙率越大，则可以为电极材料提供较多的活性位点，有利于改善电极材料的电催化能力。

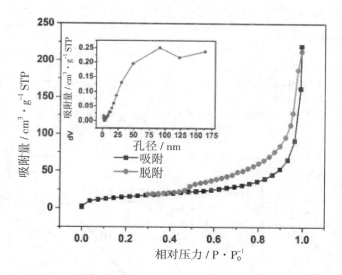

图2-29　β-Ni(OH)$_2$/Ni于液氮温度下进行N$_2$的吸附-脱附等温线

2.3.2.3　β-Ni(OH)$_2$片状分级纳米材料材料电催化活性及其机理研究

如图2-30所示，曲线Ⅰ和曲线Ⅲ分别表示在空白未添加葡萄糖的NaOH电解液下Ni与β-Ni(OH)$_2$/Ni的CV曲线，可以看到β-Ni(OH)$_2$/Ni相比Ni对电流有着更大的响应，这是由于在泡沫镍表面生长出的二位片状材料和堆垛形成的三维孔隙结构提供了较大的比表面积与活性位点。另外，从曲线Ⅲ上部可以明显观察到代表生成氧化中间产物Ni(OH)$_2$/NiO(OH)的氧化峰，证明了

β–Ni(OH)$_2$/Ni相比Ni具有更高的电催化活性。在向电解液中加入2 mM浓度的葡萄糖后，Ni与β–Ni(OH)$_2$/Ni的CV曲线分别如曲线Ⅱ和Ⅳ所示，可以发现β–Ni(OH)$_2$/Ni对葡萄糖响应的起始电位为0.4 V，相对与Ni对葡萄糖响应的起始电位更低（0.7 V）。基于以上测试结果，初步展现了β–Ni(OH)$_2$/Ni复合电极的优异电催化性能。

　　对比图2–30曲线Ⅲ和Ⅳ，我们发现在加入2 mmol·L^{-1}的葡萄糖后β–Ni(OH)$_2$/Ni电极CV曲线所展现的氧化峰相比未加入葡萄糖时发生了明显的正向位移，这种现象可归因于电极表面β–Ni(OH)$_2$对葡萄糖的吸附作用以及在碱性溶液中β–Ni(OH)$_2$发生反应生成了中间产物NiO(OH)，这样的结论与先前的研究符合。经查阅相关资料后，我们得知：电极对葡萄糖的氧化作用是由中间产物Ni(OH)$_2$/NiO(OH)氧化还原电子对引起的，具体发生的反应方程式如下所示：

$$Ni(OH)_2 + OH^- \longrightarrow NiO(OH) + H_2O + e^- \tag{1}$$

$$NiO(OH) + glucose \longrightarrow Ni(OH)_2 + glucolactone \tag{2}$$

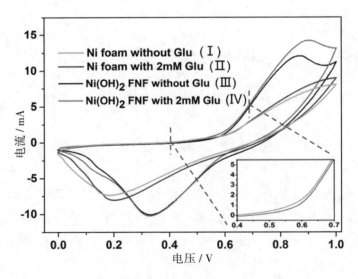

图2–30　泡沫镍与β–Ni(OH)$_2$/Ni复合电极在扫速均为50 mV/s下对2 mmol·L^{-1}的葡萄糖电催化CV对比图

图2-31即为β-Ni(OH)$_2$/Ni复合电极对葡萄糖的催化原理示意图。首先，电极表面Ni(OH)$_2$在碱性溶液环境下氧化形成中间产物NiO(OH)（反应式1），接着葡萄糖被NiO(OH)物质催化生成葡萄糖酸内酯，同时中间产物NiO(OH)被重新还原为Ni(OH)$_2$（反应式2）。以上内容为β-Ni(OH)$_2$/Ni电极对葡萄糖的电催化机理。

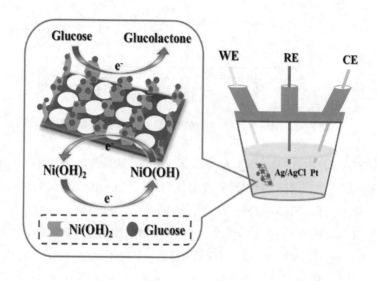

图2-31　β-Ni(OH)$_2$/Ni复合电极对葡萄糖的催化原理示意图

为了获得所制备电极的最佳工作电压，在图2-32中，我们依据图2-30的结论，分别设置四个不同电压来对NaOH电解液中含50 μM的葡萄糖进行计时电流测试。可以直观地看到，随着电压从0.4 V升至0.7 V，电极对葡萄糖的响应电流也逐渐增大；当外加电压为0.7 V时，响应电流十分不稳定且呈逐渐降低态势，而且高电势极易使血液环境中的除葡萄糖以外的物质也发生氧化从而干扰电极的检测专一性，因此综合考虑，0.6 V的外加电压为最优电势选择。

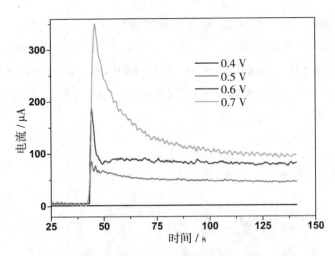

图2-32 β–Ni(OH)₂/Ni复合电极的计时电流测量图

图2-33（a）为β–Ni(OH)₂/Ni与泡沫镍在0.6 V的外加电压下以同样的搅拌速率对连续添加进NaOH电解液的葡萄糖进行计时电流测试的对比图。从图中可以看到，β–Ni(OH)₂/Ni电极在滴加葡萄糖的过程中相比泡沫镍表现了对葡萄糖的很高的响应电流，说明该电极对葡萄糖检测有着较高的灵敏度。图2-33（b）由图2-33（a）延伸计算得到，表现了两组电极对葡萄糖响应电流的校正线，我们可直观判断出β–Ni(OH)/Ni电极在电解液中对葡萄糖浓度为2.5～1 050 μM时的响应电流呈一定的线性关系，其线性回归方程经计算可表示为$I = 1.9x + 62.92$[I（μA）；x（μM）；]，线性相关系数$R = 0.998\,9$，从中可计算出该电极对葡萄糖检测极限为2.5 μmol·L⁻¹（信噪比S/N=3），对葡萄糖的检测灵敏度为2 617.4 μA·cm⁻²·mM⁻¹。与单纯的Ni电极相比，β–Ni(OH)₂/Ni电极对葡萄糖检测灵敏度为Ni电极的5倍（Ni电极灵敏度经计算为482.8 μA·cm⁻²·mM⁻¹）。

传感器电极在长时间且频繁性的使用后能否继续保持优秀的性能是衡量传感器电极性能的重要指标之一。为了验证所制备的β–Ni(OH)₂/Ni电极的稳定性，我们将电极对0.5 mmol·L⁻¹葡萄糖的响应电流在常温常压下持续观察30 d，结果记录如图2-10所示。经过了30 d的持续测试后，我们发现相对于刚开始测试时的电流响应，电极仍然保持了93.83%的响应电流，在正常的环境条件下展现了优秀的稳定性。另外，对电极测试前后的表面SEM形貌对比如插图中所示，电流响应标点下方的左图和右图分别为电极测试前后的表面形貌，我们可以直观地看到，经过30 d的测试，电极表面的片状结构仍然可以被清晰地观察到，相比测试前只发生了些许的形貌损失，这些损失的形貌结构导致了随着测试时间的增长电极对葡萄糖的响应电流的衰减。归功于原位水热生长机理，$Ni(OH)_2$片状结构紧密地固定于泡沫镍基底上，在检测葡萄糖的过程中得以一直保持着基本的形貌结构，这就是所制备电极展现出优秀的稳定性的原因。

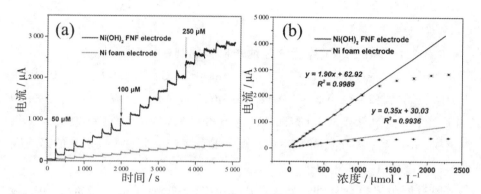

图2-23　（a）β-$Ni(OH)_2$/Ni与泡沫镍的计时电流测量对比图；（b）从（a）中的延伸计算的响应电流校正线

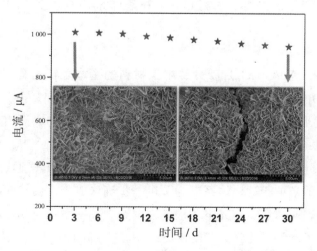

图2-34　β-$Ni(OH)_2$/Ni持续30 d响应电流记录图

图2-28是Bi/CNFs和Bi/CNFs/BiOI的EDX谱图，从图2-27（a）中可以发现Bi/CNFs中包含C、Bi、O三种元素，含量分别为78.48%、17.3%和4.22%，其中O元素可能是由于PAN的不充分碳化造成的。

2.3.3 Ag/Sn₃O₄片状分级纳米材料的制备及其电催化活性研究

2.3.3.1 Ag/Sn₃O₄片状分级纳米材料的制备

在经典的制备过程中，首先将0.9 g SnCl₂·2H₂O在20 mL去离子水的搅拌下分解，然后将2.94 g Na₃C₆H₅O₇·2H₂O溶液添加到上述反应容器中，搅拌20 min后，暂停，转移到50 mL聚四氟乙烯不锈钢高压锅中。保持180 ℃高压蒸汽密封，16 h后，自然冷却到室温。离心的黄色产品通过去离子水的离心后保存在温度60 ℃干燥箱中干燥24 h。

通过原位光催化还原法将AgNPs整合到分级Sn₃O₄上，将备好的0.1 g Sn₃O₄加入到100 mL硝酸银（25 mmol/L）溶液中进行搅拌，反应1 h，离心分级Sn₃O₄，马上在365 nm紫外线辐照下2 h，以减少吸附的Ag⁺转变为Ag。最后，黑色的产品在去离子水离心后，在条件为40 ℃真空的干燥箱中干燥24 h。

2.3.3.2 Ag/Sn₃O₄片状分级纳米材料的基本表征与分析

Ag/Sn₃O₄体系结构中晶体结构用XRD表征，如图2-35（a）所示。Sn₃O₄反射峰的菱形属于三斜晶系的（JCPDSno.16-0737）。没有检测到任何杂质峰出现，确认材料纯度很高。很明显地发现，AgNPs只发现（200）（JCPDSno.65-2871）所对应的反射峰相一致，表明了Sn₃O₄通过光还原成功地修饰了银纳米粒子这一体系。为了进一步确认成分，用XPS测定Ag/Sn₃O₄复合材料的表面信息。在光电子谱研究调查中，一系列与Sn、O、Ag和C相应的峰揭示了产品的化学元素[图2-35（b）]。如图2-35（c）示，Sn有3d₃/₂和3d₅/₂轨道分裂峰。Sn 3d的山峰可分为两个拟合峰Sn 3d₅/₂和Sn 3d₃/₂，分别对应于Sn_3O_4的Sn^{2+}和Sn^{4+}。Sn_3O_4中的Sn有两种氧化态，其中1/3的4价Sn八面体协调氧气，2/3的2价Sn四面体配位原子氧。根据XPS测量，$Sn^{2+}/Sn^{4+}Sn^{2+}$的比表面积大约为0.65，几乎接近于理论值0.67。所以精确测试了Ag的高分辨电子图，图2-35（d）中发现两个间距6 eV，两个强峰分别位于373.6 eV（Ag $3d_{3/2}$）和367.6 eV（Ag $3d_{5/2}$）。通过XRD和XPS充分证实，水热法和光还原法成功的合成了Ag/Sn_3O_4复合材料。此外，根据XPS分析，银纳米颗粒在分层Sn_3O_4的质量百分比为4.2%。

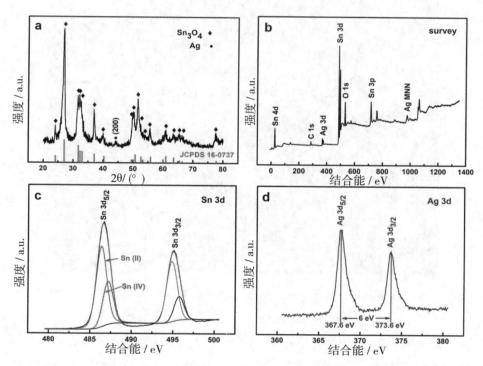

图2-35　（a）分层Ag/Sn_3O_4结构的XRD图；XPS谱分级分层Ag/Sn_3O_4结构的XPS图；
（b）调查；（c）Sn 3d；（d）Ag 3d

合成Sn_3O_4的形貌和Ag/Sn_3O_4结构第一次通过扫描电镜观察到的图像显示在图2-36。如图2-36（a）所示，合成的Sn_3O_4表现出明显不规则的球状结构，因为它是由大量的纳米片组成。Sn_3O_4纳米薄片的长约200～500 nm，厚度约20 nm[图2-36（b）]。光还原作用过程后，在分层Sn_3O_4和Ag/Sn_3O_4结构在低倍的SEM图像中无显著差异[图2-36（c）]。然而，在高倍扫描电镜图像可以看出Sn_3O_4纳米薄片附着了许多AgNPs颗粒[图2-36（d）]。这样的分级结构和片状形态增大了溶液-电极的接触面积，由于孔状结构更利于材料的扩散同时有利于电子的传输，这些都会对电催化活性有很大的好处。

图2-36 （a，b）为分层Sn_3O_4的扫描电镜图像和（c，d）Ag/Sn_3O_4结构

进一步观察形态发现，Sn_3O_4纳米薄片和Ag/Sn_3O_4纳米薄片能够被TEM和高分辨率TEM超声和观察。片状形态和单晶的本质能够在TEM图像和选区电子衍射SAED图展现出来[图2-37（a）]。在高分辨率TEM[图2-37（b）]中，展示了两个晶面的间距为0.28 nm和0.34 nm是分别符合（-210）和（111）三斜Sn_3O_4晶格间距的两个值。图2-37（c）显示的是Ag/Sn_3O_4纳米薄片的TEM图像，AgNPs直径约20 nm在纳米薄片超声后仍能观察到稳定可靠的的AgNPsSn_3O_4纳米薄片。此外在选区电子衍射SAED图中，AgNPs（200）对应的多晶衍射环显然是Ag/Sn_3O_4，这同样可以在XRD中有相同的分析。在图2-37

（d），标记间距为0.28 nm和0.20 nm的Ag/Sn$_3$O$_4$薄片对应Sn$_3$O$_4$（-210）和Ag（200），在纳米薄片中同步观测到Sn$_3$O$_4$（-210）和Ag（200）即表示成功构造了Ag/Sn$_3$O$_4$结构。

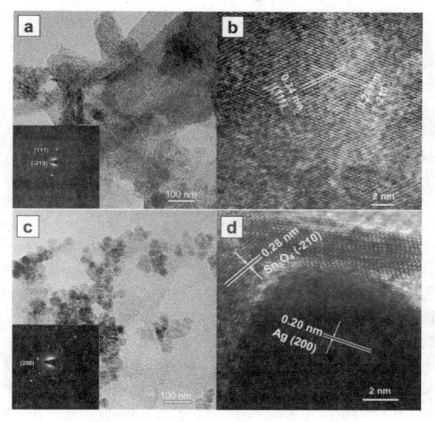

图2-37　电镜图像TEM图像（a、c）和HRTEM（b，d）表示的是分层Sn$_3$O$_4$（a，b）和Ag/Sn$_3$O$_4$纳米薄片（c，d）在剥离分层的Sn$_3$O$_4$和Ag/Sn$_3$O$_4$结构（插图（a）和（c）是分别相应SAED图下的Sn$_3$O$_4$和Ag/Sn$_3$O$_4$纳米薄片）

关于Ag/Sn$_3$O$_4$的形成机制架构提出的方案：首先，形成分层Sn$_3$O$_4$的水解SnCl$_2$·2H$_2$O发生第一次反应并生成Sn$_4$(OH)$_2$Cl$_6$（反应式1）；然后，SnO粒子通过分解产生Sn$_4$(OH)$_2$Cl$_6$（反应式2）；Sn$_3$O$_4$纳米晶体增加的部分氧化SnO（反应式3）；接着，Sn$_3$O$_4$纳米晶体沿着反应时间逐渐聚集在一起，生成通过自组装的片状形态；最后，分层Sn_3O_4架构是由聚合和交互的纳米薄片。

随后，大量的Ag^+吸附到表面的分级Sn_3O_4在沉浸到$AgNO_3$的解决方案。最后，吸附Ag^+离子减少AgNPs，e^-释放光催化Sn_3O_4在紫外线照射下。

比表面积和孔隙度特征的分层Sn_3O_4和Ag/Sn_3O_4架构，N_2的吸附等温线和BJH空隙大小进行了测试，分层Sn_3O_4具有大比表面积的50.7 $m^2 \cdot g^{-1}$和0.16 $cm^3 \cdot g^{-1}$的孔隙体积。在孔隙大小的孔径，分级Sn_3O_4很多尺寸的孔分布的范围约2~40 nm。孔隙由许多片状互相交错形成的。通常，这样的结构提供了大的比表面积，多的孔隙率、接触面积和扩散通道，这有利于改善电催化活性。关于Ag/Sn_3O_4，是一个相对较小的比表面积为31.2 $m^2 \cdot g^{-1}$和低孔隙体积的0.13 $cm^3 \cdot g^{-1}$。比表面积的减少可以归因于的孔隙体积小的减少而引起AgNPs的阻塞，但活性大大的提高了。

2.3.3.3 Ag/Sn_3O_4片状分级纳米材料电催化活性及其机理研究

利用EIS的电子转移动力学来研究传统电极、EIS被内阻（R_s）、电荷转移电阻（R_{ct}）、瓦尔堡阻抗（Z_w）和固定相（CPE）元素。一般来说，半圆半径的大小与电子转移电阻大小有关。裸GCE显示一个半径比其他三个传统电极更小，说明裸GCE氧化还原电解质时电阻最小（7.2 kΩ）。而经过处理后的GCE，半圆直径显著增加，其主要原因是常用的固定剂（电解质）防止铁氰化物向电极表面进一步扩散。随机对照试验的说明了由于AgNPs良好的电导率，AgNPs/GCE（25.4 kΩ）小于Sn_3O_4/GCE（32.8 kΩ）。值得注意的是，AgNPs的组合体在分层Sn_3O_4（Ag）NPs/Sn_3O_4/GCE）随机对应的数据（17.1 kΩ）最小。另外，组合体AgNPs在Sn_3O_4较为明显的分级为（Ag）NPs/Sn_3O_4/GCE）的现象可以归因AgNPs/Sn_3O_4的层次结构良好的电导率之间的协同效应。

为了判断Ag/Sn_3O_4电极的电化学动力学，CV测试记录在中性PBS溶解—包含1 mol/L H_2O_2不同的扫描速率，各自的配置文件中列出。阴极电流使Ag/Sn_3O_4电极增加了增幅扫描率。如阴极电流线性尺度和扫描率之间的范围−0.3~−0.5 V。典型的H_2O_2的扩散电化学氧化还原反应的控制过程：测量电流的响应Ag/Sn_3O_4电极在不同电位的，0.1 mM是H_2O_2的测量选择最佳的工作效率。除了H_2O_2，所有应用电位在−0.2~−0.45 V均可以观察到明显的响应电流，随着它响应电流增加，应用效率增加并达到最大值–0.4 V时，响应最大。因此，–0.4 V被选为最优工作效率去检测H_2O_2。

对于Sn_3O_4、Ag纳米颗粒和Ag/Sn_3O_4复合电极对H_2O_2检测响应电流的关系。Ag/Sn_3O_4电极的响应电流随着加入的H_2O_2浓度分别在0.8 μM～5.25 mM和5.75～12.7 5mM之间浓度范围内的增加都呈线性增加的关系。在以上两个不同浓度范围的H_2O_2，Ag/Sn_3O_4电极对H_2O_2的响应灵敏度分别为56.39 μA·mM^{-1}·cm^{-2}和145.62 μA·mM^{-1}·cm^{-2} Ag/Sn_3O_4电极灵敏度相对Sn_3O_4修饰电极、Ag纳米颗粒修饰电极都要高（Sn_3O_4修饰电极为4.25 μA·mM^{-1}·cm^{-2}，Ag纳米颗粒修饰电极为49.14 μA·mM^{-1}·cm^{-2}）。另外，Ag/Sn_3O_4电极所能检测H_2O_2的线性范围相比Ag纳米颗粒更宽，只达到了7.25 mM。Ag/Sn_3O_4电极检测线最低量（LOD）为0.8 μM（S/N=3）的线性范围和检出限Ag/Sn_3O_4电极与报道银基体电极在下面表格中。传感器的选择性和稳定性是电化学重要因素，H_2O_2在食品工业和生物科学中，乳糖（Lact），果糖（Fruc），抗坏血酸（AA），柠檬酸（CA）和氯化钠是常见的干扰物质。

将五种干扰物质分别添加H_2O_2浓度的约十分之一，在–0.4V Ag/Sn_3O_4电极中选择性和实测的曲线中，对乳糖、果糖和抗坏血酸观察无明显反应电流。柠檬酸和Cl$^-$只有轻微干扰，表明Ag/Sn_3O_4电极有优良的选择性。为了进一步确定Cl$^-$的影响，将氯化钠浓度扩大50倍做干扰物质，测量在0.5m HAg/Sn_3O_4电极对H_2O_2电流的是否有响应，同时做一组未添加5 mL氯化钠，记录数据并分析。虽然稳定的响应电流变小，但并没有明显观察到干扰H_2O_2的反应，从而进一步证实了选择性的良好。Ag/Sn_3O_4电极在室温下30 d进行长期稳定的测量，通过对0.5 mL H_2O_2响应电流的进行评估。30 d后，电极仍然保留了约94.6%的初始响应，展示了在室温下Ag/Sn_3O_4电极极佳的长期稳定性能。优秀的长期稳定性可以归因于Sn_3O_4在中性条件下稳定性很好，其次AgNPs附着在Sn_3O_4表面不容易团聚，材料的多孔容易释放应力，也保证材料不被破坏。对Ag/Sn_3O_4电极的重现性进行测试，通过在相同条件下制备五个电极测量其电流的响应。相对标准偏差（RSD）的响应电流约为5.94%。另外，对0.5 mL的H_2O_2相同的Ag/Sn_3O_4电极反应，测10次，RSD约为4.25%。分级Ag/Sn_3O_4电极具有高选择性，运行稳定性高，可重复性好，在设计非酶H_2O_2电化学传感器中具有潜在的实用价值。

第3章 贵金属纳米电极的设计及其在电化学传感器中的应用

3.1 牺牲模板立方氧化亚铜的制备

氧化亚铜（Cu_2O，cuprous oxide）一般为红色至红褐色结晶或粉末，是一种重要的无机氧化物，不溶于水及有机溶剂，可溶于盐酸、硫酸、稀硝酸和氯化铵溶液，能存在于强酸环境中，在弱酸环境中将被歧化为铜（Cu）和二价铜离子（Cu^{2+}）。溶于浓氨溶液形成无色配离子$Cu(NH_3)^{2+}$，其在空气中将被氧化为深蓝色的$Cu(NH_4)^{2+}$。Cu_2O晶体结构为赤铜矿型，在自然界中Cu_2O存在于红棕色赤铜矿中，通过人工合成制备的Cu_2O存在形式常为粉末状，形貌通常为立方体、八面体或十二面体。到目前为止，已经成功制备出多种规则形貌的Cu_2O微纳米结构。例如，在温度为135~155 ℃条件下，采用H_2还原碱式碳酸铜的水热方法，制得了粒度约为0.5~1.0 μm的八面体结构氧化亚铜。在70 ℃、高反应浓度且不加入任何添加剂的条件下，利用葡萄糖还原硫酸铜与NaOH反应后的产物，通过改变反应物的加入方式和NaOH浓度，获得了立方体、多面体、正八面体、球形和星形形貌的Cu_2O。在80 ℃利用水相化学还原法，以PVP为表面活性剂并通过改变其浓度制备出了立方体、去角八面体、八面体、六角星等形貌的Cu_2O颗粒。在室温下，通过向水合肼还原$CuSO_4$溶液的反应体系中加入不同的添加剂（如葡萄糖、溴化十六碳烷基三甲铵）制备了不同的形貌和不同粒径的Cu_2O。在150 ℃水热条件下，通过向硫酸铜与乳酸钠的混合体系中加入NaOH溶液调节其pH，合成了不同形貌的Cu_2O晶体。

由于Cu_2O具有多种可控制备的规则形貌，且Cu_2O/Cu氧化还原电对值（-0.36 V）比贵金属$PtCl_6^{2-}$/Pt（0.735 V）、$PdCl_4^{2-}$/Pd（0.987 V）、$AuCl_4^-$/Au（0.93 V）等要低得多，因此Cu_2O可以与$PtCl_6^{2-}$、$PdCl_4^{2-}$、$AuCl_4^-$等发生自发氧化还原反应从而达到在其表面包覆Pt、Pd、Au等贵金属纳米颗粒的目的，最后去除模板得到遗传Cu_2O形貌的空心贵金属结构。Cu_2O与贵金属前驱体溶液H_2PtCl_6、$HAuCl_4$、Na_2PdCl_4等发生氧化还原反应，自身消耗掉一部分模板，生成纳米金属粒子致密地负载或包覆在氧化亚铜表面，有时还会形成金属/氧化亚铜的复合结构。模板不仅被用来构筑内部空腔，而且还参与反应，模板表面不需要进行额外的表面修饰，此方法构筑空心结构简单易操作。

3.1.1　实验概述

3.1.1.1　仪器与试剂

实验所用主要试剂和仪器分别见表3–1和表3–2，化学试剂使用前均未作进一步纯化。实验中所有玻璃仪器均用二次蒸馏水润洗，实验中所用蒸馏水均为二次蒸馏水。

表3–1　主要实验试剂

试剂名称	规格	生产厂家
氯化铜	A.R.	成都科龙化工试剂厂
氢氧化钠	A.R.	成都科龙化工试剂厂
抗坏血酸	A.R.	成都科龙化工试剂厂
无水乙醇	A.R.	成都科龙化工试剂厂

表3-2　主要实验仪器

仪器名称	型号	生产厂家
扫描电子显微镜	Quanta 250	美国FEI公司
透射电子显微镜	Tecnai G20	美国FEI公司
X射线衍射分析仪	TD–3500X	丹东通达科技有限公司
电子天平	FA1004	上海舜宇恒平科学仪器有限公司
真空干燥箱	DZF–6020	上海齐欣科学仪器有限公司
离心机	TGL–16C	上海安亭科学仪器有限公司
超纯水机	UPT–II–10 T	成都优普纯水机厂
超声波清洗仪器	KQ3200DB	昆山市超声仪器有限公司
数显控温磁力搅拌器	SZCL–2	巩义市予华仪器有限责任公司

3.1.1.2　立方Cu_2O的合成

本节制备立方Cu_2O的具体步骤如下：

（1）溶液的配制

①配制0.01 $mol \cdot L^{-1}$的氯化铜（$CuCl_2$）溶液：称取0.426 2 g $CuCl_2 \cdot 2H_2O$于烧杯中溶解，然后转移至250 mL容量瓶中定容。

②配制2 $mol \cdot L^{-1}$的氢氧化钠（NaOH）溶液：快速称取4 g NaOH于烧杯中，搅拌溶解冷却后转移至50 mL容量瓶中定容。

③配制0.6 $mol \cdot L^{-1}$的抗坏血酸（AA）溶液：称取5.283 9 g AA于烧杯中溶解，然后转移至50 mL容量瓶中定容。

（2）立方Cu_2O的制备

①量取100 mL浓度为0.01 mol/L的$CuCl_2$溶液于250 mL圆底烧瓶中，将圆底烧瓶置于温控加热套上55 ℃磁力搅拌。

②待温度加热至55 ℃稳定时，向圆底烧瓶中加入10 mL的2 $mol \cdot L^{-1}$NaOH溶液，溶液颜色由浅绿色逐渐变为深棕色。

③恒温搅拌0.5 h后，缓慢地逐滴加入10 mL 0.6 $mol \cdot L^{-1}$的AA溶液，将所得混合物继续55 ℃恒温搅拌3 h，溶液颜色逐渐变红褐色，最后变成砖红色。

④离心得到沉淀物，分别用蒸馏水和乙醇清洗沉淀物。

⑤将得到的沉淀物40 ℃真空干燥12 h，得到立方结构的Cu$_2$O。

具体的实验装置图及实验现象变化如图3-1所示。

图3-1　制备Cu$_2$O的实验现象

3.1.2　结果与讨论

3.1.2.1　形貌表征

图3-2是用液相法制备得到的立方状Cu$_2$O的扫描电子显微镜（SEM）图和透射电子显微镜（TEM）图，粒径约为400 nm左右。晶体的形貌是由各个晶面的相对生长决定速率的，晶面的生长速率越快，越不容易裸露在外边成为表面，会在晶体的生长中逐渐消失；反之，生长速率较慢的晶面，容易裸露在外边成为晶体的裸露面。Cu$_2$O属于立方晶系，其晶体形状示意图如图3-3所示。晶体形貌是由（100）晶面和（111）晶面的相对生长速率不同造成的，当（111）晶面生长速率较快时，（100）晶面的裸露面增大，晶体形貌趋向于立方状；当（111）晶面生长速率接近（100）晶面时，晶体形貌趋向于球状。根据热力学理论，在溶液体系中，相关离子的饱和度与晶体各晶面相对生长速率密切相关，因此，在制备氧化亚铜过程中通过调整溶液中Cu$^+$的饱和度，控制（111）面的生长，便可得到不同形貌的Cu$_2$O晶体。

图3-2 立方Cu_2O的SEM图（a）和TEM图（b）

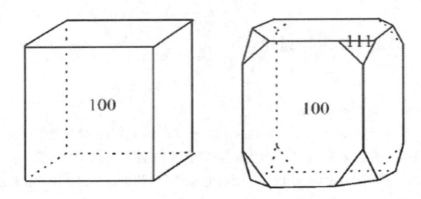

图3-3 立方晶系晶体形状示意图[71]

在制备Cu_2O过程中，可能发生以下反应：

$$C_6H_8O_6 + 2Cu^{2+} + 2OH^- \longrightarrow C_6H_6O_6 + 2Cu^+ + 2H_2O \quad （1）$$

$$Cu^+ + OH^- \longrightarrow CuOH \quad （2）$$

$$2CuOH \longrightarrow Cu_2O + H_2O \quad （3）$$

在碱性条件下，二价Cu^{2+}被抗坏血酸还原为一价Cu^{+}，中间产物CuOH最终被水解生成目标产物Cu_2O。反应过程中先一次性加入NaOH，然后再逐滴缓慢加入抗坏血酸，由于反应过程中抗坏血酸溶液是缓慢滴加的，因而Cu^{+}的生成速率较慢，即溶液中Cu^{+}的过饱和度较低。此时，晶核主要以二维成核生长模式进行生长，指数较高的Cu_2O（111）晶面生长速率相对较大，（100）晶面生长速率较小。最终（111）面消失，（100）面裸露，得到立方状Cu_2O。

3.1.2.2 XRD表征

图3-4是Cu_2O的XRD衍射图谱，从图3-4中可以看出该Cu_2O样品XRD衍射图谱的2θ值依次为29.6°、36.5°、42.4°、52.6°、61.5°、73.6°和77.5°，与标准卡片（JCPDS 05-0667）相符，确定为单相赤铜矿Cu_2O晶体。且没有发现其他的衍射峰，说明产物具有较高的纯度。

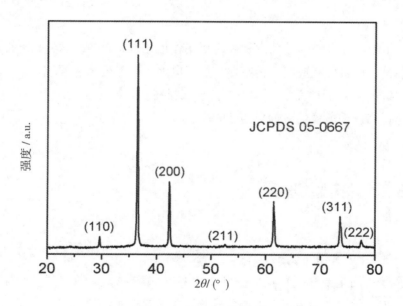

图3-4 立方Cu_2O的XRD衍射图谱

3.2 铂空心纳米材料的制备及其葡萄糖电化学传感器研究

葡萄糖是自然界分布最广且最为重要的一种单糖，是生物体内新陈代谢不可缺少的营养物质，它在人体内能直接参与新陈代谢过程，其氧化反应放出的热量是人类生命活动所需能量的重要来源。血清葡萄糖（简称血糖）是临床生化检验中的重要指标，其含量会因生理病态的不同而有所变化。临床上，由于血糖浓度是许多疾病诊断、治疗、控制和预防等必不可少的首选指标，因此，对其准确测定对人类的健康具有重要的意义。目前测定葡萄糖方法主要有酶–离子色谱法、高效液相色谱法、间接碘量法、旋光度法等。这些方法往往需要对样品进行繁琐的预处理。电化学方法因其价格低廉、灵敏度高、制作方便等特点，被认为是一种极具发展前景的葡萄糖测定方法。

Pt作为一种重要的铂系元素被广泛用作催化剂，Pt纳米材料具有很高的催化活性，已被广泛应用于传感器、燃料电池、尾气处理等领域。空心结构具有更大的有效活性面积，应用于贵金属材料中具有更快的电子转移速度，有助于提高修饰电极的电催化活性。

3.2.1 实验概述

3.2.1.1 仪器与试剂

实验所用主要试剂和仪器分别见表3–3和表3–4，化学试剂使用前均未作进一步纯化。实验中所有玻璃仪器均以二次蒸馏水润洗，实验中所用蒸馏水均为二次蒸馏水。

表3-3　主要实验试剂

试剂名称	规格	生产厂家
氯铂酸	A.R.	百灵威科技有限公司
柠檬酸钠	A.R.	成都科龙化工试剂厂
全氟磺酸树脂	A.R.	美国Sigma-Aldrich
铁氰化钾	A.R.	成都科龙化工试剂厂
硝酸钾	A.R.	成都科龙化工试剂厂
硫酸	A.R.	成都科龙化工试剂厂
硝酸	A.R.	成都科龙化工试剂厂
无水乙醇	A.R.	成都科龙化工试剂厂

表3-4　主要实验仪器

仪器名称	型号	生产厂家
扫描电子显微镜	Quanta 250	美国FEI公司
透射电子显微镜	Tecnai G20	美国FEI公司
电化学工作站	μAUTOLABⅢ	瑞士万通中国有限公司
电子天平	FA1004	上海舜宇恒平科学仪器有限公司
真空干燥箱	DZF-6020	上海齐欣科学仪器有限公司
冷冻干燥机	FD-1A-50	北京比朗实验设备有限公司
离心机	TGL-16C	上海安亭科学仪器有限公司
超纯水机	UPT-II-10 T	成都优普纯水机厂
移液器	0.5 ~ 10 μL/20 ~ 200 μL	北京博信科仪科技有限公司
超声波清洗仪器	KQ3200DB	昆山市超声仪器有限公司

3.2.1.2　铂空心纳米材料的制备

1）溶液的配置

（1）制备Cu_2O悬浮液。称取10 mg 实验制备的Cu_2O于锥形瓶中，加入10 mL 蒸馏水，超声分散10 min，制得Cu_2O悬浮液，然后置于磁力搅拌器上连续的机械搅拌。

（2）配制氯铂酸溶液。将1 g 装的氯铂酸（$H_2PtCl_6 \cdot 6H_2O$）固体溶于水，置于100 mL容量瓶中，配成19.31 mmol/L 的H_2PtCl_6溶液，置于冰箱中4 ℃保存。

2）铂空心纳米材料的制备

铂空心材料的制备过程如下：

（1）称取40 mg柠檬酸钠加入不断搅拌的Cu_2O悬浮液中，搅拌混合。

（2）一段时间后，用移液器移取1 mL 19.31 mmol·L^{-1} 的H_2PtCl_6溶液于混合液中，几分钟后混合液逐渐变为黑色，Cu_2O与H_2PtCl_6发生氧化还原反应。

（3）混合反应15 min后，加入1 mL 50 mg·L^{-1} 的稀硝酸溶液。

（4）40 min后，离心，分别用蒸馏水和酒精清洗

（5）冷冻干燥得到空心铂纳米材料（Pt hollow nanomaterials，Pt HNMs）。制备过程的实验现象如图3-5所示。

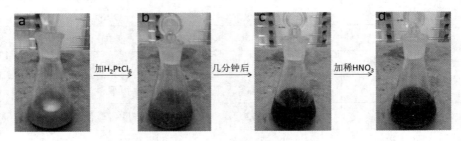

图3-5　制备铂空心纳米材料的实验现象

3.2.1.3　电极预处理及修饰电极的制备

1）电极的预处理

先将玻碳电极（GCE，Φ3）用金相砂纸打磨，然后依次用1.0 μm、0.3 μm的氧化铝粉在湿润的抛光布上抛光至镜面，并依次用1∶1乙醇、1∶1 硝酸和蒸馏水超声清洗3 min。彻底清洗后，将电极置于0.5 mol·L^{-1} H_2SO_4溶液中活化，如图3-6（a）所示，在-1.0～1.0 V扫描范围内循环伏安扫描活化至稳定为止。如图3-6（b）所示是在-0.1～0.6 V扫描范围，在0.2 mol·L^{-1} KNO$_3$

中记录1 mmol·L⁻¹ K₃Fe(CN)₆溶液的循环伏安曲线，所得氧化还原峰的电位差在80 mV以下，电极方可使用。

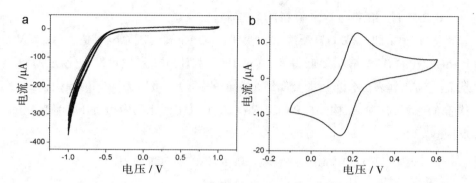

图3-6 （a）玻碳电极在0.5 mol·L⁻¹硫酸中活化处理的循环伏安曲线；（b）玻碳电极在
1 mmol·L⁻¹ K₃Fe(CN)₆溶液的循环伏安曲线

2）修饰电极的制备

（1）将制备的空心铂纳米材料Pt HNMs配成5 mg·mL⁻¹的水溶液。

（2）用移液器移取5 μL滴涂于预处理后的玻碳电极表面。

（3）干燥后滴加3 μL 1% 全氟磺酸树脂（Nafion）乙醇溶液于电极表面，并于室温下自然干燥，制得Pt HNMs/GCE修饰电极，于4 ℃条件下保存备用。

3.2.1.4 电化学测试方法

实验中所有电化学测试均在μAUTOLAB Ⅲ电化学工作站上进行，采用传统的三电极体系，饱和甘汞电极（SCE）为参比电极，铂柱状电极为对电极，Pt HNMs/GCE修饰电极为工作电极，实验中采用循环伏安法（CV）测试的扫描范围为0.1 ~ 0.6 V，扫描速度为100 mV·s⁻¹，支持电解质溶液为0.1 mol·L⁻¹ 的NaOH溶液。采用计时电流法（CA）研究了Pt HNMs/GCE修饰电极对不同浓度葡萄糖的电流响应，并得到检测葡萄糖的标准曲线。

3.2.2 结果与讨论

3.2.2.1 铂空心纳米材料的形貌表征

将H_2PtCl_6加入Cu_2O悬浮液中，由于Cu_2O/Cu氧化还原电对值（$-0.36\ V$）比$PtCl_6^{2-}/Pt$（$0.735\ V$）要低得多，Cu_2O可以与H_2PtCl_6发生自发氧化还原反应从而达到在其表面包覆Pt贵金属纳米粒子的目的，最后去除Cu_2O模板得到遗传Cu_2O形貌的空心结构。H_2PtCl_6与Cu_2O发生氧化还原反应得到Pt纳米颗粒的反应式如下：

$$2Cu_2O + 4H^+ + PtCl_6^- = Pt + 4Cu^{2+} + 6Cl^- + 2H_2O$$

制备过程示意图如图3-7所示。

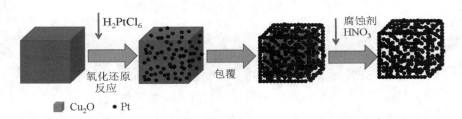

图3-7 空心铂纳米材料的制备过程示意图

H_2PtCl_6与Cu_2O充分反应后，Pt纳米颗粒致密而完整的包覆在Cu_2O表面，加入硝酸后，Cu_2O被逐渐腐蚀而消失。图3-8是由模板法制备得到的Pt HNMs的SEM图（a）和TEM图（b），从图3-8（a）可以看出Pt HNMs有明显纳米颗粒包覆的粗糙表面，有些立方体有明显的破口，包覆层完整，直观地表明了其空心结构。通过图3-8（b）中TEM图可以观察到立方体的内部与边缘的衬度差别很大，很容易观察到Pt HNMs的外壳结构与其内部空腔，中空壳层与空腔部分形成了明显的明暗对比，再次证实了产物的中空结构。本研究方法制备的Pt HNMs立方形貌保持很好，结构没有坍塌。且中空立方结构的平均粒径约为200 nm，远小于模板的尺寸（400 nm）。产物相比于模板尺寸的减小是由于模板参与氧化还原反应而消耗部分模板，生成的铂纳米颗粒被吸附于模板表面并随着模板的消耗向内收缩和塌陷所造成的。

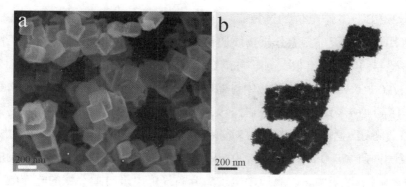

图3-8　Pt HHNMs的SEM图（a）和TEM图（b）

3.2.2.2　不同修饰电极的电化学行为

采用CV考察了葡萄糖在Pt HNMs/GCE电极上的电化学行为。如图3-9所示，曲线a是裸玻碳电极在含1 mmol·L⁻¹葡萄糖的NaOH溶液中的CV曲线，曲线b是Pt HNMs/GCE电极在含1 mmol·L⁻¹葡萄糖的NaOH溶液的CV曲线，曲线c是Pt HNMs/GCE电极在空白NaOH底液中的CV曲线。曲线b与曲线a比较，Pt HNMs/GCE修饰电极的催化电流较裸玻碳电极明显增大，曲线b与曲线c比较，Pt HNMs/GCE修饰电极在不含葡萄糖的溶液中出现较弱的氧化电流，说明Pt HNMs/GCE修饰电极可以有效的电催化葡萄糖。

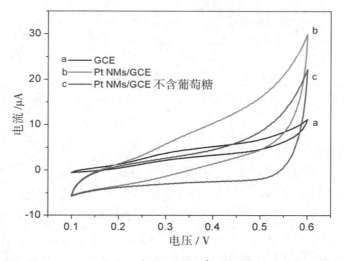

图3-9　GCE，Pt HNMs/GCE在0.1 mol·L⁻¹ NaOH溶液中的循环伏安曲线

3.2.2.3 工作电位的选择

采用计时电流法测定分析物质通常要在一个特定的电位下进行，工作电位对传感器的灵敏度有很大的影响。图3-10是不同工作电位下Pt HNMs /GCE修饰电极在0.1 mol·L^{-1} NaOH溶液中对葡萄糖的计时电流响应，每隔90 s向40 mL NaOH溶液中加入10 μL 4 mol·L^{-1}（实际葡萄糖加入量为1 mmol·L^{-1}）的葡萄糖溶液，考察了不同的工作电位对葡萄糖电催化氧化的影响。在0.2～0.55 V电位范围内研究了0.2 V、0.3 V、0.4 V、0.45 V、0.5 V、0.55 V电位下响应电流的大小。结果表明，随着应用电位的升高修饰电极对葡萄糖的响应电流逐渐增大，但0.5 V的响应电流比0.55 V要大，即灵敏度高。因此，实验中选择0.5 V作为Pt HNMs修饰电极电催化葡萄糖的工作电位。

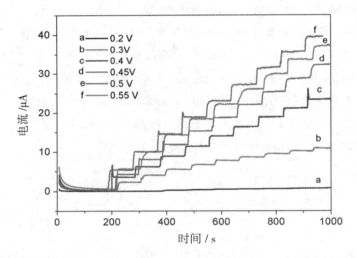

图3-10　不同工作电位下Pt HNMs /GCE修饰电极在0.1 mol·L^{-1} NaOH溶液中对葡萄糖的计时电流响应

3.2.2.4 扫速的影响

为了考察葡萄糖在Pt HNMs/GCE电极表面的动力学过程，在0.5 V电位下，研究了扫速与葡萄糖催化电流关系。如图3-11所示，在0.1～0.6 V扫描电位范围内，分别以9 mV·s^{-1}、25 mV·s^{-1}、49 mV·s^{-1}、81 mV·s^{-1}、121 mV·s^{-1}、144 mV·s^{-1}、169 mV·s^{-1}和225 mV·s^{-1}的扫速对1 mmol·L^{-1}葡萄糖溶液进行循

环伏安扫描。结果发现，随着扫速的增加，催化电流逐渐增大，且电流与扫速成正比，线性方程为$y=0.1268x+5.194$ [y（μA）；x（mV·s^{-1}）]，相关系数R为0.998 6。表明葡萄糖在Pt HNMs/GCE电极上的电化学行为是受吸附控制的。

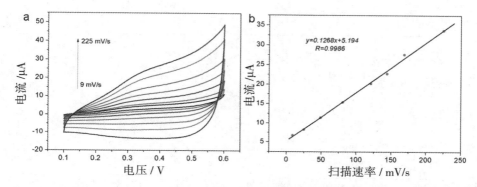

图3-11 （a）Pt HNMs/GCE在1 mmol·L^{-1}葡萄糖溶液中不同扫速的循环伏安曲线，（b）葡萄糖在0.5 V电位下的催化电流与扫速的线性关系

3.2.2.5　Pt HNMs/GCE对葡萄糖的电化学检测

采用计时电流法，在0.5 V 工作电位下，向0.1 mol·L^{-1} NaOH支持电解质溶液中每隔90 s加入不同浓度的葡萄糖溶液，所记录的计时电流曲线如图3-12（a）所示，图3-12（b）是葡萄糖在0.5 V电位下的催化电流与葡萄糖浓度的线性关系。结果显示，葡萄糖浓度在0.5～22.5 mmol·L^{-1}范围内时，葡萄糖浓度与催化电流具有良好的线性关系，标准曲线方程为$y=6.501\ 7x+4.300\ 4$[y（μA）；x（mmol·L^{-1}）]，相关系数R为0.999 0，检出限为0.26 mmol·L^{-1}，灵敏度为92.03 μA·mM^{-1}·cm^2，响应时间短（小于3 s）。

3.2.2.6　电极的抗干扰性实验

抗干扰能力也是影响传感器性能的重要因素，本实验研究的无酶葡萄糖传感器主要应用于血糖含量的检测，人体血液中与葡萄糖共存的易氧化的物质主要有尿酸（UA）、抗坏血酸（AA）、多巴胺（DA）和碳水化合物。实验采用计时电流法向0.1 mol·L^{-1} NaOH溶液中连续间隔90 s加入葡萄糖（Glu）、乳糖（Fru）、蔗糖（Suc）、AA、DA、UA和葡萄糖，由于干扰物质在检测体系中含量较少，故选择葡萄糖与干扰物质的摩尔比为10∶1，记录的曲线如图3-13所示，可以看到底液中加入葡萄糖后，响应电流迅速增加，而加入上述干扰物以后，电流变化不大，最大干扰电流变化很小仅为葡萄糖响应电流的7.6%左右，说明此传感器具有很好的抗干扰能力。

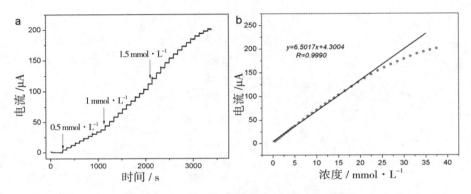

图3-12 （a）在0.5 V工作电位下，葡萄糖在Pt HNMs /GCE电极上的计时电流曲线，（b）葡萄糖在0.5 V电位下的催化电流与葡萄糖浓度的线性关系

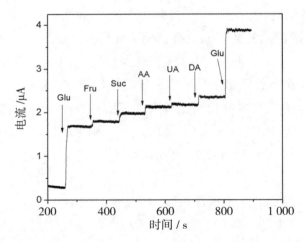

图3-13 在0.5 V的工作电位下，向0.1 mol·L⁻¹ NaOH溶液中依次加入0.2 mmol·L⁻¹ 葡萄糖，0.02 mmol·L⁻¹乳糖、蔗糖、多巴胺、按坏血酸、尿素和0.2 mmol·L⁻¹葡萄糖的计时电流曲线

3.3　铂/钯空心纳米材料的制备及其H_2O_2电化学传感器研究

　　双氧水（过氧化氢，H_2O_2）是重要的氧化剂、漂白剂、消毒剂和脱氯剂，具有高效杀菌、氧化漂白的作用，在国民生产中广泛使用。在食品工业中，过氧化氢主要用于食品包装、食品纤维等方面的消毒杀菌和作为加工助剂，一些奶和奶制品会直接使用H_2O_2作为消毒剂。此外生物体内许多物质也能通过某些反应产生过氧化氢，医学上常用3%的双氧水进行伤口或中耳炎消毒等。但H_2O_2在使用过程中会产生大量活泼的羟基自由基，具有极强的氧化性，进入人体后副作用极大，它能直接刺激粘膜组织。《食品添加剂使用卫生标准》中对H_2O_2的使用范围和残留量也有明确的限制。某些生产工作场所空气中存在的H_2O_2已成为空气污染的重大问题，毒理学研究表明，吸入过量过氧化氢可使人中毒，空气中H_2O_2含量不得超过1.4 mg·m^{-3}，因而其含量的检测在食品工业、临床诊断和环境分析中具有重要的意义。

　　电化学方法因其价格低廉、灵敏度高、制作方便等特点，被广泛用来检测过氧化氢。如何研制灵敏度高、选择性好、成本低、稳定性好的电极材料是关键。研究表明，多元贵金属组分之间的电子补偿能够促进修饰电极活性位点的再生，从而能够获得比单元贵金属材料更高的电催化活性和更强的抗氯离子毒化能力。本章节中以Cu_2O为模板，先后加入摩尔比为1∶1的H_2PtCl_6溶液和Na_2PdCl_4溶液，制备了二元Pt/Pd空心纳米结构材料（Pt/Pd hollow nanomaterials，Pt/Pd HNMs），并研究了此材料修饰玻碳电极用于对过氧化氢的电催化。

3.3.1 实验部分

3.3.1.1 实验药品和仪器

实验所用主要试剂和仪器分别见表3-5和表3-6，化学试剂使用前均未作进一步纯化。实验中所有玻璃仪器均以二次蒸馏水润洗，实验中所用蒸馏水均为二次蒸馏水。

表3-5　主要实验试剂

试剂名称	规格	生产厂家
氯铂酸	A.R.	百灵威科技有限公司
四氯钯酸钠	A.R.	百灵威科技有限公司
柠檬酸钠	A.R.	成都科龙化工试剂厂
全氟磺酸树脂	A.R.	美国Sigma-Aldrich
铁氰化钾	A.R.	成都科龙化工试剂厂
硝酸钾	A.R.	成都科龙化工试剂厂
硫酸	A.R.	成都科龙化工试剂厂
硝酸	A.R.	成都科龙化工试剂厂
无水乙醇	A.R.	成都科龙化工试剂厂

表3-6　主要实验仪器

仪器名称	型号	生产厂家
扫描电子显微镜	Quanta 250	美国FEI公司
透射电子显微镜	Tencnai G20	美国FEI公司
电化学工作站	μAUTOLAB Ⅲ	瑞士万通中国有限公司
电子天平	FA1004	上海舜宇恒平科学仪器有限公司
真空干燥箱	DZF-6020	上海齐欣科学仪器有限公司

续表

仪器名称	型号	生产厂家
冷冻干燥机	FD–1A–50	北京比朗实验设备有限公司
离心机	TGL–16C	上海安亭科学仪器有限公司
超纯水机	UPT–II–10 T	成都优普纯水机厂
移液器	0.5 ~ 10iL/20 ~ 200 μL	北京博信科仪科技有限公司
超声波清洗仪器	KQ3200DB	昆山市超声仪器有限公司

3.3.1.2　二元铂/钯空心纳米材料的制备

1）溶液的配置

（1）制备Cu_2O悬浮液。称取10 mg实验制备的Cu_2O于50 mL锥形瓶中，加入10 mL蒸馏水，超声分散10 min，制得Cu_2O悬浮液，然后置于磁力搅拌器上连续的机械搅拌。

（2）配制H_2PtCl_6溶液。将1 g装的H_2PtCl_6溶于水，置于100 mL容量瓶中，配成19.31 mmol·L^{-1}的H_2PtCl_6溶液，置于冰箱中4℃保存。

（3）配制Na_2PdCl_4溶液。将1 g装的Na_2PdCl_4固体溶于水，置于100 mL容量瓶中，配成24.47 mmol·L^{-1} Na_2PdCl_4溶液，置于冰箱中4 ℃保存。

2）铂/钯空心纳米材料的制备

本节只研究铂、钯按摩尔比为1∶1组合的情况。其具体步骤如下：

（1）称取40 mg柠檬酸钠加入不断搅拌的Cu_2O悬浮液中，混合搅拌。

（2）移取1 mL 19.31 mmol·L^{-1}的H_2PtCl_6溶液于混合液中，几分钟后混合液逐渐变为黑色。

（3）混合反应15 min后，再加入0.79 mL 24.47 mmol·L^{-1}的Na_2PdCl_4溶液。

（4）30 min 后加入1 mL 50 mg·L^{-1}的稀硝酸溶液，40 min后，离心，分别用蒸馏水和酒精清洗，最后冷冻干燥得到空心铂/钯纳米材料。

3.3.1.3　电极预处理及修饰电极的制备

1）电极预处理

电极预处理方法与3.2.3.1相同。

2）Pt/Pd HNMs修饰电极的制备

（1）将制的空心铂纳米材料Pt/Pd HNMs配成5 mg·mL^{-1}的水溶液。

（2）用移液器移取5 μL滴涂于预处理后的玻碳电极表面。

（3）干燥后滴加3 μL 1%全氟磺酸树脂（Nafion）乙醇溶液于电极表面，并于室温下自然干燥，制得Pt/Pd HNMs/GCE修饰电极，于4 ℃条件下保存备用。

3.3.1.4　电化学测试方法

实验中所有电化学测试均在μAUTOLAB Ⅲ电化学工作站上进行，采用传统的三电极体系，饱和甘汞电极（SCE）为参比电极，铂柱状电极为对电极，Pt/Pd HNMs/GCE修饰电极为工作电极，实验中循环伏安法（CV）的扫描范围为–0.4～0.3 V，扫描速度为100 mV·s^{-1}，支持电解质溶液为0.1 mol·L^{-1}的NaOH溶液。采用计时电流法（CA）研究了Pt/Pd HNMs/GCE修饰电极对不同浓度H$_2$O$_2$的电流响应，并得到检测H$_2$O$_2$的标准曲线。

3.3.2　结果与讨论

3.3.2.1　铂/钯空心纳米材料的形貌表征

由于Cu$_2$O/Cu氧化还原电对值（–0.36 V）比贵金属PtCl$_6^{2-}$/Pt（0.735 V）、PdCl$_4^{2-}$/Pd（0.987 V）要低得多，因此Cu$_2$O可以与H$_2$PtCl$_6$、Na$_2$PdCl$_4$等发生自发氧化还原反应从而达到在其表面包覆Pt、Pd贵金属纳米颗粒的目的，反应式如下

$$Cu_2O + PdCl_4^{2-} + 2H^+ \Longrightarrow Pd + 2Cu^{2+} + 4Cl^- + H_2O$$

图3–14是Pt/Pd HNMs的TEM图（a）和EDS图谱（b），从TEM图可以看出Pt HNMs的外壳结构与其内部空腔形成了明显的明暗对比，证实了产物的中空结构。同时从TEM图还可以看出Pt/Pd HNMs外壳的壁较厚，可能是因为

生成二元Pt/Pd的缘故。从EDS图谱可以看出产物含有Pt，Pd，且Pt的含量约是Pd含量的三倍，这是由于反应中先加入H_2PtCl_6与Cu_2O充分反应生成Pt纳米粒子，后加入Na_2PdCl_4穿过Pt的覆盖层与少量的Cu_2O反应生成较低含量的Pd纳米粒子。从EDS图谱中还可以看出Cu的存在，原因可能是生成的Cu^{2+}在酸性环境下会发生歧化反应生成单质铜。

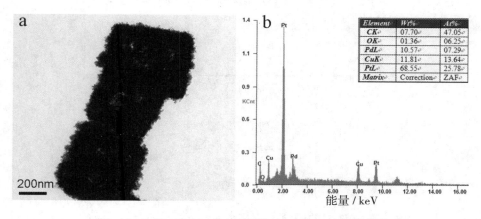

图3-14　Pt/Pd HNMs 的TEM照片（a）和EDS图谱（b）

3.3.2.2　不同修饰电极的电化学行为

图3-15为裸GCE、Pt/Pd HNMs/GCE修饰电极在含$1\ mmol\cdot L^{-1}\ H_2O_2$的$0.1\ mol\cdot L^{-1}$ NaOH溶液中的循环伏安图。从曲线a可以观察到，裸GCE从$-0.4 \sim 0.3$ V扫描过程中，在-0.35 V左右出现一很弱的还原峰，没有观察到氧化峰。从曲线b可以看出，在Pt/Pd HNMs/GCE修饰电极上，-0.28 V左右出现一很明显的还原峰，同时峰电位负移，这可能是由于Pt/Pd双金属结构增加了电极的有效面积且加快电极传递速率。

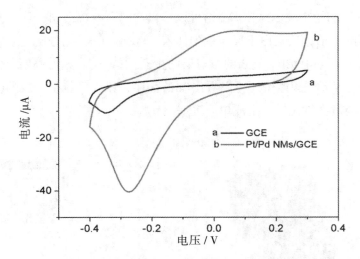

图3-15　裸GCE，Pt/Pd HNMs/GCE修饰电极在1 mmol·L^{-1} H$_2$O$_2$
溶液中的循环伏安曲线

3.3.2.3　工作电位的选择

电化学传感器正常工作和运行需要在一定电位下进行，电位的选择直接影响了电化学传感器的各项性能指标，较低的工作电位会导致灵敏度下降，较高的工作电位会导致一些干扰物质被氧化，对检测H$_2$O$_2$有一定的干扰。由此可见，工作电位的选择至关重要，图3-16是不同工作电位下Pt/Pd HNMs/GCE修饰电极在0.1 mol·L^{-1}的NaOH溶液中对H$_2$O$_2$的计时电流响应。每隔90 s向NaOH溶液中加入1 mmol·L^{-1}的H$_2$O$_2$溶液，考察了不同的工作电位对电催化H$_2$O$_2$的影响。可以看出在-0.15 V、-0.2 V、-0.25 V时灵敏度较低，而在-0.3 V时，检测响应电流较大，检测灵敏度较高，也没有较大的背景电流干扰，在-0.35 V时，基线电流长时间无法稳定，在实际应用中会导致测试时间的无限延长和测试数据的不稳定，所以选择-0.3 V作为电化学检测H$_2$O$_2$的应用工作电位。

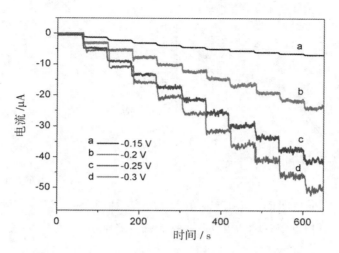

图3-16　不同工作电位下Pt/Pd HNMs /GCE电极在0.1 mol·L^{-1} NaOH溶液中对H$_2$O$_2$的计时电流响应

3.3.2.4　扫速的影响

为了考察H$_2$O$_2$在Pt/Pd HNMs/GCE电极表面的动力学过程，在-0.3 V电位下，研究了扫速与H$_2$O$_2$催化电流的关系。如图3-17所示，在-0.4～0.3 V扫描电位范围内，分别以20 mV·s^{-1}、40 mV·s^{-1}、60 mV·s^{-1}、80 mV·s^{-1}、100 mV·s^{-1}、120 mV·s^{-1}、140 mV·s^{-1}、160 mV·s^{-1}、180 mV·s^{-1}和200 mV·s^{-1}的扫速对1 mmol·L^{-1} H$_2$O$_2$溶液进行循环伏安扫描，结果发现，随着扫速的增加，催化电流逐渐增大，且电流与扫速平方根成正比，线性方程为$y=5.1734x^{1/2}+21.441[y（\mu A）；x（mV·s^{-1}）]$，相关系数$R$为0.995 2。表明H$_2O_2$在Pt/Pd HNMs/GCE电极上的电化学行为是受扩散控制的。

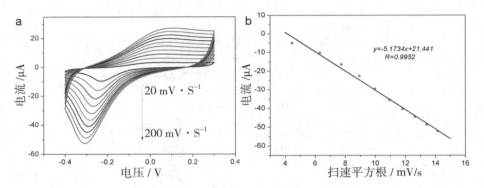

图3-17　Pt/Pd HNMs/GCE在1 mmol·L^{-1} H$_2$O$_2$溶液中不同扫速的循环伏安图，
（b）H$_2$O$_2$在-0.3 V电位下的催化电流与扫速平方根的线性关系

3.3.2.5　Pt/Pd HNMs/GCE对H$_2$O$_2$的电化学检测

在-0.3 V工作电位下，向0.1 mol·L^{-1}的NaOH支持电解质溶液中每隔90 s加入不同浓度的H$_2$O$_2$溶液，得到的计时电流曲线如图3-18所示，插图是H$_2$O$_2$在-0.3 V电位下的催化电流与其浓度的线性关系。结果显示，H$_2$O$_2$浓度在0.25～30 mmol·L^{-1}范围内时，H$_2$O$_2$浓度与催化电流具有良好的线性关系，标准曲线方程为$y=-5.486\ 6x-18.744$[y（μA）；x（mmol·L^{-1}）]，相关系数R为0.999 0，检出限为0.12 mmol·L^{-1}，灵敏度为77.66 μA·mM^{-1}·cm^2。

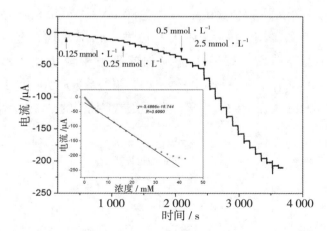

图3-18　在-0.3 V工作电位下，H$_2$O$_2$在Pt/Pd HNMs /GCE电极上的计时电流曲线，插图：
H$_2$O$_2$在-0.3 V电位下的催化电流与其浓度的线性关系

3.4 金纳米复合材料的制备及其H_2O_2电化学传感器研究

金具有很强的化学稳定性，但被制成金纳米颗粒时却表现出极高的化学活性和催化性能。根据本节的构思，围绕本研究制备空心贵金属材料的制备方法，拟采用牺牲模板法制备具有中空结构的金催化剂材料，虽然多次尝试后未能获得该材料，但是实验中发现$Au-Cu_2O$复合材料同样具有较高的电催化活性。采用本实验方法，$HAuCl_4$与Cu_2O发生氧化还原反应而使金负载在Cu_2O载体上，负载或负载型的金纳米粒子会表现出极高的化学活性和催化性能，因此，后续实验研究了$Au-Cu_2O$复合材料对H_2O_2的电化学检测性能。

3.4.1 实验概述

3.4.1.1 实验药品和仪器

实验所用主要试剂和仪器分别见表3-7和表3-8，化学试剂使用前均未作进一步纯化。实验中所有玻璃仪器均以二次蒸馏水润洗，实验中所用蒸馏水均为二次蒸馏水。

表3-7 主要实验试剂

试剂名称	规格	生产厂家
氯金酸	A.R.	百灵威科技有限公司
柠檬酸钠	A.R.	成都科龙化工试剂厂
全氟磺酸树脂	A.R.	美国Sigma-Aldrich
铁氰化钾	A.R.	成都科龙化工试剂厂

续表

试剂名称	规格	生产厂家
硝酸钾	A.R.	成都科龙化工试剂厂
硫酸	A.R.	成都科龙化工试剂厂
硝酸	A.R.	成都科龙化工试剂厂
无水乙醇	A.R.	成都科龙化工试剂厂

表3-8　主要实验仪器

仪器名称	型号	生产厂家
扫描电子显微镜	Quanta 250	美国FEI公司
透射电子显微镜	Tecnai G20	美国FEI公司
电化学工作站	μAUTOLAB Ⅲ	瑞士万通中国有限公司
电子天平	FA1004	上海舜宇恒平科学仪器有限公司
真空干燥箱	DZF-6020	上海齐欣科学仪器有限公司
冷冻干燥机	FD-1A-50	北京比朗实验设备有限公司
离心机	TGL-16C	上海安亭科学仪器有限公司
超纯水机	UPT-II-10 T	成都优普纯水机厂
移液器	0.5-10 ul/20-200ul	北京博信科仪科技有限公司
超声波清洗仪器	KQ3200DB	昆山市超声仪器有限公司

3.4.1.2　Au-Cu$_2$O复合材料的制备

1）溶液的配置

（1）制备Cu$_2$O悬浮液。称取10 mg实验制备的Cu$_2$O于锥形瓶中，加入10 mL蒸馏水，超声分散10 min，制得Cu$_2$O悬浮液，然后置于磁力搅拌器上连续的机械搅拌。

（2）配制氯金酸溶液。将1 g装的氯金酸（HAuCl$_4$·2H$_2$O）固体溶于水，置于100 mL容量瓶中，配成24.28 mmol·L^{-1}的HAuCl$_4$溶液，置于冰箱中4 ℃

避光保存。

2）Au–Cu$_2$O复合材料的制备

（1）称取40 mg柠檬酸钠加入搅拌的Cu$_2$O悬浮液中，混合搅拌。

（2）用移液器移取0.5 mL 10 mmol·L^{-1}的HAuCl$_4$溶液于混合液中，混合液瞬间变为棕黑色。

（3）混合反应20 min后，离心，分别用蒸馏水和无水乙醇清洗，最后冷冻干燥得到Au–Cu$_2$O复合材料。

3）Au空心材料的制备

围绕本研究制备空心贵金属材料的制备方法，采用该模板法尝试制备中空结构的金催化剂。采用与制备铂空心材料相同的实验方法。

（1）称取40 mg柠檬酸钠加入不断搅拌的氧化亚铜悬浮液中，混合搅拌。

（2）缓慢加入1 mL 20.24 mmol·L^{-1}的HAuCl$_4$溶液于混合液中，混合液瞬间变为黑色，Cu$_2$O与HAuCl$_4$发生氧化还原反应，反应式如下

$$3Cu_2O + 2AuCl_4^- + 3H_2O \xrightleftharpoons{\hspace{1cm}} 6CuO + 2Au + 8Cl^- + 6H^+$$

（3）混合反应15 min后，加入1 mL 50 mg·L^{-1}的稀硝酸溶液，继续搅拌40 min后，离心，分别用蒸馏水和酒精清洗，最后冷冻干燥得到Au纳米材料。

3.4.1.3　电极预处理及修饰电极的制备

1）电极预处理

电极预处理方法与3.2.3.1相同。

2）Au–Cu$_2$O修饰电极的制备

（1）将制备的Au–Cu$_2$O配成5 mg·mL^{-1}的水溶液。

（2）用移液器移取5 μL滴涂于预处理后的玻碳电极表面。

（3）干燥后滴加3 μL 1% 全氟磺酸树脂（Nafion）乙醇溶液于电极表面，并于室温下自然干燥，制得Au–Cu$_2$O/GCE修饰电极，于4 ℃条件下保存备用。

3.4.1.4　电化学测试方法

实验中所有电化学均采用传统的三电极体系，饱和甘汞电极（SCE）为

参比电极，铂丝电极为对电极，Au–Cu$_2$O/GCE修饰电极为工作电极，实验中循环伏安法的扫描范围为–0.6 ~ 0.2 V，扫描速度为100 mV·s^{-1}，支持电解质溶液为0.1 mol·L^{-1} PBS（pH=7.0）溶液。采用计时电流法研究了Au–Cu$_2$O/GCE修饰电极应用于测定H$_2$O$_2$的线性范围。

3.4.2 结果与讨论

3.4.2.1 制备金空心材料的研究

图3–19是拟制备Au空心结构材料的SEM图和TEM图，由SEM图可以看出氧化亚铜周围聚集很多团聚的颗粒，部分方结构也出现破损现象，这些团聚的颗粒应该是团聚的金纳米颗粒。由TEM图可以看出实验得到的材料并不是空心结构，并且能够观察到聚集的颗粒。所以依据本实验方法并未得到期望的中空结构的金纳米材料。

图3–19 Au纳米材料的SEM图（a）和TEM（b）图

由上述实验过程中溶液颜色颜色的瞬间变化，可以分析HAuCl$_4$与Cu$_2$O反应非常迅速，以及它们之间反应需要水分子的加入、腐蚀剂的影响等因素可能会导致实验的失败。基于以上考虑，从以下几个方面考察研究了制备该材料的方法。

（1）氯金酸用量的影响。$HAuCl_4$与Cu_2O反应式中反应物需要水的加入，由此希望通过减少水的量来有效抑制H_2O、Cu_2O与$HAuCl_4$三者之间的反应，总的分散溶剂不变，减少水的量用乙醇替代。$HAuCl_4$与Cu_2O反应迅速，实验中降低$HAuCl_4$的浓度，将整个反应体系置于冰水浴中。具体实验方案如表3-9所示。

表3-9　Cu_2O与$HAuCl_4$反应体系的不同反应条件

实验	分散溶剂	$HAuCl_4$浓度	是否冰水浴
原实验	10 mL 水	10 mmol·L^{-1}	否
实验1	5 mL水+5 mL乙醇	10mmol·L^{-1}	否
实验2	5 mL水+5 mL乙醇	5 mmol·L^{-1}	否
实验3	5 mL水+5 mL乙醇	5 mmol·L^{-1}	是

通过以上几组实验，仍未得到理想的结构，得到的SEM图与图3-1类似。

（2）腐蚀剂种类及用量的影响。在原实验中采用稀硝酸来腐蚀模板Cu_2O，由于Cu_2O与$HAuCl_4$反应中的有HCl的生成，Cu_2O与HCl反应生成难溶于水的CuCl沉淀，由此分析得到的材料不是空心结构，这与图3-1的TEM图吻合。基于以下几个原因，我们考虑将腐蚀剂改为氨水：①Cu_2O溶于氨水，形成无色配离子$[Cu（NH_3）_2]^+$，$[Cu（NH_3）_2]^+$遇空气则被氧化成深蓝色的$[Cu（NH_3）_4]^+$；②CuCl能溶解在氨水中，得到无色溶液；③生成物CuO也与氨水反应生成深蓝色配离子$[Cu（NH_3）_4]^+$。

在原实验反应条件下，腐蚀剂换为氨水，得到的材料形貌保持立方结构，但看不到有破口中空结构，TEM图也显示是实心结构。于是增加氨水的量，得到完全破碎的形貌结构，立方结构消失。

研究了多次实验均未得到如期的实验结果后，为了了解立方结构破损或者保持不完整是在腐蚀前还是在腐蚀后，于是在去除模板前后分别进行了形貌观察。如图3-20所示，在腐蚀前，立方结构保持完整。而在腐蚀后立方结构轮廓不明显，部分已经破碎。所以，由此确定Cu_2O与$HAuCl_4$反应不会引起立方形貌的破碎和不完整。

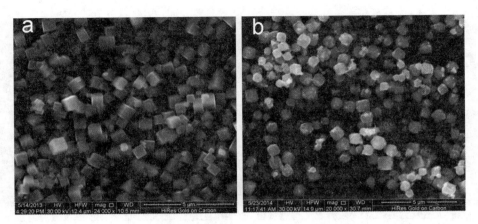

图3-20　相同条件下，去除模板前（a）和去除模板后（b）Au 纳米材料的SEM图

　　我们对原实验条件下制备的Au纳米材料作了EDS，分别对应与保持完整立方形貌的表面和破碎处，结果如图3-21所示。可以看出立方形貌表面的金含量很低，而破碎处的金含量较高，由图3-19的TEM图可以看出立方实心结构中分布很多小颗粒，这些小颗粒与Cu_2O形成多相异质结构，加入腐蚀剂将Cu_2O腐蚀掉，整个立方结构就会破碎，金纳米颗粒团聚在一起，无法得到期望的中空结构材料。

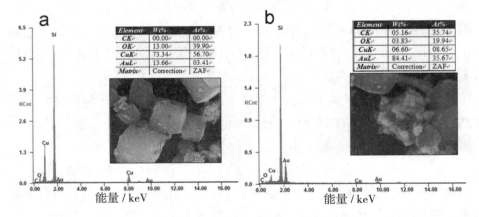

图3-21　Au纳米材料的EDS图谱

负载或负载型的金纳米粒子会表现出极高的化学活性和催化性能。本节拟采用牺牲模板法制备具有中空结构的金催化剂材料，虽然多次尝试后未能获得该材料，但是实验中发现Au-Cu$_2$O复合材料同样具有较高的电催化活性，研究了Au-Cu$_2$O复合材料对H$_2$O$_2$的电化学行为。采用本实验方法，HAuCl$_4$与Cu$_2$O发生氧化还原反应而使金负载在Cu$_2$O表面，实验方法简单易操作。

3.4.2.2 Au-Cu$_2$O复合材料的表征

图3-22是Au-Cu$_2$O复合材料的SEM图和XRD图谱，从图可以看出，复合材料表面粗糙，这是由于HAuCl$_4$与Cu$_2$O发生氧化还原反应在表面生成的金纳米颗粒。XRD图谱中a、b分别是Cu$_2$O与Au-Cu$_2$O复合物的图谱，b中金的相分别对应于（111）、（200）、（220）、（311）晶面（JCPDS 04-0784），表明Au被成功负载于Cu$_2$O表面，峰强度较弱，说明金的含量较低。图3-23是Au-Cu$_2$O复合材料的TEM图和HRTEM图，可以看出复合材料表面生成Au，且Cu$_2$O内部也分布着大小均匀的金纳米颗粒，所观察到的晶格间距为0.245 nm和0.236 nm两种，分别对应于Au和Cu$_2$O的（111）晶面，这与XRD谱图分析相符。表明Au与Cu$_2$O形成了多相异质结构，这是由于Au和Cu$_2$O的（111）晶面的晶格间距接近，导致Au在Cu$_2$O异相成核，最终形成多相异质Au-Cu$_2$O结构。金与金属氧化物结合时会表现出很强的催化性能，所以本节研究了Au-Cu$_2$O材料对H$_2$O$_2$的电化学检测性能。

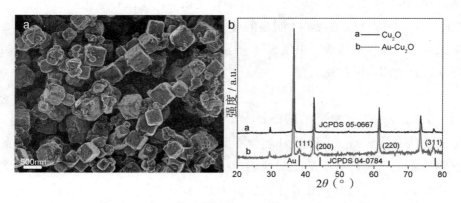

图3-22 Au-Cu$_2$O复合材料的SEM图（a）和XRD图谱（b）

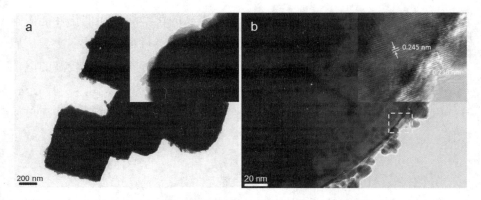

图3-23　Au-Cu₂O复合材料的TEM图（a）和HRTEM图（b）

3.4.3　基于Au-Cu₂O修饰电极的H₂O₂电化学传感器

3.4.3.1　不同修饰电极对的电化学行为

图3-24是不同修饰电极在0.1 mol·L⁻¹ PBS（pH=7.0）溶液中对H₂O₂的电化学响应。a 是裸玻碳电极在含1 mmol·L⁻¹ H₂O₂溶液中的循环伏安曲线，b 是Au-Cu₂O/GCE修饰电极在不含H₂O₂的空白支持电解质溶液中的循环伏安曲线，c是Au-Cu₂O/GCE修饰电极在含1 mmol·L⁻¹ H₂O₂溶液中的循环伏安曲线。通过曲线b与曲线a比较可以看到，裸玻碳电极对H₂O₂没有电化学响应，Au-Cu₂O/GCE修饰电极出现了很明显的还原峰，b与c比较，Au-Cu₂O/GCE修饰电极在不含H₂O₂的溶液中出现很弱的还原峰，说明Au-Cu₂O/GCE修饰电极对H₂O₂具有较高的电催化活性。

3.4.3.2　工作电位的选择

电化学传感器正常工作和运行需要在一定电位下进行，电位的选择直接影响了电化学传感器的各项性能指标，所以需要对应用工作电位进行优化选择。图3-25是不同工作电位下Au-Cu₂O/GCE修饰电极在0.1 mol·L⁻¹ PBS （pH=7.0）溶液中对H_2O_2的计时电流响应。可以看出在–0.15 V、–0.2 V、–0.25 V时灵敏度较低，而在–0.35 V时，干扰电流较大，不稳定，所以选择–0.3 V作为电化学检测H_2O_2的应用工作电位。

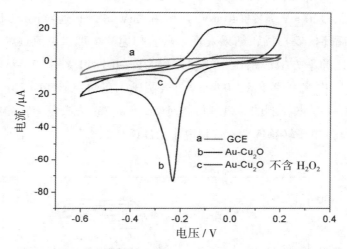

图3-24　裸GCE电极，Au–Cu$_2$O/GCE电极对H_2O_2的电化学响应

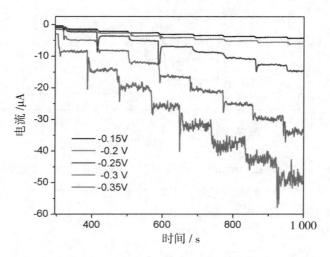

图3-25　不同工作电位下Au–Cu$_2$O/GCE修饰电极在0.1mol·L^{-1} PBS（pH=7.0）

溶液中对H_2O_2的计时电流响应

3.4.3.3　扫速的影响

为了考察H_2O_2在Au–Cu_2O/GCE电极表面的动力学过程，研究了扫速与H_2O_2在–0.3 V电位下催化电流的关系。如图3–26所示，在扫描电位为–0.6 ~ 0.2 V范围内，分别以20 mV·s^{-1}、40 mV·s^{-1}、60 mV·s^{-1}、80 mV·s^{-1}、100 mV·s^{-1}、120 mV·s^{-1}、140 mV·s^{-1}和160 mV·s^{-1}的扫速对1 mmol·L^{-1} H_2O_2溶液进行循环伏安扫描，结果发现，随着扫速的增加，电流逐渐增大，且电流与扫速的平方根成正比，线性方程为$y = -6.1811\,x^{1/2} - 17.671$[$y$（μA）；$x$（mV·$s^{-1}$）]，相关系数$R$为0.995 4。表明$H_2O_2$在Au–$Cu_2$O/GCE电极上的电化学行为是受扩散控制的。机理可能是Cu^{I}变成Cu^{III}失去电子，而Au加速了电极与H_2O_2的电子转移速率，提供电子给H_2O_2还原。

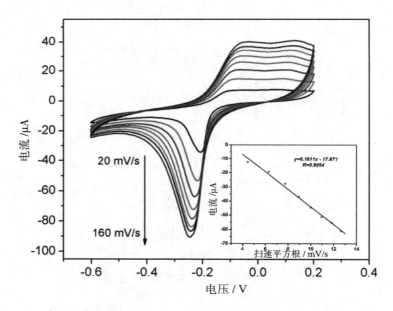

图3–26　Au–Cu_2O/GCE在1 mmol·L^{-1} H_2O_2溶液中不同扫速的循环伏安图，插图：H_2O_2在–0.3V电位下的催化电流与扫速平方根的线性关系

3.4.3.4　Au–Cu_2O/GCE对H_2O_2的电化学检测

采用计时电流法，在–0.3 V工作电位下，向0.1 mol·L^{-1} PBS（pH=7.0）

支持电解质溶液中每隔90 s加入不同浓度的H_2O_2溶液，得到的计时电流曲线如图3-27所示，插图是H_2O_2在-0.3 V电位下的催化电流与其浓度的线性关系，结果显示，H_2O_2浓度在0.025 ~ 11.2 $mmol \cdot L^{-1}$范围内时，H_2O_2浓度与其催化电流具有良好的线性关系，标准曲线方程为$y=-20.693x-6.416$ [y（μA）；x（mM）]，相关系数R为0.998 9，检出限为1.05 $\mu mol \cdot L^{-1}$，灵敏度为292.89 $\mu A/mM \cdot cm^{-1}$。

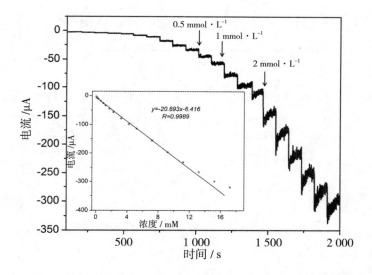

图3-27 在-0.3 V工作电位下，H_2O_2在Au-Cu$_2$O/GCE电极上的计时电流曲线，插图：在-0.3 V电位下的催化电流与H_2O_2浓度的线性关系

3.4.3.5 电极的抗干扰性实验

为了研究Au-Cu$_2$O/GCE电极检测H_2O_2的选择性，用计时电流法考察了一些可能存在的干扰物质对H_2O_2检测的干扰。图3-28是Au-Cu$_2$O/GCE电极在-0.3 V的工作电位下的计时电流曲线，依次向0.1 $mol \cdot L^{-1}$ PBS（pH=7.0）溶液中加入0.2 $mmol \cdot L^{-1}$的H_2O_2，0.2 $mmol \cdot L^{-1}$的AA、葡萄糖（Glu）、多巴胺（DA）、尿素（UA）和0.2 $mmol \cdot L^{-1}$的H_2O_2，可以看出，当加入上述干扰物质时，没有观察到干扰电流，该修饰电极对H_2O_2表现出很好的选择性。

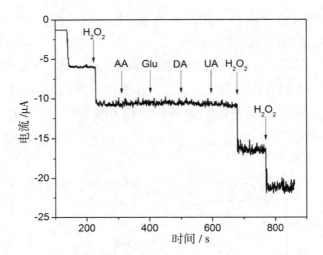

图3-28　在−0.3 V的工作电位下，向0.1 mol·L^{-1} PBS（pH=7.0）溶液中依次加入

0.2 mmol·L^{-1} 的H_2O_2、AA、Glu、DA、UA和H_2O_2的计时电流曲线

第4章　笼状过渡金属电极的设计及其电催化性能

4.1　高度敏感、稳定可靠的空心多孔结构 Ni(OH)₂葡萄糖传感器

人类目前拥有众多检测技术去检测人体血液葡萄糖含量，但开发一种快速、稳定可靠的葡萄糖传感器检测方法仍然是目前发展应用的迫切需要。为了解决这个问题，有很多技术方法已经被研究：表面等离子共振、斐林试剂法、旋光法、荧光法、电化学法。在众多的技术方法中，电化学测试法由于检测灵敏度高、操作简单方便、成本较低、容易获得较低检测限而被人们广泛关注。普通的葡萄糖氧化酶受环境的影响比较大，在电化学传感器容易受限于酶的性质不稳定，酶活性容易失活等的缺陷。为了解决这些问题，基于TMOs的无酶葡萄糖检测由于其低成本、高灵敏度和高稳定性而受到越来越多的关注。但是，传统TMOs的整体电催化活性仍远远低于应用的要求，对高活性TMOs电催化剂的合理设计仍是一个挑战。

通常情况下，在电催化材料的催化活动中，动力学因素对电催化材料的催化活性起着决定性作用。根据动力学和微观结构之间的密切联系，提高催

化活性可以通过改善比表面积、孔隙结构与结构特点等微结构来实现。多孔结构提供了较大的比表面积和大量的活动场所。此外，多孔结构可以为反应物和中间产物提供足够的扩散通道，有利于大规模的运输活动。另一方面，空心结构可以提供较大的比表面积，从而增加其活性位点，使其拥有更大的电解质与电极接触面积，并且可以减小质量和电子传输的长度。此外，较大的内腔可以有效地阻止电活性纳米颗粒聚集，相应的体积变化和结构应变，可以实现多次测试，从而实现较高的稳定性。因此，通过设计有利催化活性的动力学环境（比如：空心多孔结构），可以改善催化材料的催化活性，从而获得高活性的电催化剂。

在这里，$Ni(OH)_2$ HPA（hollow porous architecture）的构造是通过对模板Cu_2O剥离−吸脱附方法制备的。它的灵感来源于CEP路线的概念，它在传感器、有机反应、废水处理、毒物目标和纳米科学等方面都很容易应用。为了证明空心多孔结构在电催化方面的优势，制备的非晶态$Ni(OH)_2$ HPA电极比$Ni(OH)_2$ BHPA（broken hollow porous architecture）对人体血液中的血糖具有较高的灵敏度和稳定性，所测试的结果是由于空心多孔提供了大的比表面积，良好的内部空隙，丰富有序的传输通道和较高的电子转移效率。该方法可为高效纳米材料电化学传感器的开发提供一种有效的方法。

4.1.1　实验部分

4.1.1.1　样品制备过程与机理

（1）Cu_2O模板制备过程。

Cu_2O模板制备过程：100mL NaOH（2 $mol \cdot L^{-1}$）逐滴加入200 mL $CuCl_2 \cdot 2H_2O$（10 $mmol \cdot L^{-1}$）在55 ℃下搅拌。0.5 h后，将4 mL的抗坏血酸（AA，0.6 $mol \cdot L^{-1}$）缓慢滴入上述溶液中。反应3 h后离心用去离子水洗涤。

（2）$Ni(OH)_2$ HPA制备过程。

$Ni(OH)_2$ HPA的制备过程：Cu_2O（10 mg）和$NiCl_2 \cdot 6H_2O$（3 mg）均匀分散到10 mL乙醇−水混合溶剂（体积比为1∶1）超声7 min，然后加入PVP

（0.33 g）剧烈搅拌30 min，将4 mL $Na_2S_2O_3$（1 $mol \cdot L^{-1}$）溶液滴入混合落液中，反应在室温下进行3 h直到悬浮液由红色变为浅绿色。$Ni(OH)_2$ HPA经温热的乙醇–水多次洗涤，室温干燥，制得空心立方电催化材料$Ni(OH)_2$HPA。

（3）电化学测试。

电化学测试采用活性物质修饰的玻碳电极（GCE，φ=3 mm）为工作电极，Ag/AgCl电极和铂电极（φ=2 mm）为参比电极和对电极。对工作电极进行预处理过程：将玻碳电极依次用1.5 μm、1.0 μm、0.3 μm的Al_2O_3浆液在麂皮上抛光至镜面，每次抛光后先洗去表面污物，再移入超声水浴中清洗，每次2~3 min，重复三次，最后依次用1：1的乙醇、1：1 HNO_3和蒸馏水超声清洗。彻底洗涤后，电极要在0.5～1 $mol \cdot L^{-1}$ H_2SO_4溶液中用循环伏安法进行活化，扫描范围为–1.0～1.0 V，反复扫描直至达到稳定的循环伏安图为止。最后在0.20 $mol \cdot L^{-1}$ kNO₃中记录1 $mmol \cdot L^{-1}$ $k_3Fe(CN)_6$溶液的循环伏安曲线，以测试电极性能，扫描速度为50 $mV \cdot s^{-1}$，扫描范围0.6～0.1 V，氧化还原峰电流电位差小于80 mV为合格（理论值为64 mV）。

制备好工作电极后将样品$Ni(OH)_2$ HPA（10 mg）溶解在0.1 mL Nafion与0.9 mL蒸馏水的混合液中。最后，5 μL的混合物滴在预处理的GCE（70.77 $\mu g \cdot cm^{-2}$）上，并在室温下干燥。为了验证$Ni(OH)_2$ HPA的优点，以相同方法制备对比电极$Ni(OH)_2$ BHPA。通过循环伏安法（CV）、计时电流法（CA）和电化学阻抗谱（EIS）测定电极并评估其催化活性。

4.1.1.2　形貌结构表征及参数设置

XRD：采用Rigaku D/Max–2400型号X射线衍射仪表征，设定参数为：以Cu–Ka为辐射源，管电压为40 kV，管电流60 mA，扫描速率为0.02%/min，扫描范围20°～80°。

XPS：采用美国ESCALAB250Xi型X射线光电子能谱分析仪表征，设定参数为：设置X射线光斑波长为500 μm，将表面CIs位置校准至284.8 eV。

SEM：采用美国FEI Quanta 250型扫描电镜与Zeissgemini 500型扫描电镜分别表征，加速电压设置分别为2 kV和15 kV，真空度$1 \times 10^7 Pa$。

TEM：采用美国FESEM Tecnaig2 F20场发射透射电子显微镜表征。设置透射电镜加速电压200 kV，灯丝电压3.7 kV。

BET：采用Belsort-max表征，使用N_2作为吸脱附气体进行测试，样品预处理温度为100 ℃，处理12 h。

电化学表征：采用瑞士万通Autolab型电化学工作站进行电化学性能表征。

4.1.2 结果与讨论

4.1.2.1 样品表征

Ni(OH)$_2$ HPA的XRD图像如图4-1（a）所示。三个主要衍射峰的峰值可以清楚的看到对应于（100）、（101）和（003）晶面（根据PDF卡片：JCPDSno.14-0117）。在XRD图像中没有发现其他杂质峰值，表明我们得到的产物是高纯度的Ni(OH)$_2$晶体、Ni(OH)$_2$样品的化学成分和纯度进一步通过XPS进行检测[图4-1（b）~（d）]，调查显示Ni和O两种元素。从全谱[图4-1（b）]可以看出O 1s和Ni 2p峰值分别为531.5 eV和855.7 eV，表明了产品的主要元素。如图4-1（c）所示，Ni 2p$_{3/2}$和Ni 2p$_{1/2}$的主要峰值分别为856.13 eV和893.96 eV，这表明样品中的Ni元素存在于Ni（I）的形式中。如图4-1（d）所示，单个O 1s峰值对应谱位于531.2 eV的。通过的XPS数据可知，Ni 2p$_{3/2}$和O 1s峰可以分别被认为是Ni(OH)$_2$的Ni^{2+}和OH$^-$。

可以从低倍率SEM图像[图4-2（a）]看出，制备的Ni(OH)$_2$ HPA是分散均匀且形状单一，并且没有发生聚集。图4-2（b）为单个破碎Ni(OH)$_2$ HPA粒子的图像，通过图像可以表明，Ni(OH)$_2$ HPA具有中空的内部结构。大量的纳米颗粒在表层组成了Ni(OH)$_2$ HPA，使其表面和内表面粗糙。通过TEM图像，进一步观察了样品的空心内部和结构。如图4-2（c）和（d）所示，可以观察到一个相当明显且平均厚度为~50 nm的壳体，以及空心的内部和粗糙的表面，这与SEM的结果是一致的。同时，SAED图像还验证了Ni(OH)$_2$ HPA[图4-2（e）]是无定型特征，由此得到Ni(OH)$_2$ HPA是非晶的。

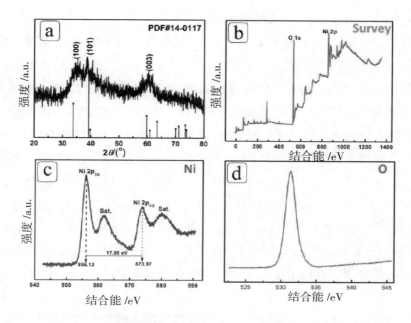

图4-1 ni(OH) HPA（a）XRD图像，XPS图像；（b）全谱；（C）Ni 2p；（d）O 1s

图4-2 Ni(OH)₂ HPA（a，b）SEM和（c，d）TEM的图像；插图是Ni(OH)₂ HPA的

SAED图像

4.1.2.2　ni(OH)$_2$ HPA形成机理

为了观察Ni(OH)$_2$ HPA形成机理，我们收集了不同时间的沉淀物。如图
4-3（a）所示不同反应时间的溶液的光学照片，随着时间的延长，反应系
统的颜色逐渐变浅，同时产生浅绿色的沉淀。图4-3（b）显示了固体立方
Cu$_2$O晶体的边缘长度约为600 nm的TEM图像，随着反应的进行，内部的Cu$_2$O
模板逐渐收缩到像八面体一样的结构，最后直到消失。结合TEM结果，在图
4-3（c）中给出了整体CEP路线和形成机理。在此过程中，S$_2$O$_3^{2-}$引入到反应
系统中，在化学亲和力的驱动下，Ni^{2+}在Cu$_2$O周围白聚，并发挥多种作用，
形成Ni(OH)$_2$ HPA。在动力学因素方面，Ni^{2+}开始析出，Cu$_2$O的蚀刻速率与
OH$^-$从内部到外部的传输和S$_2$O$_3^{2-}$从外部到内部的扩散有关。这些因素保证了
Ni(OH)$_2$的外壳完全模仿Cu$_2$O模板的几何特征。同步控制对Cu$_2$O的蚀刻率和
Ni(OH)$_2$的析出率，形成了定义良好的空心Ni(OH)$_2$前驱体。

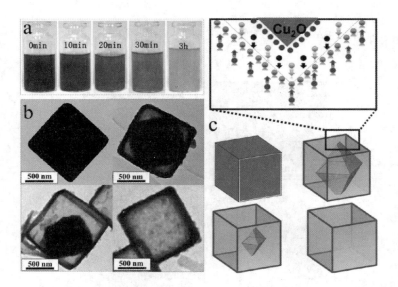

图4-3　（a）添加剥离剂后不同反应时间光学反应过程图片；（b）不同反应时间TEM照
片；（c）生成Ni(OH)$_2$ HPA的机理示意图

吸附-脱附等温线和Ni(OH)$_2$ HPA多面体的孔径分布如图4-4所示。
Ni(OH)$_2$HPA的BET表面积根据吸附-脱附等温曲线计算为54.72 m^2·g^{-1}。

Barett–Joyner–Halenda（BJH）方法的孔径分布显示了两个区域（图4-4）。分别是20~40 nm和60~85 nm，表明微孔和中孔的存在，分布较窄。此外，含有微孔和中孔的制备产品的独特的中空结构可能使离子扩散更容易。

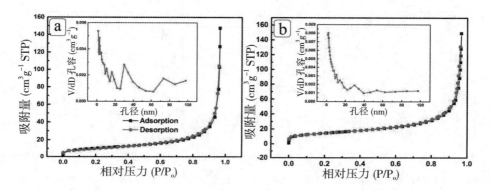

图4-4 （a）Ni(OH)$_2$ HPA；（b）Ni(OH)$_2$ BHPA的N$_2$吸脱附曲线
（a）和（b）分别对应各自的孔径分布

4.1.2.3 ni(OH)$_2$ HPA电催化材料电化学性能测试

通过电化学测试我们研究了在碱性介质中，Ni(OH)$_2$ HPA和Ni(OH)$_2$ BHPA的电化学性能测试，通过CVs、CA和EIS等测试方法对葡萄糖氧化反应的电催化活性进行了研究。图4-5（a）显示Ni(OH)$_2$ HPA和Ni(OH)$_2$ BHPA电极与葡萄糖（0.5 mmol·L^{-1}）的CVs曲线。在0.1 mmol·L^{-1} NaOH溶液中，由于空心结构的坍塌导致比表面积减少，曲线I的氧化还原峰值电流明显高于曲线Ⅱ的峰值电流。随后向溶液中添加葡萄糖（0.5 mmol·L^{-1}），明显观察到两个电极氧化峰电流响应增加（曲线Ⅳ）。Ni(OH)$_2$ HPA电极（曲线Ⅱ）展现出比Ni(OH)$_2$ BHPA电极（曲线Ⅳ）更高的电流响应。并且，Ni(OH)$_2$ HPA电极（0.40 V）过电位是低于Ni(OH)$_2$ BHPA电极（0.44 V），显示出Ni(OH)$_2$ HPA较好的催化能力。通过以上事实表明，Ni(OH)$_2$ HPA拥有更高的活动电催化能力。较高电催化活性的形成的主要原因是由于高电子转移率、大量活性位点和多孔结构所提供的有序孔隙结构。

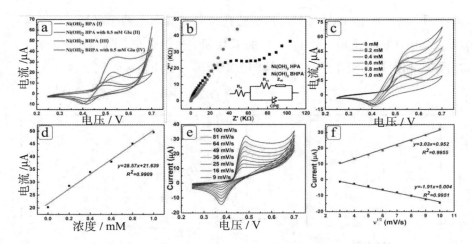

图4-5 （a）Ni(OH)$_2$ HPA（I，II）和Ni(OH)$_2$ BHPA（II，IV）电极对1 mmol·L^{-1}简萄糖（II，IV）和无葡萄糖（I，III）的CV响应；（b）EIS图谱与相对应的拟合电路图；（c）不同滴加浓度葡萄糖的CV图；（d）峰值电流与滴加浓度之间的关系；（e）不同扫速的CV图；（f）峰值电流与扫描速率平方根的关系

Ni(OH)$_2$ HPA电极上的葡萄糖电氧化是由Ni(OH)$_2$/NiOOH氧化还原在碱性介质中驱动，根据电催化氧化机制：

$$Ni(OH)_2+OH^-=NiOOH+H_2O+e^- \tag{1}$$

$$NiOOH+glucose=Ni(OH)_2+gluconicacid \tag{2}$$

为了进一步研究样品在导电性上的"动力学"，在图4-5（b）中，用电化学阻抗谱（EIS）测量了Ni(OH)$_2$ HPA电极和Ni(OH)$_2$ BHPA电极。如表4-1所示，Ni(OH)$_2$ HPA电极具有比Ni(OH)$_2$ BHPA更小的溶液电阻（R_s）和电子转移电阻（R_{ct}）。事实可以归结为空心特性对电子传递动力学的贡献。很明显，得到此Ni(OH)$_2$ BHPA的阻抗（Z_W）更小的Ni(OH)$_2$ HPA，事实可以被认为是超声后有序扩散通道的破坏。综上所述，清楚地显示了Ni(OH)$_2$ HPA电极对电子和传质动力学都比被破坏的样品更有利，这是Ni(OH)$_2$ HPA作为葡萄糖的电催化剂的优势材料。

表4-1 比较Ni(OH)₂ HPA电极和Ni(OH)₂ BHPA的EIS数据

样品	Ni(OH)$_2$ BHPA	Ni(OH)$_2$ HPA
R_S	144 Ω	66 Ω
R_{ct}	99.6 kΩ	33.9 kΩ
Z_w	10.4 μMh$_o$(N=0.89)	61.3 μMh$_o$(N=0.896)

图4-5（c）显示的是Ni(OH)₂ HPA在0.1 mol·L⁻¹ NaOH溶液中，扫描速率为50 mV·s⁻¹，向溶液中依次滴加浓度从0到1 mmol·L⁻¹的葡萄糖显示的CV曲线。从图像中可以看出，电流的信号变化是葡萄糖氧化与溶液反应引起的。与此同时，当葡萄糖被添加后，有一个非常明显的峰值电流，随着葡萄糖浓度的增加，电流反应也随之增加。关于Ni(OH)₂ HPA电极的反应动力学，如图4-5（e）所示，添加0.5 mmol·L⁻¹葡萄糖后在不同的扫描速率下进行CV测试，氧化电流的峰值会随着各种扫描速率的增加而出现增加，而峰值电位则增加到一个更阳极的区域。随着扫描速率的增加，阴极和阳极的峰值电流都会急剧增加，阴极和阳极的峰值电位分别向负极和正极有所增加，从而导致了较大的分离。在9~100 mV·s⁻¹扫描范围内的线性关系如图4-5（f）所示，拟合方程$y=3.032\,4x+0.951\,8$（$R^2=0.9955$），$y=1.9105x+5.004\,2$（R^2-0.995 1），说明电化学动力学是由葡萄糖分子表面吸附控制的典型扩散过程。

为了获得最佳的工作电位，在不同的电位下测试了相同摩尔浓度的葡萄糖的电流响应和对AA的干扰的几组实验。从统计数据图4-6（a），（b）可以看出，在工作电压为0.6 V时，Ni(OH)₂ HPA电极展现出最低干扰AA（4.7%）和最大电流响应葡萄糖（17.9 μA），0.6 V被选为最优的工作电压。图4-6（c）显示的是在0.1 mol·L⁻¹ NaOH溶液中，在葡萄糖浓度的连续升高0.1 mol·L⁻¹ NaOH溶液中，以Ni(OH)₂ HPA为电极的安培反应曲线。当滴加葡萄糖浓度是10 μM时，有明显的响应电流信号，Ni(OH)₂ HPA显示出快速和敏感响应葡萄糖浓度的变化。图4-6（d）显示了基于安培测量结果的Ni(OH)₂葡萄糖传感器的相应校准曲线。它在浓度范围为2.5 mmol·L⁻¹的范围内表现出良好的线性区域，拟合方程为$y=0.129\,6x+16.486$（R^2-0.991）。通过精确的测量和计算无酶葡萄糖传感器的高灵敏度1 843 μAmM^{-1}·cm^{-2}和低检出限为0.38 μmol·L^{-1}通过计算3 N/S。为了进行对比，表4–2列出了Ni(OH)$_2$ HPA电极与其他非酶葡萄糖传感器的分析性能。

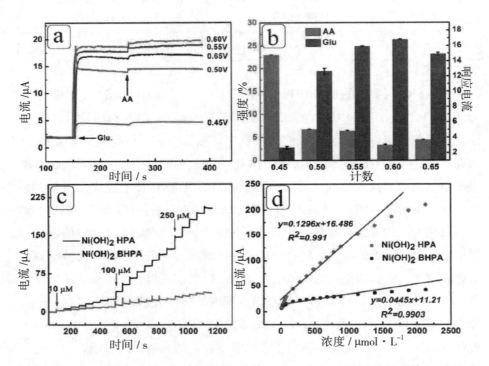

图4-6 （a）添加0.1 mmol·L^{-1}葡萄糖和0.01 mmol·L^{-1} AA时，不同电位下电极的时间电流曲线；（b）不同电位下葡萄糖和AA的响应电流数据；（c）Ni(OH)$_2$HPA和Ni(OH)$_2$BHPA电极典型的时间电流曲线；（d）响应电流与值简糖浓度之间的关系

表4–2　基于Ni(OH)$_2$的非酶葡萄糖传感器的性能比较

电极	灵敏度 (μA·mM^{-1}·cm^{-2})	线性范围 (mmol·L^{-1})	LOD (μmol·L^{-1})
Ni(OH)$_2$ HPA /GCE	1843	0.4 ~ 1.10	0.38
RGO–Ni(OH)$_2$/GCE	11.43	0.002 ~ 3.1	0.6

续表

电极	灵敏度 ($\mu A \cdot mM^{-1} \cdot cm^{-2}$)	线性范围 ($mmol \cdot L^{-1}$)	LOD ($\mu mol \cdot L^{-1}$)
Ni(OH)$_2$/nanoflowers	265.3	0.1 ~ 1.1	0.5
Ni(OH)$_2$/TiO$_2$	192.5	0.03 ~ 14	8
Ni(OH)$_2$nP/MoS$_x$	162	0.01 ~ 1.3	5.8
a–Ni(OH)$_2$nP/FIA	446	0.01 ~ 0.75	3
Ni(OH)$_2$/ECF	1342.2	0.005 ~ 13.05	0.1
Ni(OH)$_2$nP/pBDD	340	0.05 ~ 1	0.4
Ni(OH)$_2$@oPPyNW	1049.2	0.001 ~ 3.863	0.3
Ni(OH)$_2$/Au/GCE	371.2	0.005 ~ 2.2	0.92

利用安倍–电流曲线对Ni(OH)$_2$ HPA葡萄糖传感器的选择性进行了评价。对于人体血液中的葡萄糖来说,抗坏血酸(AA)、尿酸(UA)、乳糖(Lac)、蔗糖(Sucr)、果糖(Frue.)和柠檬酸(CA)等是常见的干扰物质,其含量为人类血清中葡萄糖的正常生理水平约为十分之一。图4-7(a)显示了Ni(OH)$_2$ HPA电极在滴加0.1 mmol·L^{-1}葡萄糖后的电流响应,同时为了证明葡萄糖传感器在人体血液中具有选择性,在向溶液中滴加0.1 mmol·L^{-1}的葡萄糖后,再添加干扰物质后,随后再滴加同样的浓度葡萄糖。从图中我们知道干扰物质对Ni(OH)$_2$ HPA影响要比葡萄糖小很多,说明Ni(OH)$_2$ HPA对于人体血液中的干扰物质具有一定的抗干扰能力。图4-7(b)显示在0.60 V的电压下进行2 400 s测试对0.1 mmol·L^{-1}葡萄糖的电流响应。Ni(OH)$_2$ HPA电极最终的安培响应约为原始部分的92.5%,表明Ni(OH)$_2$ HPA电极的拥有良好稳定性,使Ni(OH)$_2$ HPA传感器成为一种优秀的长期葡萄糖传感器的潜力。此外,达到稳定状态的电流响应时间显示的是不超过2 s,表明我们的传感器对葡萄糖明显的快速反应[图4-7(b)]。在图4-7(c)中,对同一Ni(OH)$_2$ HPA电极对0.1 mmol·L^{-1}葡萄糖的电流响应进行了10次测量,电流响应显示RSD为3.12%,显示出显著的重现性。另外,5个独立制备的Ni(OH)$_2$ HPA电极在0.60 V的电流响应中表现为4.38%。Ni(OH)$_2$ HPA电极除了具有自身的优势结构,灵

敏度高，稳定性好，重现性好，对实际应用具有很大的吸引力。

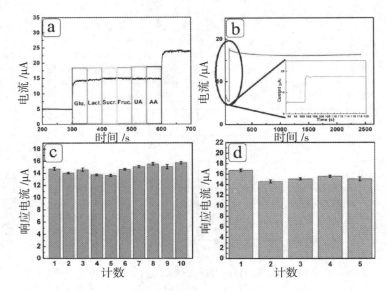

图4-7 （a）Ni(OH)₂ HPA电极的选择性测试；（b）Ni(OH)₂ HPA电极的时间稳定性和运
行稳定性测试；（c）同一个Ni(OH)₂ HPA电极对0.1 mmol·L⁻¹葡萄糖的十次响应；
（d）五个Ni(OH)₂HPA电极对0.1 mmol·L⁻¹葡萄糖的电流响应

4.2　空心多孔Ni化物的制备及其应用

4.2.1　空心多孔NiO的制备及其在葡萄糖电化学传感器中的应用

快速、准确、低成本的葡萄糖检测对临床生物化学、药物分析、食品工业和环境监测具有重要意义。在众多的检测技术中，电化学检测以其灵敏度高、成本低、检测限度低等优点被认为是最方便的检测手段之一。基于TMOs的无酶葡萄糖检测由于其低成本、高灵敏度和高稳定性受到越来越多的关注。其中，NiO凭借在碱性介质中的氧化还原电对（Ni^{3+}/Ni^{2+}）被认为是一种有效的葡萄糖催化剂，在电化学葡萄糖传感器中具有潜在应用价值。一般意义上的NiO纳米颗粒容易团聚，电催化活性位点少，物质传输和电子转移动力学阻力大，性能上无法满足应用的需求。因此，合理设计高活性的NiO仍是我们面临的一项巨大挑战。

对于既定的电催化材料，动力学对催化活性起着决定性作用。根据动力学和微观结构之间的密切联系，提高催化活性可以通过改善比表面积、孔隙结构与形貌特征等微结构来实现。下面以Cu_2O为模板，利用协调蚀刻和沉淀的原理，结合后续热处理法构建了立方NiO HPA。NiO HPA的空心多孔结构为检测提供了较大的接触面积，良好的内部空间，丰富有序的传递通道和高的电子传递效率。与被超声波破坏的NiO HPA（brokenniO hollow porous architecture，以下简称NiO BHPA）相比，NiO HPA电极在葡萄糖检测方面表现出更高的灵敏度和更低的检测限。

4.2.1.1　研究内容和方法

（1）研究内容。

为了在动力学因素的基础上，通过设计和调整材料的微观形貌和精细结构，获得具有高电催化活性的材料，研究内容如下：①以Cu_2O为模板，利用协调蚀刻的原理，结合后续热处理法构建了立方NiO HPA，并研究了NiO HPA的形成机理以及材料微观结构和精细形貌与动力学的关系；②对比研究NiO HPA与NiO BHPA的电催化性能，表明NiO HPA具有更高的电催化活性，以此证明设计理念的可行性；③研究了NiO HPA作为葡萄糖传感器的选择性、再现性、稳定性，证明了其作为葡萄糖电极的实用性；④将NiO HPA电极材料应用于人体血清中葡萄糖的检测，进一步证实了其商业价值。

（2）研究方法。

Cu_2O模板制备过程：在55 ℃搅拌条件下，将20 mL NaOH（2 mol·L^{-1}）逐滴加入200 mL $CuCl_2·2H_2O$（10 mmol·L^{-1}）中。0.5 h后，将4 mL的抗坏血

酸（AA，$0.6\ mol \cdot L^{-1}$）缓慢滴入上述溶液中。反应3 h后离心洗涤。

NiO HPA制备过程：Cu_2O（10 mg）和$NiCl_2 \cdot 6H_2O$（3 mg）均匀分散到10 mL乙醇–水混合溶剂（体积比为1：1）中，超声7 min。然后加入0.33 g PVP（分子量40 000），剧烈搅拌30 min，将4 mL $Na_2S_2O_3$（$1\ mol \cdot L^{-1}$）溶液滴入混合溶液中，反应在室温下进行3 h，直到悬浮液由红色变为浅绿色。$Ni(OH)_2$前驱体经温热的乙醇/水多次洗涤，室温干燥。在空气氛围中以升温速率1 ℃/min至400 ℃保温2 h。NiO HPA通过2 h的强超声波处理得到NiO BHPA。

电化学测试：电化学测试采用活性物质修饰的玻碳电极（GCE，φ=3 mm）为工作电极，Ag/AgCl电极和铂电极（φ=2 mm）为参比电极和对电极。NiO HPA（10 mg）溶解在0.1 mL全氟磺酸与0.9 mL蒸馏水的混合液中。最后，5 μL的混合物滴在预处理的GCE（70.77 $\mu g \cdot cm^{-2}$）上，并在室温下干燥。为了验证NiO HPA的优点，以相同方法制备对比电极NiO BHPA/GCE。通过循环伏安法（CV）、计时电流法（CA）和电化学阻抗谱（EIS）测定电极并评估其催化活性。

4.2.1.2　结果分析

（1）样品表征。

如图4–8（a）XBD分析所示，衍射峰对应于立方NiO（JCPDS.no.47–1049）。利用XPS分析，由图4–8（b）知，产物的主要成分是O和Ni。由图4–8（c），$Ni2p_{3/2}$（855.8 eV）和$Ni\ 2p_{1/2}$（873.5 eV）峰间距为17.7 eV，这是NiO相的特征之一。由图4–8（d），位于529.8 eV的O_1峰对应于ni–OH中的Ni–O键。位于831.3 eV的O_2峰对应于化学吸附氧，羟基和晶格氧，在532.7 eV的O_3峰源于物理和化学吸附的水。

$Ni(OH)_2$前驱体和NiO产物的形貌如图4–9所示。由图4–9（a）、（b）可见，立方NiO的边长约为600 nm。从图4–9（c）可见，NiO HPA由大量相互作用的细小颗粒组成。TEM照片证明了产物的空心立方多孔结构，立方体的壳层厚度约为40 nm，比$Ni(OH)_2$前驱体的厚度更薄（约60 nm）。由HRTEM照片图4–9（f）可知，条纹间距为0.21 nm和0.24 nm的晶面对应于NiO的（200）和（111）晶面。选区电子衍射（SAED）的衍射环由外向内分别对应于NiO（111）、（200）和（220）晶面。此外，图4–9（g）、（h）中的元素分布图和线扫描EDX能谱证明了产物的空心结构。

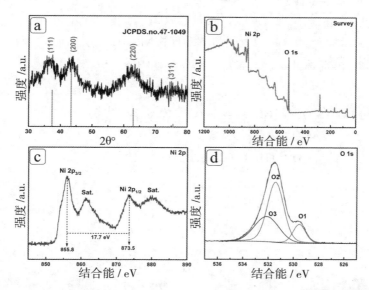

图4-8 （a）产物的XRD图谱；（b）产物的XPS全谱；（c）Ni 2p；（d）O 1s

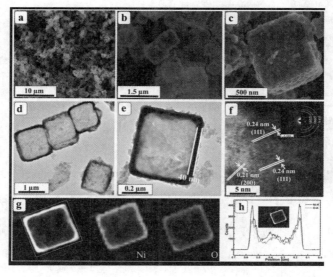

图4-9 （a，b，c）NiO HPA的SEM图片；（d，e）NiO HPA的TEM图片；（f）NiO HPA的HRTEM图像；（g）NiO HPA的EDXmapping照片；（h）NiO HPA的EDX 线扫描数据

　　为了了解形成机理，我们制备了不同反应时间的样品[图4-10（a）]。经过形貌观察，空心结构的形成机理如下：Cu⁺优先与$S_2O_3^{2-}$结合形成可溶性$[Cu_2（S_2O_3^{2-}）_x]^{2-2x}$[反应（1）]，同时释放$OH^-$；部分$S_2O_3^{2-}$水解生成$OH^-$[反应（2）]；反应（1）和（2）同步驱动促进$Ni(OH)_2$壳层的形成[反应（3）]。通过对$Ni(OH)_2$前体的煅烧，最终获得了NiO HPA。·

$$Cu_2O+ xS_2O_3^{2-}+H_2O \longrightarrow [Cu_2（S_2O_3）_x]^{2-2x}+2OH^- \tag{1}$$

$$S_2O_3^{2-}+H_2O \rightleftharpoons HS_2O_3^{2-}+OH^- \tag{2}$$

$$Ni^++2OH^- \longrightarrow Ni(OH)_2 \tag{3}$$

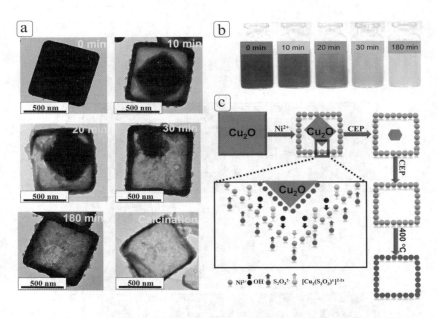

图4-10 （a）产物在不同反应时间的TEM照片；（b）反应体系在不同反应时间的光学照片；（c）形成机理示意图；

　　由图4-11得，NiO HPA比表面为27.08 $m^2 \cdot g^{-1}$，孔体积为0.087$cm^3 \cdot g^{-1}$，孔

隙尺寸在7 nm左右集中分布，这对应于NiO纳米颗粒之间的有序通道。NiO BHPA的比表面和孔体积分别为5.24 $m^2 \cdot g^{-1}$和0.078 $cm^3 \cdot g^{-1}$[图4-11（b）]，相比NiO HPA小得多，并且未观察到集中孔隙分布[图4-11（b）]，这是因为超声处理后原来的空心结构发生了坍塌，有序孔道被破坏，这可能导致电催化活性的降低。

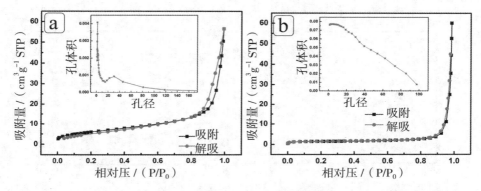

图4-11 （a）NiO HPA的N_2吸附-脱附等温线及对应的孔径分布；（b）NiO BHPA的N_2吸附-脱附等温线及对应的孔径分布

（2）电化学性能。

图4-12（a）是NiO HPA和NiO BHPA电极对1 mmol·L^{-1}葡萄糖的CV响应。氧化还原峰电流曲线III明显高于曲线I，这与空心结构的破碎和比表面的减小有关。加入葡萄糖后，得到曲线II和IV，NiO HPA电极的电流响应高于NiO BHPA。在碱性介质中，Ni^{2+}/Ni^{3+}氧化还原对葡萄糖的电氧化反应机理如下：

$$NiO \longrightarrow Ni^{2+} + O^{2-}$$

$$Ni^{2+} + OH^- \longrightarrow Ni^{3+} + e^-$$

$$Ni^{3+} + glucose \longrightarrow Ni^{2+} + gloconicacid$$

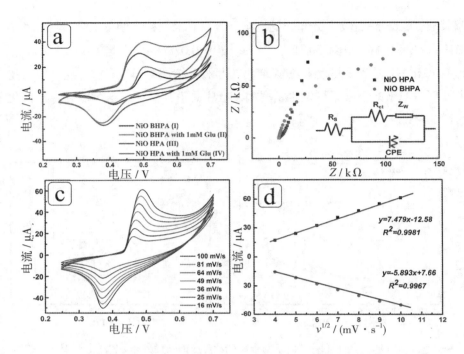

图4-12 （a）NO HPA和NiO BHPA电极对1 mmol·L⁻¹葡萄糖的CV响应；（b）EIS图谱与相对应的拟合电路图；（c）不同扫描速率的CV图；（d）峰值电流与扫描速率平方根的关系

图4-12为NiO HPA和NiO BHPA电极的EIS图，由图分析得，NiO HPA电极比NiO BHPA具有更小的溶液电阻（R_s）和电子转移阻抗（R_{ct}），同时表现出更高的扩散速度。基于以上的EIS讨论，与NiO BHPA相比，NiO HPA电极作为葡萄糖传感器具有更明显的优势。为了判断电极的动力学控制过程，在含有1 mmol·L⁻¹葡萄糖的电解质中记录了不同扫描速率的CV曲线[图4-12（c）]，由图4-12（d）可知，阳极和阴极峰电流与扫描速率的平方根成正比，说明电极过程是典型的扩散控制过程。

（3）NO HPA电极的选择性、再现性和稳定性。

为了获得最优的工作电位，测量了不同电位下的葡萄糖响应和AA的干扰（图4-13）。从图4-13（b）可以看到，0.6 V条件下电极具有最大电流响应和最小的AA干扰。因此，该电极的最佳工作电位为0.6 V。图4-13（c）为NiO HPA和NiO BHPA电极典型的时间电流曲线，随着葡萄糖浓度的增加，

NiO HPA和NiO BHPA的电流响应逐渐增加。图4-13（d）为NiO HPA和NiO BHPA电极的响应电流与葡萄糖浓度之间的关系。可知NiO HPA电极线性范围为0.32~1 100 μM，灵敏度为1323 μA·mM⁻¹·cm⁻²，该值远高于NiO BHPA电极（753 μA·mM⁻¹·cm⁻²）。NiO HPA电极的检测限（LOD=0.32 μM）远低于NiO BHPA（14.2 μM）。我们将NiO HPA电极的性能与其他报道的NiO电极进行了比较（见表4-3）。可以发现，NiO HPA电极对葡萄糖表现出高灵敏度和低检测限，进一步证明了其在电化学葡萄糖传感器中的潜在应用。

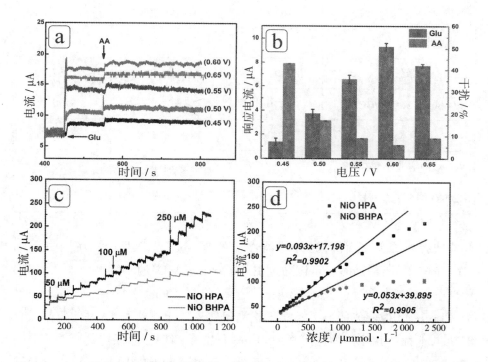

图4-13 （a）添加0.1 mmol·L⁻¹葡萄糖和0.01 mmol·L⁻¹ AA时，不同电位下电极的时间电流曲线；（b）不同电位下葡萄糖和AA的响应电流数据；（c）NO HPA和NiO BHPA电极典型的时间电流曲线；（d）响应电流与葡萄糖浓度之间的关系

表4-3　基于NiO的非酶葡萄糖传感器与报道的电极比较

电极	灵敏度（μA· mM^{-1}·cm^{-2}）	线性范围（mM）	检测限（μM）
NiO HPA /GCE	1323	0.0025 ~ 1.10	0.32
NiO/GCE	67.34	0.076 ~ 3.0	25.35
Pt/NiO/石墨烯/GCE	668.2	0.002 ~ 5.66	0.2
刺状niO	1052.8	0.1 ~ 50（μM）	1.2
Pt–NiO 纳米纤维/GCE	180.8	高达 3.67	0.313
Ag/NiO 纳米纤维	19.3	高达 0.59	1.37
NiO–Ag 纳米纤维/GCE	170	高达 2.63	0.72
NiO 空心纳米球	343	1 500 ~ 7 000	47
NiO–CdO纳米纤维/GCE	212.71	Up to 6.37	0.35
Cu/NiO 纳米复合材料	171.8	0.5 ~ 5	0.5

　　选择性是评价葡萄糖传感器性能的重要指标。因此，在测量添加 0.1 mmol·L^{-1}葡萄糖时，可以通过引入0.01 mmol·L^{-1}的干扰物种来评估NiO HPA电极的选择性。如图4-14（a）所示，乳酸（Lact.）、蔗糖（Sucr.）、果糖（Fruc.）和尿酸（UA）不会干扰测量，主要干扰物种AA对葡萄糖只有8.7%的干扰。此外，第二次添加50 μmol·L^{-1}葡萄糖仍然保持其原始响应的（89 ± 0.2）%，表现出良好的抗干扰性。通过对30天内0.1 mmol·L^{-1}葡萄糖的响应电流记录[图4-14（b）]，最终的响应仍然保留了初始响应的83.13%，说明NiO HPA电极在室温下具有优异的稳定性。图4-14（b）的插图为NiO HPA电极对0.1 mmol·L^{-1}葡萄糖在2 000 s内的电流响应，经2 000 s信号损失约为9.82%。5个独立制备的NiO HPA电极在0.6 下对0.1 mmol·L^{-1}葡萄糖响应的RSD约为3.12%。此外，记录了十次同一个NiO HPA电极对0.1 mmol·L^{-1}葡萄糖的电流响应，其RSD约为2.36%，展示出优秀的重现性。

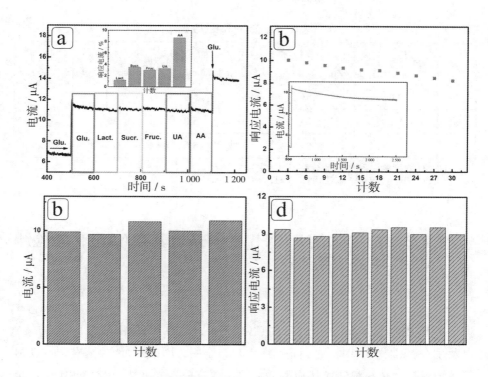

图4-14 （a）NiO HPA电极的选择性测试；（b）NiO HPA电极的时间稳定性和运行稳定性测试；（c）5个NiO HPA电极对0.1 mmol·L⁻¹葡萄糖的电流响应；（d）同一个NiO HPA电极对0.1 mmol·L⁻¹葡萄糖的10次响应

（4）人血清中葡萄糖的检测。

　　为了进一步考量该电极的应用性，我们将NiO HPA电极用于检测人体血液中的葡萄糖浓度，并与医疗设备测试结果进行了比较（表4-4）。该血清样本由当地医院检验科提供，在测量前用碱性电解质稀释10倍。测量时采用加入法，记录该血清在0.6 V的响应电流，根据工作方程计算相应的葡萄糖浓度。结果表明，NiO HPA电极测量结果的RSD约为2.85%。此外，NiO HPA电极可获得92%至102%的回收率，进一步证明了该电极的实用性。

表4-4　血清葡萄糖检测

样本	医用设备结果（mmol·L^{-1}）	NiO测量（mmol·L^{-1}）	RSD（％）	加入量（mmol·L^{-1}）	增加后（mmol·L^{-1}）	回收率（％）
1	3.6	3.5	2.85	5.0	8.4	98
2	5.1	5.2	2.93	5.0	9.8	92
3	7.6	7.5	3.84	5.0	12.6	102

①所有浓度测试和RSD计算都基于5次独立测量。
②回收率=（添加后–添加前）/添加×100％。

4.2.2　立方空心Ni (OH)$_2$的制备及其在AA电化学检测中的应用

L-抗坏血酸（AA）俗称维生素C，在人和动物的免疫能力、反应能力以及生命基础物质代谢等方面起着巨大的作用，因此对AA的精准定位就显得尤为重要。传统检测抗坏血酸的方法主要有分光光度法、荧光测定法、色谱法及酶触法等，这些检测方法操作复杂、成本高，难以实现微型化，便携化和市场化的要求。电化学传感器因其高效的选择性、精准的灵敏度和低廉的价格受到了人们的广泛关注。其中电催化材料的催化效率直接决定了电化学传感器的各项性能指标，所以研发具有高催化活性的电化学传感器对AA精确检测具有重大意义。

Ni(OH)$_2$作为过渡金属氢氧化物具有储量大、价格低廉等资源优势，Ni^{2+}/Ni^{3+}氧化还原所提供的高活性电子能够使材料获得较高的电催化活性。受到动力学原理启发，形貌调控是改善纳米电催化材料催化活性的有效方法，通过调整纳米材料的微观形貌(花状、空心、片状、线状等)可以实现对电子转移机制的控制，从而加速电子迁移；通过对纳米材料精细结构（比表面积、孔隙率、孔径分布等）的控制可以实现对物质传输因素的调控，加速扩散、吸附和脱附等物质传输进程，从而有效改善纳米材料的电催化动力学因素，提高电催化活性。

下面以氧化亚铜为模板，利用硫代硫酸钠实现对模板的腐蚀和Ni(OH)$_2$

的自组装，设计合成立方空心Ni(OH)$_2$电催化材料，从而获得了对AA的高催化活性。与破损对比样相比，立方空心Ni(OH)$_2$表现出更高的灵敏度和更低的检测下限。立方空心结构的构建为高效纳米电催化材料的开发提供了一种有效的方法。

4.2.2.1　实验概述

（1）样品制备。

在55 ℃水浴加热条件下，首先在CuCl$_2$·2H$_2$O（100 mL，0.01 mol·L^{-1}）溶液中缓慢滴加10 mL NaOH溶液（2 mol·L^{-1}），反应30 min后，再向溶液中缓慢滴加10 mL抗坏血酸（0.6 mol·L^{-1}），反应3 h，最后将砖红色的产物Cu$_2$O离心，在50 ℃的真空条件下进行干燥。

将10 mg立方Cu$_2$O和3 mg NiCl$_2$·6H$_2$O混合倒入10 mL乙醇/水（1∶1）进行超声分散。再添加0.33 g聚乙烯吡咯烷酮（PVP，Mw=40 000），搅拌30 min。然后在室温下缓慢滴加4 mL Na$_2$S$_2$O$_3$（1 mol·L^{-1}）溶液。反应3 h后，离心收集样品并在真空烘箱内烘干，得到立方空心结构的Ni(OH)$_2$。将立方空心Ni(OH)$_2$在超声波清洗仪中超声30 min，得到破损结构的Ni(OH)$_2$。

（2）样品的性能及表征。

样品的微观结构和形貌采用扫描电子显微镜（SEM，FEI Quanta 250，Zeiss Gemini 500）和透射电子显微镜（TEM，FEI F20）观察；晶体结构和元素组成采用X射线粉末衍射仪（XRD，Rigaku D/Max-02400）。电化学性能测试使用电化学工作站（μIII Autolab）在配制好的0.1 mmol·L^{-1} NOH溶液中进行。参比电极和对电极分别为Ag/AgCl（饱和氯化钾溶液）和Pt电极（φ=2 mm），修饰过的玻碳电极（GCE，φ=3 mm）为工作电极。玻碳电极在使用之前用不同粒径的Al$_2$O$_3$抛光粉进行抛光，然后用移液器量取5 μL配制好的样品悬浮液（10 mg·mL^{-1})滴涂于玻碳电极表面，自然晾干，待用。所有测量均在室温下测试。

4.2.2.2　结果讨论

（1）物相结构分析。

图4-15给出了样品的XRD图，从图4-15可以看出，所得到的强衍射峰

与标准卡片（JCPDS-14-0117）对应，说明得到的产物Ni(OH)$_2$。

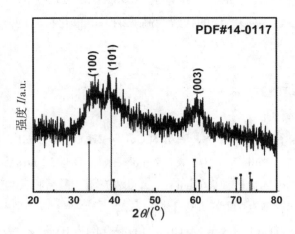

图4-15　立方空心Ni(OH)$_2$的X光衍射图

（2）形貌分析。

图4-16（a）是立方空心Ni(OH)$_2$的SEM照片，立方空心Ni(OH)$_2$尺寸均匀且结构完整，在高能热场电镜下表现出半透明状态，具有中空的特点。样品Ni(OH)$_2$完整的复制了Cu$_2$O立方结构，在冷场电镜下可以看到立方空心Ni(OH)$_2$表面粗糙，呈现出多孔结构[图4-16（b）]，这种结构有利于电解液中待测物的扩散和中间产物的脱附吸附。图4-16（c）、（d）是样品Ni(OH)$_2$的TEM照片，样品呈立方空心结构。可以从图4-16（d）看出，样品Ni(OH)$_2$其边缘长度约为600 nm，薄壁的厚度是约40 nm。空心立方结构提供足够的活性位点和大量的有序孔道，并且中空薄壳结构缩短了电子传输距离，加快了传输速率，从而提高了材料的电催化活性。

立方空心Ni(OH)$_2$主要是由硫代硫酸钠腐蚀模板和Ni(OH)$_2$的自组装过程形成。在超声条件下，Ni^{2+}会首先吸附在Cu$_2$O的表面，当S$_2$O$_3^{2-}$进入体系后，就会立刻腐蚀Cu$_2$O，生成可溶性[Cu$_2$(S$_2$O$_3^{2-}$)$_x$]$^{2-2x}$和OH$^-$[方程（1）]；同时S$_2$O$_3^{2-}$在水中会发生部分水解释放出OH$^-$[方程（2）]。最后，OH$^-$与在Cu$_2$O表面的Ni^{2+}结合生成Ni(OH)$_2$[方程（3）]。所以只有当S$_2$O$_3^{2-}$从外部扩散到内部空间的速率等于Cu$_2$O腐蚀速率与[Cu$_2$(S$_2$O$_3^{2-}$)$_x$]$^{2-2x}$的传输速率，OH$^-$从内部扩散到外部的速率也等于Ni(OH)$_2$的生成速率，才能协调控制Ni(OH)$_2$的生成速率和Cu$_2$O蚀刻速率形成完整的空心立方结构[8]。

图4-16 (a，b) 不同倍数下样品的SEM图片，(c，d) 不同倍数下样品的TEM图片

$$Cu_2O + xS_2O_3^{2-} + H_2O \longrightarrow [Cu_2(S_2O_3)_x]^{2-2x} + 2OH^- \tag{1}$$

$$S_2O_3^{2-} + H_2O \longrightarrow HS_2O_3^- + OH^- \tag{2}$$

$$Ni^{2+} + OH^- \longrightarrow Ni(OH)_2 \tag{3}$$

4.2.2.3 电化学性能测试

为了验证立方空心显微结构对电催化性能的影响，我们引入了破损Ni(OH)$_2$作为对比样品同立方空心Ni(OH)$_2$进行电化学性能测试。首先运用循环伏安法对样品的电化学性能进行检测，图4-17（a）为立方空心和破损的Ni(OH)$_2$电极在0.1 mol·L^{-1} NaOH溶液中添加1mmol/LAA前（曲线Ⅱ，Ⅳ）后（曲线I，Ⅲ）循环伏安的变化。结果显示，立方空心Ni(OH)$_2$电极前后电流变化较

大并且曲线明显高于破碎Ni(OH)$_2$电极。另外立方空心Ni(OH)$_2$电极对AA氧化的起始电位（0.46 V）明显低于破损Ni(OH)$_2$电极电位（0.49 V），说明立方空心Ni(OH)$_2$电极催化活性更高。图4-17（b）记录了在含有1 mmol·L^{-1} AA的电解液中不同的扫描速率（9~100 mV·s^{-1}）下的循环伏安曲线。可以明显的看出，立方空心Ni(OH)$_2$电极的峰电流随扫描速率的增加而增大，氧化还原峰电流与相应的扫描速率的平方根呈现良好的线性关系[图4-17（c）]，这说明AA在电极表面的电催化是一个典型的扩散控制过程。为了获得最佳的工作电压，用时间-电流曲线测试样品在不同电压下对AA的响应[图4-17（d）]，结果发现在电压为0.55 V时，立方空心Ni(OH)$_2$电极对AA响应最高，所以选择0.55 V为工作电位。

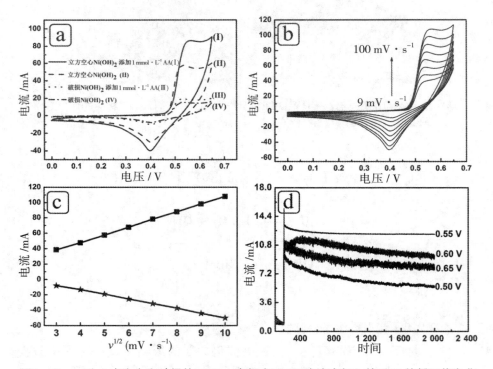

图4-17　(a)为立方空心和破损的Ni(OH)$_2$电极在NaOH溶液中加入前后AA的循环伏安曲线；(b)加入抗坏血酸后不同扫速下的循环伏安曲线；(c)阳极/阴极峰电流与扫描速率的平方根的拟合直线图；(d)时间-电流曲线测试在不同电压下对AA响应

在0.55 V外加电压下以相同的搅拌速率连续向50 mL 0.1 mol·L^{-1} NaOH溶液中添加不同浓度AA进行时间–电流曲线测试。从图4-18（a）中可以看到，当向体系中加入0.1 mmol·L^{-1} AA的时候，电流的响应信号迅速增大，表明样品对AA的氧化有很好的催化能力，并且立方空心比破损的Ni(OH)$_2$表现出更高的响应电流，说明该电极对AA检测有着更高的灵敏度。图4-18（b）是由[图4-18（a）]延伸计算而来，可以判断出立方空心Ni(OH)$_2$电极在0.025～1 200 μM时，响应电流与浓度呈线性关系，其线性回归方程为I=0.1186 x+25.32 [I(μA)；x(μM)；]，线性相关系数R^2=0.993 2，检测限为0.25 μmol·L^{-1}（信噪比S/N=3），灵敏度为1 678 μA·cm^{-2}·mM^{-1}，与所报道的AA检测电极相比，该电极拥有更高的灵敏度（表4-5）。

表4-5　比较基于不同材料电极的AA传感器性能

电极材料	灵敏度 (μA·cm^{-2}·mM^{-1})	线性范围 (μM)	检出限 (μM)
聚苯胺/石墨箔电极	201.12	1.7~2 000	1.7
OPPy–PdNPs /金电极	570	1~520	1
Carbon–PdNi /玻碳电极	760.6	10~1 800	1
NiO/玻碳电极	67.34	0.076~3.0	25.35
Pt–NiO/玻碳电极	180.8	0.313~3.67	0.313
Ag–NiO/玻碳电极	170	0.72~2.63	0.72
空心立方Ni(OH)$_2$/玻碳电极	1678	0.025~1 200	0.25

通过时间–电流曲线测试对常见的干扰物如多巴胺（DA）、蔗糖（Sucr.）、果糖（Fruc.）和尿酸（UA）进行测定。测试结果如图4-18（c）所示，立方空心Ni(OH)$_2$电极的选择性可以通过添加相同浓度的干扰物来评估。立方空心Ni(OH)$_2$电极在0.55 V条件下，只有多巴胺（4.5%）和蔗糖（5.4%）对AA检测存在轻微的干扰。此外，第二次添加1 mmol·L^{-1} AA后保留了最初响应的98%，展现了该电极优良的选择性和抗毒化性。电催化材料电极在长时间且频繁使用后能否继续保持优秀的性能是衡量电催化材料电催化性能的重要指标之一。为了验证所制备的立方空心Ni(OH)$_2$电极的稳定性，我们将电极对1 mmol·L^{-1} AA响应电流在常温常压下持续观察2 500 s，结果记录如图

4-18（d）所示。经过了2 500 s的持续测试后，电极仍然保持97%的响应电流，展现了优秀的稳定性。

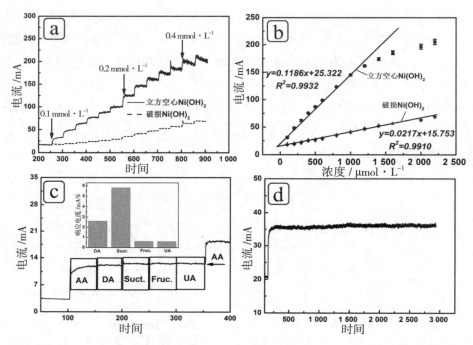

图4-18　(a)立方空心和破损的Ni(OH)₂对不同浓度AA时间–电流检测，(b)立方空心Ni(OH)₂对AA的响应电流与浓度的关系曲线，(c) 立方空心Ni(OH)₂抗干扰测试，(d)立方空心Ni(OH)₂电极稳定性测试

4.3　Co₃O₄笼状空心纳米材料的制备及其电催化活性研究

葡萄糖传感在临床诊断、生物技术、化学诊断以及食品分析中都具有重

要意义。虽然已经开发了许多技术来测定葡萄糖浓度，但由于其高灵敏度和时间效率，电化学技术仍然是有效的方法。葡萄糖氧化酶（GOx）通常作为电极，通过监测葡萄糖电氧化过程中产生的H_2O_2来检测葡萄糖。尽管高选择性，基于GOx的电化学传感器仍然受到高成本和恶劣环境下的不稳定的影响。TMOs被认为是解决这些挑战的理想替代品，因为它们是地球上含量丰富的物质，物理化学稳定性并且内在的电催化活性来自于氧化还原的金属元素。然而，传统TMOs的整体电催化效率仍然不能满足应用的要求，特别是活性和工作稳定性。因此，合理设计高活性、稳定的TMOs电催化剂用于葡萄糖是十分可取。近年来，纳米结构的TMOs在葡萄糖的电催化过程中引起了大量的关注。

然而，传统形式的聚合颗粒的纳米材料在电催化应用中一般没有明显的优势。由于活性位点不足、高质量转移性和高界面阻力的有限动力学是其使用的持续性障碍。受电催化动力学与微观结构的最终关系的启发，通过对微观结构的调整，如表面积、孔隙结构和形态特征等，可以实现所需的电催化活性。

为了解决这些问题，我们结合之前的$Ni(OH)_2$ HPA，NiO HPA的聚合纳米颗粒纳米材料的研究，通过调查研究发现，可以采用积木设计来优化纳米结构TMOs的电催化活性。考虑到2D材料的优点，将构建二维片状结构构建成分层配置，这样的策略为获取高活性的TMOs提供了一种高效的方法。此外，构建结构中空的方法可以进一步提高稳定性和活性。中空多孔结构所提供的可用空间不仅为传质提供了渗透扩散通道，而且在电催化过程中也提供了额外的空隙来容纳体积变化和结构应变，从而提高了活性和稳定性。因此，通过采用二维构件的空心分层结构设计，可以获得高活性、稳定的TMOs电催化剂。

Co_3O_4是一种典型离子型半导体，其同时拥有阳极极性位点（2个Co^{2+}，2个Co^{3+}和4个O^{2-}）和阴极极性位点（Co^{3+}和四个O^{2-}）。极性位点的多样性有利于检测在电催化反应中产生的电荷，说明在设计葡萄糖电化学传感器方面具有广阔的应用前景。在此工作中，通过集成大规模纳米薄片，构建了具有中空层次结构的Co_3O_4，以提高其活性和稳定性。Co_3O_4 HHA提供了大的比表面积、大量的传质通道、分布良好的孔结构和高的电子转移效率。从上述优点中得到的Co_3O_4 HHA在高灵敏度和在碱性溶液稳定性方面具有良好的电催化活性。空心分层结构的构建为高活性纳米结构电催化剂的设计提供了广阔的前景。

4.3.1　Co_3O_4笼状空心纳米材料的制备

模板Cu_2O的合成：将10.0 mL NaOH溶液（2 mol·L^{-1}）缓慢加入$CuCl_2·2H_2O$（100 mL，0.01 mol·L^{-1}）溶液中，55 ℃水浴加热。30 min后，加入抗坏血酸10.0 mL（0.6 mol·L^{-1}）。反应3 h后离心洗涤，然后在40 ℃真空环境下干燥12 h（图4-19）。

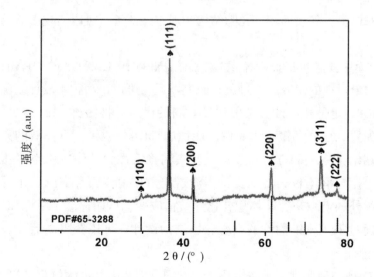

图4-19　模板Cu_2O的XRD图

Co_3O_4笼状空心结构（Co_3O_4 HHA）的合成：将10 mg立方Cu_2O和8 mL $CoCl_2·6H_2O$混合倒入10 mL乙醇/水（1∶1）混合后进行超声分散。然后添加0.33 g聚乙烯吡咯烷酮（PVP，mw=30 000），搅拌30 min。随后，在室温下

缓慢滴加4 mL Na$_2$S$_2$O$_3$（1 mol·L^{-1}）溶液（1 min内）。反应3 h后，离心收集Co(OH)$_2$并在烘箱内烘干。最后，前体用管式炉以1 ℃/min升温至500 ℃，煅烧2 h得到笼状空心Co$_3$O$_4$。通过超声处理（40 kHz, 150 W）Co$_3$O$_4$ HHA悬浮液（5 mg·mL^{-1}乙醇），获得了破损的Co$_3$O$_4$ HHA（Co$_3$O$_4$ BHHA）。

4.3.2　电化学测试

循环伏安法（CV）和测量电流的测试被执行在0.1 mol·L^{-1}氢氧化钠溶液μIIIAutolab电化学工作站。分别用Ag/AgCl（饱和的KCl）和铂盘电极作为参考和对电极。Co(OH)$_2$前体、Co$_3$O$_4$ HHA和Co$_3$O$_4$ BHHA修饰玻碳电极（GCE，φ=3mm）被应用于工作电极。电化学阻抗谱（EIS）测试0.01 Hz ～ 100 KHz进行，在PGSTAT128NAutolab电化学工作站中，在0.1 mol·L^{-1} NaOH溶液中，微扰幅值为5mV与开环电位之间。

工作电极的制备的方法：工作电极GCE预处理好之后，将5 μL Co$_3$O$_4$ HHA（1 mg·mL^{-1} 0.1w%电解质溶液中）滴在GCE上（70.8 μg·cm^{-2}）最后由红外干燥。Co(OH)$_2$前体和Co$_3$O$_4$ BHHA在相同条件下制备获得电极。

4.3.3　Co$_3$O$_4$笼状空心纳米材料的基本表征与分析

如图4-20（a）所示，在前驱体Co(OH)$_2$中未观察到明显的衍射峰，在煅烧前表现出非晶态特性。在煅烧后，对5个衍射峰进行了清晰的研究，并将衍射图谱与42-1467号的标准JCPDS卡进行了索引。此外，利用XPS测定了Co$_3$O$_4$ HHA的元素组成和氧化态。在测量光谱[图4-20（b）]中发现了一系列与Co、O和C物种有关的强峰，揭示了产品的主要化学元素。如图4-20（c）所示，在Co 2p光谱中检测到含有Co^{2+}和Co^{3+}的两种Co种（具体数据详见表4-6的拟合线）。在797.1 eV和781.4 eV上的拟合峰与Co^{2+}作了索引，

7 794.7 eV和779.7 eV的峰值可以被编入Co^{3+}约803.2 eV和786.4 eV的峰值分别对应于Co $2p_{1/2}$和Co $2p_{3/2}$的振动峰。Co（Co^{2+}和Co^{3+}）的混合氧化态为葡萄糖的电氧化提供足够的活性位点，提高对电子的检测灵敏度。以O_1、O_2和O_3为标记的3个O在O 1s的高分辨率光谱中进行了研究（见表4-7中的拟合线）。O_1的拟合峰位于529.8 eV 附近，是典型的金属氧键。在531.6 eV的结合能上，O_2峰值与Co_3O_4中含有低氧协调的缺陷位点有关。O_3峰值为532.5 eV，可归因于在地表或接近地表的化学和化学物质的多样性。XRD和XPS的结果证实了Co_3O_4的成功制备。

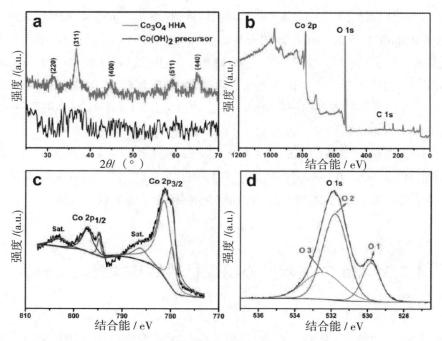

图4-20 （a）样品的XRD图像；（b ~ d）合成的Co_3O_4的XPS图谱；
（b）全谱；（c）Co 2p；（d）O ls

表4-6 Co 2p的XPS拟合线

峰值	位置 (eV)	FWHM^a (eV)	区域
Co 2p$_{3/2}$(Co^{3+})	779.7	1.3	24 693.8
Co 2p$_{1/2}$(Co^{3+})	794.7	1.2	8 914.7
Co 2p$_{3/2}$(Co^{2+})	781.4	3.0	98 923.2
Co 2p$_{1/2}$(Co^{2+})	797.1	3.3	37 030.7
Sat. (Co 2p$_{3/2}$)	789.4	5.7	53 381.8
Sat. (Co 2p$_{1/2}$)	803.2	5.5	34 820.6

^{a}Full width half maximum，半峰全宽。

表4-7 O 1s的XPS的拟合线

峰值	位置 (eV)	FWHM^a (eV)	区域
O1	529.8	1.0	23 640.7
O2	531.6	1.3	75 734.9
O3	532.5	1.3	54 103.6

^{a} Full width half maximum，半峰全宽。

图4-21（a）、（b）是产物SEM照片，产物在热场电镜下表现出半透明状态，可以清晰地观察到Co(OH)$_2$具有中空的特点。Co(OH)$_2$的立方结构复制了Cu$_2$O的立方结构，并且表面呈粗糙、多孔形貌。如图4-21（c）所示，Co(OH)$_2$前体的表面是由大量的纳米片相互交织形成，纳米片之间的空隙提空了大量的孔道结构，有利于电解液和待测物的扩散和中间产物的脱附。图4-21（d）中Co(OH)$_2$前体的TEM图像证明了其为立方空心结构。可以从图4-21（e）中看到，Co(OH)$_2$空心立方体的边缘长度约500 nm且壳壳厚度约80 nm。其外壳是由纳米片交错形成的结构，纳米片向外扩展出几十纳米，为电解液与分析物建立了丰富的扩散与渗透路径。在图4-21（f）中，通过选区电子衍射（SAED）图中可以判断前驱体为非晶结构，这与XRD的结果非常一致。

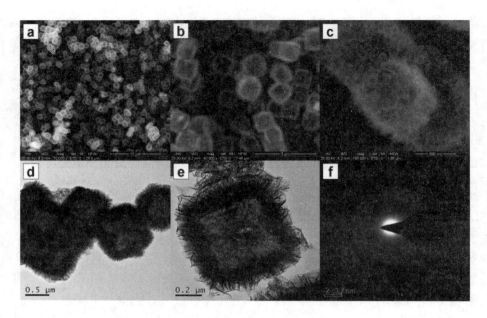

图4-21　Co(OH)$_2$前体的SEM（a，b，c）和TEM（d，e）照片：（f）是Co(OH)$_2$前体的
SAED衍射环

从图4-22（a）可以观察到Co(OH)$_2$前体煅烧后有轻微的团聚，虽然在图4-22（b）中发现了几个破碎的立方体，但大部分产物都维持了立方体结构。煅烧后，Co$_3$O$_4$表面仍然呈片状特征，保留了较大的比表面积和丰富的扩散路径，这有利于提高电化学活性。从图4-22（e）中能明显观察到空心多孔的结构，其表面的片状特征也得到进一步的证实。经过对立方体结构的仔细观察，煅烧后薄片的生长密度显著降低，延伸长度明显缩小。在图4-22（f）的HRTEM图像中，能够清楚地观察到两种晶格间距，0.286 nm和0.467 nm这两个值分别与Co$_3$O$_4$（220）和Co$_3$O$_4$（111）的晶格间距吻合。图4-22（g）～（i）中的HAADF-STEM图像清晰地揭示了制备Co$_3$O$_4$的立方空心壳壳特征。如图4-22（h）～（j）所示，元素的映射和线扫描EDX光谱显示了O和CO的均匀近表面分布，再次证实了空洞的多孔结构。

图4-22　立方笼状Co$_3$O$_4$的SEM（a，b，c）和TEM（d，c）照片；（f）立方笼状Co$_3$O$_4$的SAED衍射环

　　为了研究Co$_3$O$_4$的形成过程，我们拍摄了一系列不同反应时间的光学照片，结果如图4-23（a）所示。第一瓶溶液里，砖红色Cu$_2$O立方体均匀地分散在水和乙醇（1∶1）含有PVP存在的溶液中。随着反应的进行、反应体系的颜色逐渐变浅，同时伴随着浅绿色Co(OH)$_2$沉淀产生。将5 min和15 min产生的沉淀离心后用TEM测试进一步了解其形成过程。图4-23（b）为反应5 min的透射图，部分空心方块与外壳分离，优先腐蚀发生在Cu$_2$O模板的菱角处。反应30 min后的透射图如图4-23（c）所示，笼状Co(OH)$_2$内部CuO逐渐消失，进一步证实了笼状Co$_3$O$_4$表面的多孔结构。

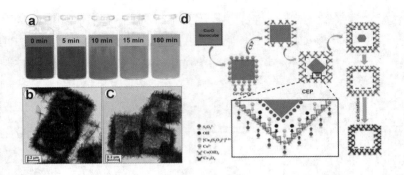

图4-23 （a）添加4 mL Na$_2$S$_2$O$_3$后不同时间的光学照片；（b）分层Co$_3$O$_4$架构的形成原理机制；（e，d）Co(OH)$_2$反应5 min（c）和15 min（d）的透射照片

上述讨论的形成机制见图4-23（d），主要原理是由S$_2$O$_3^{2-}$所带来的"协调蚀刻和沉淀"（CEP）原理。在超声条件下，Cu$_2$O 的表面首先会吸附Co^{2+}。一旦S$_2$O$_3^{2-}$进入，Cu$_2$O的腐蚀会立刻发生，可溶性[Cu$_2$（S$_2$O$_3^{2-}$）$_x$]$^{2-2x}$也会生成（方程1），主要是由于Cu$^+$和S$_2$O$_3^{2-}$之间的软相互作用和Cu$^+$和O^{2-}之间的软硬交互作用要强。

同时，Cu$_2$O的协调蚀刻和S$_2$O$_3^{2-}$的部分水解释放OH$^-$（方程2），它们与Co^{2+}促进了Co(OH)$_2$的生成（方程3）。这在CEP传质过程中起着重要的作用。S$_2$O$_3^{2-}$从外部到内部空间的扩散速率表明了Cu$_2$O蚀刻速率与[Cu$_2$(S$_2$O$_3^{2-}$)$_x$]$^{2-2x}$的传输速率，而OH$^-$从内部到外部的扩展速率代表了Co(OH)$_2$的生长速度。同步控制Co(OH)$_2$的沉淀率和Cu$_2$O蚀刻速率才能形成Co(OH)$_2$空心立方结构。最后通过对笼状Co(OH)$_2$煅烧得到Co$_3$O$_4$ HHA。

$$Cu_2O+xS_2O_3^{2-}+H_2O=[Cu_2（S_2O_3）_x]^{2-2x}+2OH^- \qquad （1）$$

$$S_2O_3^{2-}+H_2O=HS_2O_3^{2-}+OH^- \qquad （2）$$

$$Co^{2+}+2OH^-=Co(OH)_2 \qquad （3）$$

如图4-24所示，用N$_2$吸附-脱附等温线和Barett-JoynerHalenda（BJH）孔径分布来表征Co$_3$O$_4$ HHA的比表面积和孔隙率。表4-8展示了Co(OH)$_2$前体、

Co$_3$O$_4$ HHA和Co$_3$O$_4$ BHHA的BET数据。值得注意的是，Co(OH)$_2$前体有一个62.4 m^2·g^{-1}的比表面积，其孔径分布在20 nm左右。煅烧后，Co$_3$O$_4$ HHA的比表面积和集中孔径分布分别下降到45.7 m^2·g^{-1}和3.2 nm。在煅烧后的纳米薄片的较之前的出现了收缩，可以观察到在TEM图像中比表面积的减少和集中的孔隙大小。Co$_3$O$_4$ BHHA只有12.1 m^2·g^{-1}的比表面积。此外，还对无序孔隙分布特征进行了研究。凹陷的急剧减少和有序孔隙的破坏与空心结构的坍塌有关。

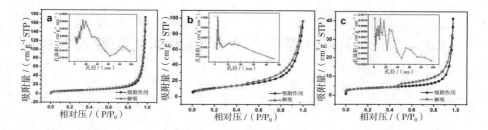

图4-24　（a）N$_2$吸附脱附等温线（b）相应的笼状立方Co$_3$O$_4$的孔隙大小分布

表4-8　样品Co$_3$O$_4$ HHA、Co(OH)$_2$ HHA和Co$_3$O$_4$ BHHA的EIS的比较

样品	Co$_3$O$_4$ HHA	Co(OH)$_2$ HHA	Co$_3$O$_4$ BHHA
R_s	11.2 Ω	82.2 Ω	110 Ω
R_{ct}	10.1 K	22.5 KΩ	74.9 KΩ
Z_w	194 μMh$_o$	122 μMh$_o$	80.5 μMh$_o$

图4-25（a）为Co$_3$O$_4$ HHA、Co(OH)$_2$ HHA分别添加1 mmol·L^{-1}葡萄糖溶液以及空白实验的循环伏安对比图。比较曲线I和III，煅烧后Co$_3$O$_4$的高结晶度使得曲线I中的电流显著增加。在1 mmol·L^{-1}葡萄糖溶液下，Co$_3$O$_4$ HHA电极和Co(OH)$_2$ HHA电极的响应电流分别对应曲线II和曲线IV。然而，Co$_3$O$_4$ HHA电极响应电流高于Co(OH)$_2$ HHA电极的响应电流。此外，葡萄糖氧化的Co$_3$O$_4$电极起始电位（0.34 V）比Co(OH)$_2$电极（0.39 V）低，说明Co$_3$O$_4$电极

的催化活性较高。值得注意的是通过观察曲线II的两对氧化还原峰，氧化还原峰1和2可以归因于Co_3O_4和$CoOOH$可逆变换（方程1），而氧化还原峰3和4是由于$CoOOH$向CoO_2的进一步转变（方程2）。

$$Co_3O_4 + OH^- + H_2O = 3CoOOH + e^- \qquad (1)$$

$$CoOOH + OH^- + OH^- = CoO_2 + H_2O + e^- \qquad (2)$$

4.3.4　Co_3O_4笼状空心纳米材料电催化活性及其机理研究

图4-25为Co_3O_4 HHA电极上的葡萄糖电氧化起始电位为0.34 V，覆盖了CoO_2形成的形成区域。葡萄糖在0.1 mol·L^{-1} NaOH溶液下的电氧化与CoO_2的还原有关，该电极对葡萄糖的电氧化是CoO_2的氧化作用带来的。

$$CoO_2 + CoH_{12}O_6 \xrightleftharpoons{\hspace{1cm}} 2CoOOH + C_6H_{10}O_6$$

图4-25（c）记录了在含有1 mol·L^{-1}葡萄糖的碱性溶液中不同的扫描速率（4~100 mV·s^{-1}）下的CVs。Co_3O_4 HA电极的电流随CVs扫描速率的增加而增大，电流与扫描速率的平方根呈线性关系[图4-25（d）]，是一个典型的散控制过程。

为了测试电极的工作参数，Co_3O_4 HHA电极和$Co(OH)_2$电极在0.6 V时的典型响应电流如图4-26（a）所示。虽然Co_3O_4 HHA和$Co(OH)_2$电极在浓度连续变化的葡萄糖溶液中响应电流都很明显，但是Co_3O_4 HHA电极比$Co(OH)_2$电极响应更高更稳定，证明前者具有更高的电催化活性。从图4-26（d）可以看出，葡萄糖浓度在0~1.9 mol·L^{-1}浓度范围内与响应电流成正比，此时$Co=O_4$ HHA电极的灵敏度为839.3 μA·mM^{-1}·cm^2，高于$Co(OH)_2$电极（652.5 μA·mM^{-1}·cm^2）。

中空多孔结构具有巨大的比表面积，它提供了较大的Co$_3$O$_4$ HHA与分析物之间的接触面积。此外，纳米片之间空隙给葡萄糖提供了足够的渗透扩散路径，也保证了电极具有较高的电催化活性。为了进行对比，表4-9列出了Co$_3$O$_4$ HHA电极与其他非酶葡萄糖传感器的分析性能。

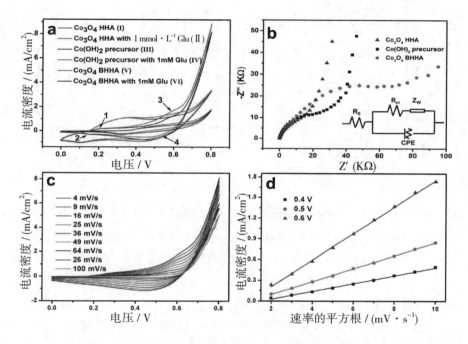

图4-25　（a）Co$_3$O$_4$ HHA、Co(OH)$_2$ HHA添加1 mmol·L^{-1}葡萄糖溶液以及空白实验的循环伏安对比图；（b）葡萄糖在Co$_3$O$_4$ HA电极上的氧化还原作用机制；（c）Co$_3$O$_4$ HA电极在含有1 mmol·L^{-1}葡萄糖的0.1 mol·L^{-1} NaOH溶液条件下不同扫描速度的循环伏安图；（d）电流与扫描速率的平方根之间的关系

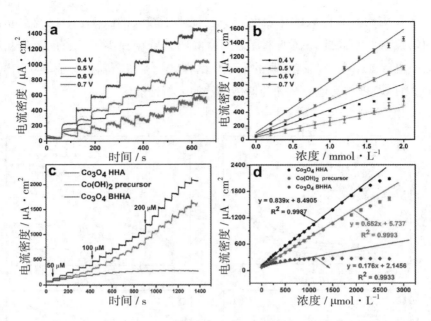

图4-26 （a）Co_3O_4 HHA电极在不同电位下的电流响应；（b）不同电位下葡萄糖浓度
与响应电流之间的关系；（c）Co_3O_4 HHA和Co(OH)$_2$电极0.6 V电位下的时间电流曲线；
（d）Co_3O_4 HHA和Co(OH)$_2$电极响应电流与葡萄糖浓度之间的关系

表4-9 Co_3O_4 HHA电极与其他非酶葡萄糖传感器的分析性能比较

电极	灵敏度($\mu A \cdot mM^{-1} \cdot cm^{-2}$)	线性范围 ($\mu mol \cdot L^{-1}$)	LOD ($\mu mol \cdot L^{-1}$)
Co_3O_4 HHA	839.3	0.53 ~ 1 900	0.53
Co_3O_4nFs	36.25	0.97 ~ 2 040	0.97
Co_3O_4 UHMSA	102.77	100 ~ 5 000	1.84
Co_3O_4nPs	520.7	5 ~ 800	0.13
Co_3O_4nDs/GCE	27.3	500 ~ 4 500	0.8
Co_3O_4nF/GOH	492	250 ~ 10 000	–
Co_3O_4 film	366.03	1 ~ 3 000	1
Co_3O_4/rGO	29.5	1 ~ 380	0.14

电极	灵敏度($\mu A \cdot mM^{-1} \cdot cm^{-2}$)	线性范围 ($\mu mol \cdot L^{-1}$)	LOD ($\mu mol \cdot L^{-1}$)
Co_3O_4nanostructures	27.33	500 ~ 5 000	0.8
Co_3O_4nanowires	300.8	5 ~ 570	5

在测量电流的葡萄糖传感器中，抗干扰性质是最重要的一个性能指标。在0.5 mmol·L^{-1}葡萄糖安培测试中，连续注入各种干扰因素测试Co_3O_4 HHA电极的选择性。对于人体血液中的葡萄糖来说，抗坏血酸（AA）、尿酸（UA）、乳糖（Lact）、蔗糖（Sucr）、果糖（Fruc.）和柠檬酸（CA）等是常见的干扰因素。因此，将六种干扰物分别添加在0.5 mmol·L^{-1}葡萄糖溶液中进行选择性的测试。结果如图4-27（a）所示，只有果糖和尿酸无明显的影响，抗坏血酸和蔗糖的干扰电流分别约为（5.1±0.3）%和（5.4±0.4）%，而乳糖对葡萄糖的检测产生了最大干扰约（7.6±0.4）%。此外，第二次加入的0.5 mmol·L^{-1}葡萄糖仍然保留了约（93.1±0.3）%的电流响应，表明了Co_3O_4 HHA电极具有良好的选择性。良好的选择性可以归因于Co_3O_4 HHA电极与干扰物之间的静电排斥机制。Co_3O_4的等电点约81 341.0.1 mol·L^{-1} NaOH（pH=13）溶液会使Co_3O_4 HHA电极带负电荷，主要的干扰物（AA和UA）在碱性电解液中由于质子的失去也带有负电荷。同时Co_3O_4 HHA电极和干扰物之间因为静电斥力作用会导致Co_3O_4 HHA电极的选择性增强。带负电荷的Co_3O_4 HHA电极允许葡萄糖的穿透和扩散，然而阻碍了带负电荷干扰物的扩散，从而导致电氧化葡萄糖干扰电流的弱化。通过记录30天0.1 mmol·L^{-1}葡萄糖的响应电流来测试其稳定性。如图4-27（b），经过30天后Co_3O_4 HHA电极保留了96.8%的原始响应电流，证明了其卓越的稳定性。如图4-27（c）所示，随着测试时间的电极稳定性无明显衰减，Co_3O_4 HHA电极良好的稳定性与碱性溶液中其结构和理化惰性有关。在相同条件下，通过测量五个Co_3O_4 HHA电极在0.1 mmol·L^{-1}葡萄糖中的响应电流来评估Co_3O_4 HHA电极的重现性，如图4-27（c）所示响应电流的相对标准偏差（RSD）约为6.98%。此外，如图4-27（d）所示测定十次同一电极对0.1 mmol·L^{-1}葡萄糖的响应电流，并且Co_3O_4 HHA电极测试结果RSD为2.01%。因此，Co_3O_4 HHA电极提供

了潜在的实用性，高选择性，可靠的稳定性和良好的重现性，在非酶的电化学葡萄糖传感器设计中展示了广阔的前景。

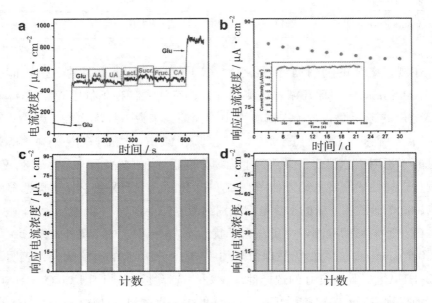

图4-27　（a）Co₃O₄ HHA电极对注入干扰物的电流响应；（b）Co₃O₄ HHA电极长期稳定性的检测；（c）五个Co₃O₄ HHA电极在含有0.1 mmol·L⁻¹葡萄糖溶液中响应电流的测量结果；（d）同一个Co₃O₄HHA电极对0.1 mmol·L⁻¹葡萄期进行十次测量结果

　　为了进一步考量该电极的应用可行性，我们将Co₃O₄ HHA电极用于检测人体血液中的葡萄糖浓度，并与医疗设备测试结果进行了比较（表4-10）。该血清样本由当地医院检验科提供，在测量前用碱性电解质稀释10倍。测量时采用加入法，记录该血清在0.6 V的响应电流，根据工作方程计算相应的葡萄糖浓度。结果表明，Co₃O₄ HHA电极测量结果的RSD约为2.85%。此外，Co₃O₄ HHA电极可获得91.2%至94%的回收率，进一步证明了该电极的实用性。

表4-10 检测人体血液中的葡萄糖

实验	医疗设备测量结果 (mmol·L^{-1})	Co$_3$O$_4$ HHA 测量 (mmol·L^{-1})	RSD (%)	添加量 (mmol·L^{-1})	添加后 (mmol·L^{-1})	恢复 (%)
1	4.41	4.12	4.26	5.0	8.78	93.2
2	5.36	5.72	3.83	5.0	10.28	91.2
3	8.37	7.75	5.01	5.0	12.45	94.0

*恢复 = （添加后－添加前/添加量）×100%。

第5章 笼状分级过渡金属电极的合成及其电化学性能

5.1 IE Co(OH)$_2$ NSs/CuS NCs的制备以实现对葡萄糖高灵敏度的检测

随着在临床诊断、食品工业和生物技术的发展，对快速可靠地测定葡萄糖的需求增加，葡萄糖检测引起了人们的极大关注。目前已探索出几种检测葡萄糖的方法，包括电化学、化学发光、比色法和质谱法。由于电化学技术因其响应速度快、灵敏度高、制作简单、成本低而被普遍采用。再则近来，与酶法传感器相比基于过渡金属的法拉第氧化还原的非酶法葡萄糖传感器因其高稳定性和低成本的特点，引起了更大的兴趣。

通过调整过渡金属的形态与结构，利用其结构/功能关系，是实现提高电化学活性的有效方法。空心结构由于其高比表面积、低密度和优良的表面渗透性，吸引了越来越多的关注。然而，传统空心材料的外壳一般是由不规则排列的纳米颗粒聚集而成。此外，由于电催化的动力学的限制，其电化学性能也受到限制。最近的研究表明，将纳米片以特定的形式沉积到空心材料的骨架上可以显著提高其性能。例如，将MnO$_2$纳米片沉积在空心CeO$_2$上，可以获得较高的对葡萄糖的电催化活性。在我们之前的研究中，利用水热法将MnO_2 NSs生长到立方$Ni(OH)_2$ NCs上，得到较低的多巴胺传感器检测限。显然，二维纳米片与三维中空支架之间的协同作用创造了更多暴露的催化活性位点、足够的扩散通道，加速了催化电子的收集和转移速度，从而提高了电化学性能。然而，在以往的研究中，二维纳米片通常组装在三维中空支架的外表面，而空心骨架的内部空间并没有得到利用。因为体积占用率（定义为$V_{活性材料}/V_{总体积}$）限制了电化学性能的进一步提高。适度提高体积占有率，不仅可以形成更多的催化活性位点和更大的接触面积，而且可以缓解反复氧化还原循环造成的结构应变，增强电催化活性的同时还提高了稳定性。在三维空心骨架的内部空间设计基于2D的架构，是进一步提高体积占有率的有效方法。在这项工作中，首次采用一步协调蚀刻沉淀（CEP）法对CuS纳米笼（CuS NCs）进行了内部和外部的$Co(OH)_2$ NSs（IE $Co(OH)_2$NSs/CuS NCs）修饰。外部$Co(OH)_2$ NSs垂直生长在CuS NCs的表面。而内部的$Co(OH)_2$ NSs形成笼状结构，增加了体积占有率。正如预期的那样，用IE $Co(OH)_2$ NSs/CuS NCs（IE $Co(OH)_2$ NSs/CuS NCs/GCE）修饰的玻璃碳电极对葡萄糖具有很高的灵敏度，很低的检测限，可接受的重现性和优秀的选择性。

5.1.1 实验试剂及仪器

$CuCl_2 \cdot 2H_2O$，Na_2S，$CoCl_2 \cdot 6H_2O$，$Na_2S_2O_3 \cdot 5H_2O$，聚乙烯吡咯烷酮（PVP，Mw=40 000）和NaOH，以上药品购自成都凯龙化学试剂公司。葡萄糖（Glu.）、乳糖（Lact.）、蔗糖（Sucr.）、果糖（Fruc.）、L-抗坏血酸（AA）、尿酸（UA）和Nafion溶液（5 wt%在低级脂肪醇和水的混合物中）以上购自Sigma-Aldrich。

通过X射线衍射（XRD，Rigaku D/Max-2400，使用Cu-Ka辐射λ=1.54Å）表征了产物的晶体结构。组合态使用X射线光电子能谱仪（XPS，ESCALAB250Xi）分析，以284.8eV的C 1s峰为内标。感应耦合等离子体（ICP）在Agilent 725上进行，以确定其组成。通过场发射扫描电子显微镜

（FESEM，SU8020）和高分辨率透射电子显微镜（HRTEM，FEI F20）以及能量色散X射线光谱（EDX）对其形态进行了研究。采用Brunauer–Emmett–Teller（BET，Belsort–max）方法测量比表面积和孔隙结构。

5.1.1.1　Cu$_2$O@Cu$_2$S纳米笼的制备

首先，按照我们以前的工作中的报道，合成了立方Cu$_2$O模板。然后，使用超声将52 mg制备的Cu$_2$O分散在26 mL去离子水中。随后，滴加13 mL Na$_2$S（0.086 mol·L^{-1}）溶液。在室温下反应3 min 后，通过离心收集产物，在60 ℃的真空中干燥12 h，得到Cu$_2$O@Cu$_2$S NCs。

5.1.1.2　IE Co(OH)$_2$ NSs/CuS NCs的制备

IE Co(OH)$_2$ NSs/CuS NCs的制备利用了S$_2$O$_3^{2-}$参与的CEP法。简而言之，将10 mg Cu$_2$O@Cu$_2$S NCs和不同量的CoCl$_2$·6H$_2$O（1.5 mg、3.5 mg、5.5 mg）分散在10 mL混合乙醇/水（1∶1）中。然后，向该混合物中加入0.33 g PVP并搅拌30 min。滴加4.0 mL的Na$_2$S$_2$O$_3$·5H$_2$O（1 mol·L^{-1}）水溶液。在室温下反应3 h后，将产物洗涤并在60 ℃的真空中干燥12 h。

5.1.1.3　破碎IE Co(OH)$_2$ NSs/CuS NCs的制备

将IE Co(OH)$_2$NSs/CuS NCs超声破坏3 h，得到BIE Co(OH)$_2$ NSs/CuS NCs。

5.1.1.4　空心CuSnCs的制备

将52 mg Cu$_2$O分散到26 mL去离子水中。滴加13 mL Na$_2$S水溶液，反应持续3 min。随后，滴加20.8 mL Na$_2$S$_2$O$_3$·5H$_2$O溶液（1 mol·L^{-1}），在室温下反应3 h。

5.1.1.5　空心Co(OH)$_2$ NCs的合成

将10 mg Cu$_2$O和3.5 mg CoCl$_2$·6H$_2$O加入10 mL 乙醇/水混合溶剂中（1∶1）。在搅拌下向该混合物中加入0.33 g PVP，搅拌30 min。滴加4.0 mL Na$_2$S$_2$O$_3$·5H$_2$O溶液（1 mol·L^{-1}），在室温下反应3 h。

5.1.2　电化学测试方法

所有的电化学测量都是在μ3AUT71083 Autolab电化学工作站上，0.1 mol·L⁻¹
NaOH电解液中进行的。采用三电极系统，分别以Ag/AgCl（饱和KCl）和
铂金盘（φ=2 mm）作为参比电极和对电极。以CuS NCs/GCE、Co(OH)₂ NCs/
GCE、BIE Co(OH)₂ NSs/CuS NCs/GCE、IE Co(OH)₂ NSs/CuS NCs/GCE作为工
作电极。GCEs（φ=3 mm）使用前先使用1.5 μm、0.5 μm、0.05 μm的氧化
铝粉进行抛光处理。然后，将活性物质制备成5 mg·mL⁻¹的悬浮液（添加
0.1wt%Nafion）。将该悬浮液滴在预处理过的GCEs上，在室温下干燥。之
后，进一步讨论了IE Co(OH)₂ NSs/CuS NCs负载的影响。0.35 mg·cm⁻² IE
Co(OH)₂NSs/CuSnCs（对应5 μL悬浮液）的改性GCE比其他的GCE表现出更好
的响应，所有研究的改性GCE都是用相同负载量。修饰后的GCEs采用循环
伏安法（CV）、计时安培法（CA）和电化学阻抗光谱法（EIS）进行测试，
以评估其电催化活性。EIS测量在0.01 KHz和100 KHz之间进行，相对于开路
电位的干扰幅度为5 mV。

5.1.3　结果与讨论

5.1.3.1　材料表征

图5-1为IE Co(OH)₂ NSs/CuSnCs的合成示意图。在第Ⅰ阶段，引入的S²⁻
离子与Cu₂O表面的Cu⁺反应，通过反应（1）在Cu₂O模板周围形成Cu₂S层。此
外，由于Cu⁺的扩散速度较快，在硫化过程中产生了Kirkendall间隙。在第
Ⅱ阶段，引入的S₂O₃²⁻对Cu₂O进行协调蚀刻，通过反应（2）释放出OH⁻。而
通过反应（3），OH⁻和添加的Co²⁺的结合在CuSnCs上同时形成内部和外部的
Co(OH)₂ NSs。有趣的是，外部Co(OH)₂层垂直增长在CuS NCs的外表面，而内
部的Co(OH)₂层形成了一个笼状结构。在CEP过程中，离子的转移发挥了重
要作用，Co(OH)₂NSs的形成与从CuS NCs内部的OH⁻的扩散有关，而CuSnCs

外部的$S_2O_3^{2-}$的运输与Cu_2O蚀刻密切相关。Kirkendall效应和CEP过程的耦合控制导致内部和外层共同沉淀$Co(OH)_2$ NSs。值得注意的是，CuS NCs和Cu_2O模板之间的间隙提供了足够的空间来存储Co^{2+}，并形成内部$Co(OH)_2$ NSs。此外，由于高浓度梯度，多余的OH^-很易转移到CuS NCs的外部，然后与Co^{2+}结合。在传统的实验方法中，所有的反应物都存在于空心骨架之外，因此只对外表面进行修饰。在这项工作中，OH^-反应物从CuS NCs内部向外转移，而另一种反应物Co^{2+}则从CuS NCs外部向内部扩散，从而使CuS NCs内部和外部都修饰了$Co(OH)_2$ NSs。

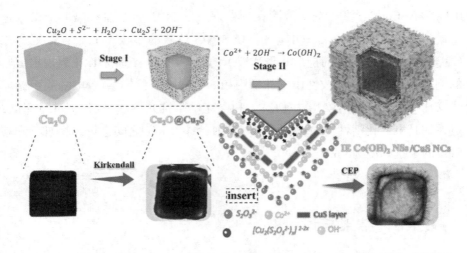

图5-1　IE $Co(OH)_2$ NSs/CuS NCs的合成示意图（插图显示了CEP期间的物质传输）

如图5-2（a）所示，样品的所有衍射峰都与Cu_2O的JCPDS卡（No. 99-0041）吻合得很好。硫化后，检测到另一组对应于正方晶系Cu_2S的衍射峰（PDF#72- 1071），表明Cu_2O模板的周围形成了Cu_2S层。如图5-2（b）经过CEP过程后，Cu_2S峰完全消失，同时观察到六方晶系CuS的衍射峰（PDF#06-0464）。Cu_2S转变为CuS的原因可以归结为$S_2O_3^{2-}$的硫化作用。值得注意的是，在最终产品的XRD图谱中没有观察到明显的$Co(OH)_2$的衍射峰。这是由于六方晶系$Co(OH)_2$的结晶度较低，所以制备了$Co(OH)_2$ NCs并进行了XRD测试，与PDF#51-1731 很好的吻合[图5-2（c）]。

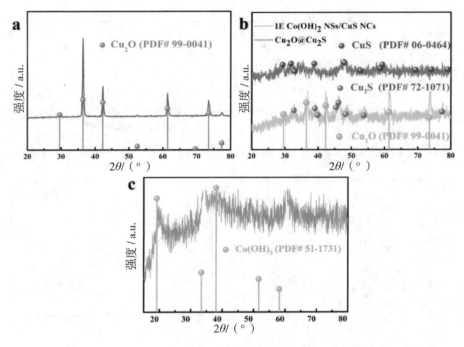

图5-2 （a）立方Cu₂O、（b）Cu₂O@Cu₂S NCs和IE Co(OH)₂ NSs/CuS NCs、

（c）Co(OH)2nCs的XRD图片

使用XPS对最终产品的化学成分进行了分析。图5-3（a）中的全谱显示最终产品中存在Co、O、S和Cu。对于Co 2p谱[图5-3（b）]，在786.25 eV和802.70 eV处观察到两个主要峰，自旋分离能为15.95 eV，分别对应于Co $2p_{3/2}$和Co $2p_{1/2}$。另外还发现了Co $2p_{3/2}$和Co $2p_{1/2}$两个卫星峰，进一步证实了Co^{2+}的存在。在图5-2（d）中，在531.14 eV处观察到对应羟基的强峰，进一步证实Co^{2+}是以Co(OH)₂的形式存在。高分辨率的S 2p谱[图5-3（c）]在161.95 eV和163.15 eV处有两个突出的峰，分别对应S $2p_{3/2}$和S $2p_{1/2}$。此外，166.15 eV和169.95 eV之间的峰的存在表明产品中存在金属硫化物。在图5-4（d）的Cu 2p光谱中，检测到931.90 eV和951.85 eV的两个突出峰，分别与Cu^{2+}的Cu $2p_{3/2}$和Cu $2p_{1/2}$有关。ICP数据显示，最终产品中Cu/S摩尔比约为1∶1，进一步证明了CuS的存在。此外，样品中Co的比原子百分比为24.43%。XRD和XPS结果证实了Co(OH)₂/CuS复合材料的成功制备。

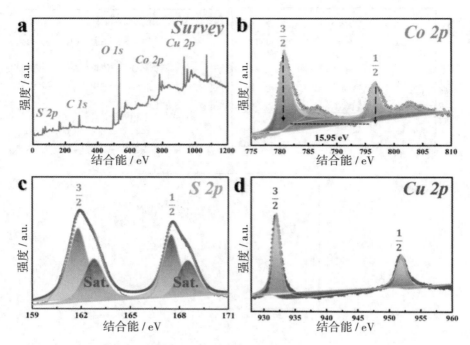

图5-3 IE Co(OH)₂ NSs/CuS NCs的XPS光谱（b）全谱，（c）Co 2p，（d）O 1s，
（e）S 2p和（f）Cu 2p

如图5-4（a）～（b）所示，Cu₂O模板具有均匀的立方体形态，平均尺寸约为500 nm。硫化后，表面变得粗糙，但边缘长度仍与Cu₂O模板相似。

图5-4 （a，b）Cu₂O的FESEM图像

图5-5（a）显示了CEP过程后最终产品的SEM图像。在CuS NCs的外表面垂直生长了一层Co(OH)$_2$ NSs。如图5-5（b）所示，在CuS NCs内部可以清楚地观察到另一个由Co(OH)$_2$ NSs组成的纳米笼。图5-5（c）的TEM图像进一步证明了最终产品的双笼嵌套核壳结构。外部Co(OH)$_2$层的厚度约为135 nm，并与CuS NCs紧密结合。内部Co(OH)$_2$ NCs的壳厚约50 nm，由二维纳米片之间的相互作用构建而成。选择区域电子衍射图案显示Co(OH)$_2$的多晶特征与低结晶度[图5-5（c）]。如图5-5（d）所示，0.24 nm和0.18 nm的晶格边缘与六方晶系Co(OH)$_2$的（102）和（104）晶面一致。0.31 nm的晶格边缘与六方晶系CuS的（102）晶面一致[92]。

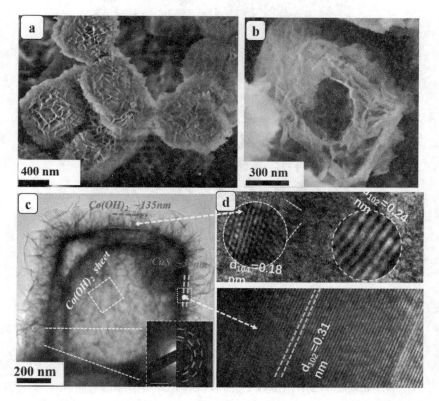

图5-5 （c）IE Co(OH)$_2$ NSs/CuS NCs的FESEM图像；（b）破损的IE Co(OH)$_2$ NSs/CuS NCs图像；（d）IE Co(OH)$_2$ NSs/CuS NCs的TEM图像（插图为Co(OH)$_2$NSs的选区电子衍射图）；（e）Co(OH)$_2$ NSs和CuS NCs的HRTEM图像

如图5-6所示，证明内部的Cu_2O已被完成去除，Cu主要以硫化物的形式存在。对Co元素而言，在外部和内部含Co层之间观察到一个间隙，与之对应的是CuS NCs的位置。很明显，内部和外部的$Co(OH)_2$ NSs是通过CEP过程实现的。$Co(OH)_2$ NSs为葡萄糖提供了足够的催化活性位点，为葡萄糖和反应中间体提供了丰富的扩散通道。此外，$Co(OH)_2$ NSs的二维特征和CuS NCs的薄壳有效地提高了电子转移率，使其具有较高的电催化活性。此外，$Co(OH)_2$ NCs的内层笼状结构提高了材料的体积占有率，提供了更多的活性位点。

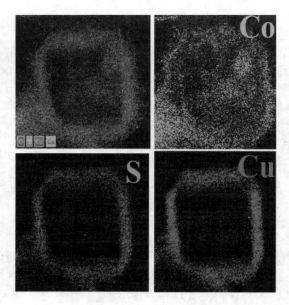

图5-6　IE $Co(OH)_2$ NSs/CuS NCs的元素分布

5.1.3.2　电化学性能测试

图5-7（a）显示了IE $Co(OH)_2$ NSs/CuS NCs/GCE和3个对比电极的有和没有1 mmol·L^{-1}葡萄糖的CVs。对于BIE $Co(OH)_2$ NSs/CuS NCs/GCE、$Co(OH)_2$ NCs/GCE和CuS NCs/GCE，在加入葡萄糖后观察到了响应电流。然而，观察到对比样品的响应电流比的IE $Co(OH)_2$ NSs/CuS NCs/GCE的响应电流低，表

明电催化活性较低。在正向扫描中，Co^{2+}和Cu^{2+}被氧化成Co^{4+}和Cu^{3+}。氧化后的Cu^{3+}和Co^{4+}再从吸附的葡萄糖中夺走电子，生成Cu^{2+}和Co^{3+}[图5-7（b）]。同时，葡萄糖被氧化成葡萄糖酸内酯。

$$CoO_2+Glucose\mid CoO(OH)+Gluconic\ acid \qquad （7）$$

$$Cu^{3+}+Glucose\mid Cu^{2+}+Gluconic\ acid \qquad （8）$$

此外，IE $Co(OH)_2$ NSs/CuS NCs/GCE上葡萄糖氧化的起始电位仅为0.34 V，低于BIE $Co(OH)_2$ NSs/CuS NCs/GCE（0.36 V）、CuS NCs/GCE（0.63 V）和$Co(OH)_2$ NCs/GCE（0.38 V），表明其电催化活性较高。

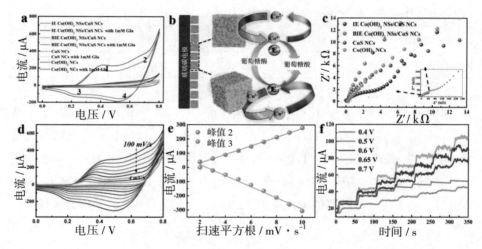

图5-7（a）在50 mV·s^{-1}下，IE $Co(OH)_2$ NSs/CuS NCs/GCE、BIE $Co(OH)_2$ NSs/CuS NCs/GCE、$Co(OH)_2$ NCs/GCE和CuS NCs/GCE在有和没有1 mmol·L^{-1}葡萄糖的情况下的CVs。在0.1 mol·L^{-1} NaOH中；（b）IE $Co(OH)_2$ NSs/CuS NCs/GCE上葡萄糖氧化还原反应示意图；（c）IE $Co(OH)_2$ NSs/CuS NCs/GCE、BIE Co.（d）在NaOH溶液中，IE $Co(OH)_2$ NSs/CuS NCs/GCE、$Co(OH)_2$ NCs/GCE和CuS NCs/GCE在不同的扫描速率下的CVs 1 mmol·L^{-1}葡萄糖在0.1 mol·L^{-1} NaOH溶液中的含量；（e）峰值电流与扫描速率平方根的关系；（f）IE $Co(OH)_2$ NSs/CuS NCs/GCE在0.1 mol·L^{-1} NaOH溶液中的不同电位的电流响应

图5-7（c）显示了IE Co(OH)$_2$ NSs/CuS NCs/GCE、BIE Co(OH)$_2$ NSs/CuS NCs/GCE、Co(OH)$_2$ NCs/GCE和CuS NCs/GCE电极的Nyquist图。使用电子转移电阻（R_{ct}）、溶液电阻（R_s）和沃伯格电阻（Z_w）来拟合等效电路，表5-1总结了所有电极的Nyquist的拟合数值。独特的空心分层结构提供了大量的活性位点和足够的扩散通道，从而增强了质量传输。此外，Co(OH)$_2$ NSs的二维特征和CuS NCs的笼状结构促进了催化电子的收集和转移速度。

表5-1   四个电极的Nyquist的拟合情况

电极	R_{ct}（kΩ）	R_s（kΩ）	Z_w（μMho）
IE Co(OH)$_2$NSs/CuSnCs/GCE	3.14	0.086 8	300.48
BIE Co(OH)$_2$NSs/CuSnCs/GCE	53.07	0.238 2	14.884
CuSnCs/GCE	24.17	0.083 5	104.45
Co(OH)$_2$nCs/GCE	20.32	0.182 4	62.734

图5-7（d）显示了IE Co(OH)$_2$ NSs/CuS NCs/GCE在不同扫描速率下在 1 mmol·L^{-1}葡萄糖存在下的CV。如图5-7（e）所示，氧化还原峰电流与扫描速率的平方根成正比，表明这是一个典型的扩散控制过程。图5-7（f）中研究了不同的电位对响应电流的影响。这些结果表明，IE Co(OH)$_2$ NSs/CuS NCs/GCE在0.65 V时具有较高的电流响应（图5-8），于是选择0.65 V作为最佳工作电位。

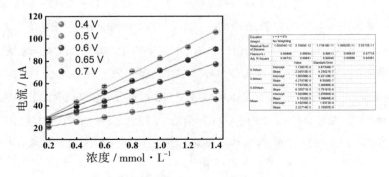

图5-8   葡萄糖浓度与响应电流的关系拟合图

图5-9（a）～（d）为IE Co(OH)$_2$ NSs/CuS NCs/GCE、BIE Co(OH)$_2$ NSs/CuS NCs/GCE、CuS NCs/GCE、Co(OH)$_2$ NCs/GCE在0.65 V下没有和存在0.1 mmol·L^{-1}葡萄糖时的i-t曲线。

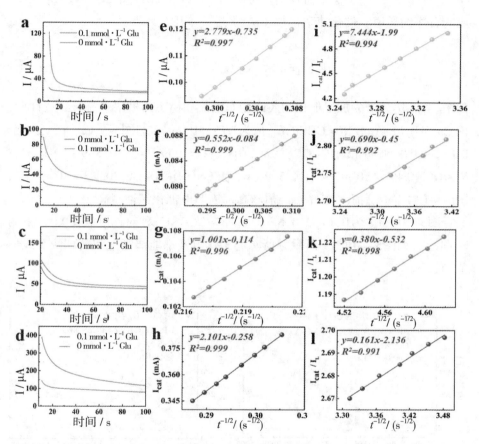

图5-9　（a）IE Co(OH)$_2$ NSs/CuS NCs/GCE、（b）BIE Co(OH)$_2$NSs/CuS NCs/GCE、（c）CuS NCs/GCE和（d）Co(OH)$_2$ NCs/GCE在没有和存在0.1mmol·L^{-1}葡萄糖；（e）IE Co(OH)$_2$ NSs/CuS NCs/GCE、（f）BIE Co(OH)$_2$ NSs/CuS NCs/GCE、（g）CuS NCs/GCE和（h）Co(OH)$_2$ NCs/GCE的I_{cat}与$t^{1/2}$的校准曲线。（i）IE Co(OH)$_2$NSs/CuS NCs/GCE、（j）BIE Co(OH)$_2$ NSs/CuS NCs/GCE、（k）CuS NCs/GCE和（l）Co(OH)$_2$ NCs/GCE的I_{cat}/I_L与$t^{1/2}$的校准曲线

IE Co(OH)$_2$ NSs/CuS NCs/GCE的D值估计为5.06×10^{-5} cm$^2 \cdot$s^{-1} [图5-9（e）]，远大于BIE Co(OH)$_2$ NSs/CuS NCs/GCE的D值[2.06×10^{-6} cm$^2 \cdot$s^{-1}，图5-9（f）]、CuS NCs/GCE[6.75×10^{-6} cm$^2 \cdot$s^{-1}，图5-9（g）]和Co(OH)$_2$ NCs/GCE[2.97×10^{-5} cm$^2 \cdot$s^{-1}，图5-9（h）]。D值较高，可归因于CuS NCs内外的2D Co(OH)$_2$ NSs形成的有序的通道。催化速率常数（K_{cat}）进一步用E_q计算。

$$I_{act}/I_L = (\pi K_{act} C_0 t)^{1/2}$$

其中，I_{cat}和I_L分别为加了催化物质的稳态电流和稳态的极限电流。经过计算，IE Co(OH)$_2$ NSs/CuS NCs/GCE的K_{cat}值为1.76×10^5 m$^{-1} \cdot$s^{-1} [图5-9（i）]，远大于BIE Co(OH)$_2$ NSs/CuS NCs/GCE的K_{cat}值[1.52×10^3 m$^{-1} \cdot$s^{-1}，图5-9（j）]、CuS NCs/GCE[0.461×10^3 m$^{-1} \cdot$s^{-1}，图5-9（k）]和Co(OH)$_2$ NCs/GCE[0.083×10^3 m$^{-1} \cdot$s^{-1}，图5-9（l）]的K_{cat}值。D和K_{catt}的值越高，表明电催化活性越高。

图5-10（a）为IE Co(OH)$_2$ NSs/CuS NCs/GCE和三种对比电极在0.65V下的i-t曲线。如图5-10（b）所示，所有的工作电极都能清晰地观察到两个线性范围。

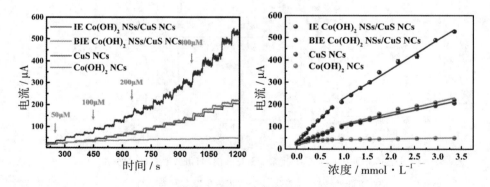

图5-10 （a）IE Co(OH)$_2$ NSs/CuS NCs/GCE对不同葡萄糖浓度的电流响应；（b）本研究中葡萄糖浓度与电极电流反应的关系

表5-2总结了所有电极的灵敏度、理论计算的检测限和线性范围。在低浓度（0.223 μmol·L^{-1} ~ 0.75 mmol·L^{-1}）和高浓度（0.95 ~ 3.35 mmol·L^{-1}）范围内，IE Co(OH)$_2$ NSs/CuS NCs/GCE的灵敏度分别为2 984.2 μA·mM$^{-1} \cdot$cm^{-2}

和1 858.4 μA·mM^{-1}·cm^{-2}。IE Co(OH)$_2$ NSs/CuS NCs/GCE在两个线性范围内的灵敏度明显高于BIE Co(OH)$_2$ NSs/CuS NCs/GCE（765.7 μA·mM^{-1}·cm^{-2}和49.7 μA·mM^{-1}·cm^{-2}）、CuS NCs/GCE（1 142.3 μA·mM^{-1}·cm^{-2}和649.7 μA·mM^{-1}·cm^{-2}）和Co(OH)$_2$ NCs/GCE（1 287.4 μA·mM^{-1}·cm^{-2}和704.1 μA·mM^{-1}·cm^{-2}）。浓度较高时灵敏度较低，可归因于活性位点上吸附了大量的催化物质的中间体。此外，IE Co(OH)$_2$ NSs/CuS NCs/GCE的检出限（0.223 μmol·L^{-1}，信噪比=3）远低于BIE Co(OH)$_2$ NSs/CuS NCs/GCE（1.072 μmol·L^{-1}）、CuS NCs/GCE（0.637 μmol·L^{-1}）和Co(OH)$_2$ NCs/GCE（0.58 5μmol·L^{-1}）。IE Co(OH)$_2$ NSs/CuS NCs/GCE具有较高的电催化活性，可归因于Co(OH)$_2$NSs与CuS NCs之间的协同作用（图5-11）。

表5-2　所研究的四个电极的传感器性能统计

电极	线性范围（mmol·L^{-1}）	检测限（mmol·L^{-1}）	Sensitivity（μAmM^{-1}cm^{-2}）
IE Co(OH)$_2$NSs/CuS NCs/GCE	$0.223 \times 10^{-3} \sim 0.75$；$0.95 \sim 3.35$	0.223	2984.2；1858.4
BIE Co(OH)$_2$NSs/CuS NCs/GCE	$1.072 \times 10^{-3} \sim 0.25$；$0.35 \sim 3.35$	1.072	765.7；49.7
CuS NCs/GCE	$0.637 \times 10^{-3} \sim 0.75$；$0.95 \sim 3.35$	0.637	1142.3；649.7
Co(OH)$_2$ NCs/GCE	$0.585 \times 10^{-3} \sim 0.75$；$0.95 \sim 3.35$	0.585	1287.4；704.1

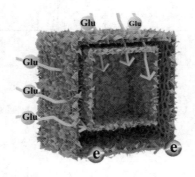

图5-11　IE Co(OH)$_2$ NSs/CuS NCs/GCE的动态优势图示

首先，通过内外Co(OH)₂ NSs的耦合，获得了大量的活性位点，这一点得到了BET分析的证实（图5-12）。其次，内部的Co(OH)₂NSs提高了体积占有率，提高了利用率。第三，Co(OH)₂ NSs相互作用，提供扩散通道，加速了葡萄糖和中间体的大量运输。这一点得到了EIS和D值的证实。第四，Co(OH)₂ NSs的涂层和CuS NCs的核心降低了电子转移电阻，提高了电子收集和转移效率，这一点由EIS和K_{cat}值证实。表5-3比较了所制备的电极和以前研究的电极的性能。IE Co(OH)₂ NSs/CuS NCs/GCE比以前报道的电极具有更高的灵敏度和更低的检测限。

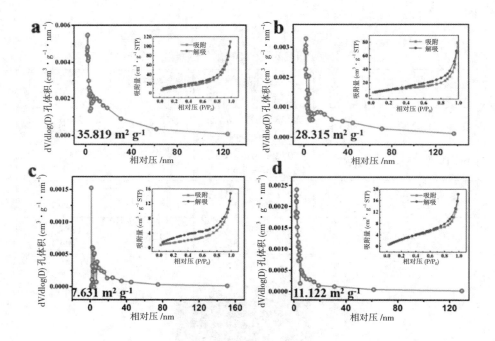

图5-12 （a）IE Co(OH)₂ NSs/CuS NCs、（b）Co(OH)₂ NCs、（c）BIE Co(OH)₂NSs/CuS NCs和（d）CuS NCs的孔径分布。插图为N₂吸附-解吸等温线

表5-3　电化学性能与以往文献的性能比较

电极	线性范围 （mmol·L^{-1}）	检测限 （μmol·L^{-1}）	灵敏度 （μAmM^{-1} cm^{-2}）
CuO/GO composite	0.01 ~ 0.12	0.69	262
CuS inter-connectednanoparticles	0.02 ~ 2.5	2	1085
Co$_3$O$_4$nanofibers	0.001 ~ 2.04	0.97	36.25
CoOOHnanosheets	0.03 ~ 0.7	30.9	341
Co(OH)$_2$/GCE	0.001 ~ 0.13	0.93	925.21
CuO-CoNSs/rGO/3D-KSC	0.01 ~ 3.5	3.3	802.86
3D hierarchical porous Co$_3$O$_4$	0.004 ~ 0.2; 4 ~ 12.5	0.24	471.5 and 389.7
Co$_3$O$_4$/PbO$_2$ core-shell nanorod arrays	0.005 ~ 1.2	0.31	460
NiOnanosheet	0.001 ~ 0.4	0.18	1138
CeO$_2$ CCS/SPE	0.001 ~ 0.008 9	0.019	1867.39
Au@Cu$_2$O	0.05 ~ 2.0	18	715
AgnW/NiCo LDH	0.002 ~ 6	0.66	71.42
IE Co(OH)$_2$NSs/CuSnCs/GCE	0.05 ~ 0.75; 0.95-3.35	0.223	2984.2 and 1858.4

5.1.3.3　选择性、可重复性和稳定性测试

如图5-13（a）所示，在i-t测量过程中，通过添加不同干扰物种来测试IE Co(OH)$_2$ NSs/CuS NCs/GCE的选择性。值得注意的是，所有的干扰电流响

应都小于7.28% ± 0.4%。此外，第二次加入0.1 mmol·L^{-1}葡萄糖后的响应电流仍保留了初始测量的89.2%，表明具有优良的选择性。良好的选择性可归因于IE Co(OH)$_2$ NSs/CuS NCs/GCE与干扰物质之间的静电排斥。根据以往的报道，Cu^{2+}和Co^{2+}的等电点均为11.2。IE Co(OH)$_2$ NSs/CuS NCs/GCE在0.1 mol·L^{-1}的NaOH溶液（pH=13）中会带负电荷。主要干扰物质如和AA在0.1 mol·L^{-1} NaOH溶液中也会因质子的损失而带负电荷。因此，IE Co(OH)$_2$ NSs/CuS NCs/GCE与干扰物质之间的静电斥力降低了干扰电流，使IE Co(OH)$_2$ NSs/CuS NCs/GCE的选择性增强。为了测试长期稳定性，一个月内每三天记录一次对0.1 mmol·L^{-1}葡萄糖的电流反应，结果收集在图5-13（b）中。最后记录的信号仍然保留了初始值的94.4%。此外，电催化剂在30天后仍然保留了其独特的结构[图5-13（b）]，表明其结构稳定性显著。电流响应的轻微下降可能是由于一些Co(OH)$_2$ NSs的坍塌。高度多孔的结构抑制了电催化过程中的体积变化和应力，提供了高稳定性。为了确定重复性，图5-15（c）记录了5个独立制备的IE Co(OH)$_2$ NSs/CuS NCs/GCE电极对0.1 mmol·L^{-1}葡萄糖的电流响应。测量的相对标准偏差（RSD）约为3.22%。此外，对同一电极对0.1 mmol·L^{-1}葡萄糖的电流响应进行了10次测量，测得的RSD为4.79 %[图5-15（d）]，说明电极的重复性优异。

5.1.3.4 真实样本检测

为了评价该电极的实用性，采用IE Co(OH)$_2$ NSs/CuS NCs/GCE测量真实人血清中的葡萄糖浓度，并将结果与商用血糖仪（CGM）进行比较（表5-4）。由当地医院提供的3份血样，然后以12 000转/分的速度离心，获得血清。所得血清直接用CGM测定。IE Co(OH)$_2$ NSs/CuS NCs/GCE，用0.1 mol·L^{-1} NaOH溶液将血清调至pH值13。记录CA在0.6 V下测得的响应电流，计算出相应的葡萄糖浓度。如表5-4所示，IE Co(OH)$_2$ NSs/CuS NCs/GCE的RSD小于3.8%。与CGM相比，在94%至104%之间。实验结果表明，IE Co(OH)$_2$ NSs/CuS NCs/GCE在测定人血清中葡萄糖时具有良好的实用性。

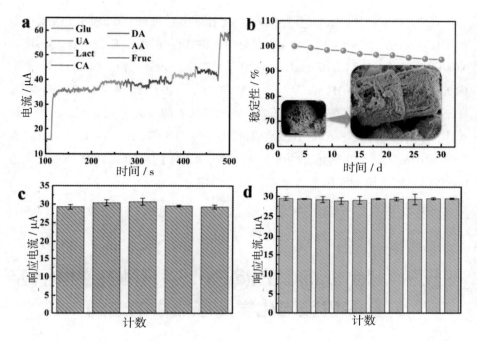

图5-13　（a）连续加入十分之一的0.1 mmol·L^{-1}的干扰物后，IE Co(OH)$_2$ NSs/CuS NCs/GCE的电流响应。葡萄糖在0.1 mol·L^{-1} NaOH溶液中的稳定性；（b）IE Co(OH)$_2$ NSs/CuS NCs/GCE的长期稳定性。插图为电化学前后电极的FESEM图像。检测葡萄糖；（c）五种不同的IE Co(OH)$_2$ NSs/CuS NCs/GCE电极在0.1 mol·L^{-1} NaOH中的电流响应；（d）十种相同的测量结果。IE Co(OH)$_2$ NSs/CuS NCs/GCE对0.1 mmol·L^{-1}葡萄糖在0.1 mol·L^{-1} NaOH溶液中。

表5-4　葡萄糖注射液的测试结果（$n=3$）

样品	添加 （mmol·L^{-1}）	完成 （mmol·L^{-1}）	恢复 （%）	RSD（%）
1	0.5	0.477	95.41	1.6
2	1.0	1.038	103.78	3.8
3	1.5	1.445	96.34	2.4
4	2.0	1.965	98.25	1.1

在这项工作中，以Cu_2O为模板，采用硫化后再进行CEP的方法成功制备了IE Co(OH)$_2$ NSs/CuS NCs。作为葡萄糖的传感电极，IE Co(OH)$_2$ NSs/CuS NCs/GCE表现出2984.2 μA·mM^{-1} cm^{-2}（在0.223 μmol·L^{-1}至0.75 mmol·L^{-1}范围内）和1 858.4 μA·mM^{-1}·cm^{-2}（在0.95～3.35 mmol·L^{-1}范围内）的高灵敏度。在不同的干扰物质存在的情况下，得到的电流响应不超过7.28%±0.4%。计算出的IE Co(OH)$_2$ NSs/CuS NCs/GCE的D和K$_{cat}$值分别为7.56×10^{-5} cm^2·s^{-1}和5.59×10^3 m^{-1}·s^{-1}。这些显著的电催化活性可以归因于二维Co(OH)$_2$ NSs和三维CuS NCs之间的协同作用，以及高体积占用率。

5.2 Co$_3$S$_4$@CuS@Co$_3$S$_4$ HNBs的设计及在多巴胺电化学传感器中的应用

多巴胺（DA）是人体内的神经递质之一，在人体代谢中起着重要的调节作用。一些疾病，如阿尔茨海默病、帕金森病、精神分裂症等都与DA的含量密切相关。因此，快速、准确地检测DA浓度对人体健康和疾病预防至关重要。由于人体内的DA浓度极低，因此需要检测限低、灵敏度高的传感器来准确测量DA具体浓度。基于电化学的技术因其检测限低、灵敏度高、制造方便、测试简单而得到广泛应用。近来，基于过渡金属法拉第氧化还原的非酶法DA传感器由于成本低、稳定性高，比酶法传感器更受关注。而电化学传感器的性能依赖于电极材料，所以合理设计电极材料可以实现对DA的高灵敏度检测，其中利用纳米结构/功能的关系理论来调整过渡金属的形态和精细结构，是获得满意的电化学性能的有效方法。

为寻求合适的电化学工作电极材料，人们付出了巨大的努力。与已有的贵金属体系相比，过渡金属硫化物在自然丰度和成本方面都具有压倒性的优点，作为一种有前途的电化学候选材料，引起了越来越多的关注。由于其化学性能和优异的物理性能，如CuS$_x$、CoS$_x$、ZnS$_x$、MoS$_x$等已被报道用于电化学领域。然而，由于电化学反应过程中氧化还原循环造成的结构坍塌、体积变化和应力，导致其灵敏度和长期稳定性受到限制，而合理的结构设计是解决这些问题的有效途径，从而提高电化学性能。据报道，由于不同组分的协同效应，构建纳米混合电极结构是提高电催化性能的有效策略。例如，目前已经报道了C/CoS$_2$蛋黄壳纳米笼的制造，其电催化性能大大增强。另一方面，由低维分层纳米级空心结构的构件组装而成，在电催化中的表现出令人惊叹的高性能特性。低维纳米尺寸的构件可以提供更充分的扩散通道，暴露催化活性位点，加速催化电子的收集和转移，从而获得更好的电催化性能。但在以往的研究中，适度提高材料的体积占有率不仅可以产生更大的接触面积和更多的催化活性位点，而且可以减少反复氧化还原循环所引起的结构应变，因此适度提高材料的体积占有率可以获得更好的电化学性能。基于上述考虑，目前关于制备具有复杂纳米结构的金属硫化物和体积占有率适中的低维结构的电催化传感器的报道还很少。

在此，我们制备了通过明晰的多步骤模板法，精致地设计和组装了三层CoS@CuS@CoS分层纳米盒（Co$_3$S$_4$@CuS@Co$_3$S$_4$ HNBs）。外部低维Co$_3$S$_4$纳米片（Co$_3$S$_4$ NSs）近乎垂直地生长在CuS纳米盒（CuS NBs）的表面，从而提供扩散通道和足够的活性位点。内部的Co$_3$S$_4$ NCs增加了体积占有率，从而提高了电催化活性。此外，Co$_3$S$_4$NSs的低维特性为CuS@Co$_3$S$_4$纳米盒加速了电子的转移速率和电子收集。作为DA的传感器，用Co$_3$S$_4$@CuS@Co$_3$S$_4$ HNBs修饰的玻璃碳电极（Co$_3$S$_4$@CuS@Co$_3$S$_4$ HNBs/GCE）对多巴胺具有较高的灵敏度和不错的重现性，检测限极低，选择性优异。

5.2.1　Cu$_2$O@Co(OH)$_2$纳米箱的制备

首先，按照我们以前的工作，合成立方Cu$_2$O模板。制备Cu$_2$O@Co(OH)$_2$NBs利用了CEP的方法。简单的讲，将10 mg的立方Cu$_2$O和3.5 mg的CoCl$_2$·6H$_2$O分散在1∶1混合乙醇/水（10 mL）中。然后，向该溶液中加入0.33 g PVP之后搅拌30 min。滴加1 mol·L^{-1}的Na$_2$S$_2$O$_3$·5H$_2$O（4.0 mL）溶液。

在室温下反应3 min后，将产物洗涤并置于60 ℃的真空干燥箱12 h。

Cu$_2$O@CuS@Co(OH)$_2$纳米箱的制备：将之前制备的52 mg Cu$_2$O@Co(OH)$_2$ NBs加到26 mL去离子水中并使用超声将其分散。随后，滴加13 mL Na$_2$S（0.086 mol·L^{-1}）溶液。在室温下反应3 min后，通过离心收集产物，置于60 ℃的真空干燥箱12 h，得到Cu$_2$O@CuS@Co(OH)$_2$ NBs。

5.2.2　Co(OH)$_2$@CuS@Co(OH)$_2$纳米箱的制备

同样的Co(OH)$_2$@CuS@Co(OH)$_2$ NBs的制备利用了S$_2$O$_3^{2-}$参与的CEP法。将10 mg Cu$_2$O@CuS@Co(OH)$_2$ NBs和3.5 mg CoCl$_2$·6H$_2$O分散在10 mL混合乙醇/水（1∶1）中。然后，向该混合物中加入0.33 g PVP并搅拌30 min。滴加4.0 mL的Na$_2$S$_2$O$_3$·5H$_2$O（1 mol·L^{-1}）水溶液。在室温下反应3 h后，将产物洗涤并在60 ℃的真空中干燥12 h，得到Co(OH)$_2$@CuS@Co(OH)$_2$ NBs。

5.2.2.1　Co$_3$S$_4$@CuS@Co$_3$S$_4$ HNBs纳米箱的制备

将之前制备的40 mg Co(OH)$_2$@CuS@Co(OH)$_{2n}$Bs纳米盒和40 mg硫代乙酰胺分散到30 mL乙醇中。将该溶液转移到不锈钢高压釜中，在90 ℃的烘箱中加热2 h，通过离心收获沉淀物，并用乙醇洗涤数次，随后在300 ℃的N$_2$中退火2 h，得到Co$_3$S$_4$@CuS@Co$_3$S$_4$ HNBs。

对比样品的制备（图5-14）。

5.2.2.2　空心CuSnBs的制备

将52 mg Cu$_2$O分散到26 mL去离子水中。滴加13 mL Na$_2$S水溶液，反应持续3 min。随后，滴加20.8 mL Na$_2$S$_2$O$_3$·5H$_2$O溶液（1 mol·L^{-1}），在室温下反应3 h。

图5-14　对比样品CuS NCs、Co$_3$S$_4$ NCs和CuS@ Co$_3$S$_4$ NCs的FESEM图像（a、b、c）和TEM图像（e、d、f）

5.2.2.3　空心Co$_3$S$_4$ NBs的合成

将10 mg Cu$_2$O和3.5 mg CoCl$_2$·6H$_2$O加入到10 mL 乙醇/水混合溶剂中（1∶1）。在搅拌下向该混合物中加入0.33 g PVP，搅拌30 min。滴加4.0 mL Na$_2$S$_2$O$_3$·5H$_2$O溶液（1 mol·L^{-1}），在室温下反应3 h。随后，将制备的40 mg Co(OH)$_2$ NBs纳米盒和40 mg硫代乙酰胺分散到30 mL乙醇中。将该溶液转移到不锈钢高压釜中，在90 ℃的烘箱中加热2 h，通过离心收获沉淀物，并用乙醇洗涤数次，随后在300 ℃的N$_2$中退火2 h，得到Co$_3$S$_4$ NBs。

5.2.2.4　空心CuS@Co$_3$S$_4$ HNBs的制备

将制备的Cu$_2$O@CuS@Co(OH)$_2$ NBs分散在10 mL混合乙醇/水（1∶1）中。然后，向该溶液中加入0.33 g PVP并搅拌30 min。滴加4.0 mL的Na$_2$S$_2$O$_3$·5H$_2$O（1 mol·L^{-1}）水溶液。在室温下反应3 h后，将产物洗涤并在60 ℃的真空中干燥12 h。得到CuSnCs@Co$_3$S$_4$ NSs。

5.2.3　结果与讨论

5.2.3.1　材料表征

图5-15示意了Co_3S_4@CuS@Co_3S_4 HNBs的制备的流程图。首先通过引入$S_2O_3^{2-}$对Cu_2O立方模板进行精确的协调蚀刻（CEP），释放出OH^-（反应i），同时OH^-与溶液中的Co^{2+}结合（反应ii），精确的控制Cu_2O立方蚀刻的速率和$Co(OH)_2$纳米片的沉淀速率的平衡。随后将上述样品进行硫化，硫化是由S^{2-}离子主导（反应ii），在$Co(OH)_2$内层、Cu_2O立方表面再次形成薄的CuS层，S^{2-}选择性的硫化是因为CuS的超低溶解度乘积常数（K_{sp}），导致Cu^+和S^{2-}离子在溶液中具有极高的结合力。随后再次通过CEP过程，将内部核心的Cu_2O立方腐蚀形成，笼状$Co(OH)_2$纳米盒。最后，所得到的$Co(OH)_2$@CuS@$Co(OH)_2$纳米盒通过溶剂热硫化过程，进一步转化为Co_3S_4@CuS@Co_3S_4 HNBs。在整个过程中，$Co(OH)_2$纳米片的可控形成与CEP过程有重要关系，根据TEM图片，可以得到不同阶段的样品形成过程与上述所分析的机理吻合。

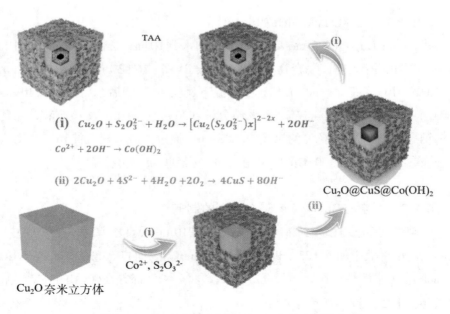

TAA

(i) $Cu_2O + S_2O_3^{2-} + H_2O \rightarrow [Cu_2(S_2O_3^{2-})x]^{2-2x} + 2OH^-$

$Co^{2+} + 2OH^- \rightarrow Co(OH)_2$

(ii) $2Cu_2O + 4S^{2-} + 4H_2O + 2O_2 \rightarrow 4CuS + 8OH^-$

Cu_2O@CuS@$Co(OH)_2$

Cu_2O奈米立方体

Co^{2+}, $S_2O_3^{2-}$

图5-15　Co_3S_4@CuS@Co_3S_4 HNBs的合成示意图

如图5-16（a）所示，最终的样品中（Co_3S_4@CuS@Co_3S_4 HNBs）的衍射峰很好的与立方晶系Co_3S_4（PDF#02-1338）相吻合，且为观察到Cu_2O的衍射峰，很好的证明了$Co(OH)_2$成功的热硫化成Co_3S_4，由于结晶性不好，导致CuS的衍射峰不太明显。所以，将CuS NBs进行了XRD的测试，其衍射峰完美的吻合了六方晶系CuS（PDF#06-0464）。随后，对Co_3S_4@CuS@Co_3S_4 HNBs进行了EDX测试[图5-16（b）]，数据显示最终产品中Cu：Co：S摩尔比约为22：25：53，这与CuS和Co_3S_4的化学计量学基本一致。

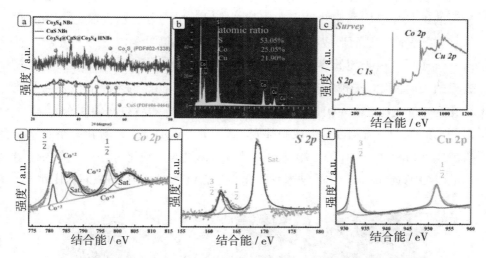

图5-16　（a）CuSnBs、Co_3S_4nBs和Co_3S_4@CuS@Co_3S_4 HNBs的XRD图谱；Co_3S_4@CuS@Co_3S_4HNBs的X射线能谱分析；Co_3S_4@CuS@Co_3S_4 HNBs的XPS图像，（c）全谱，（d）Co 2p，（e）S 2p和（f）Cu 2p。（b）Survey，（c）Co 2p，（d）O 1s，（e）S 2p和（f）Cu 2p

另外，对Co_3S_4@CuS@Co_3S_4 HNBs进行XPS测试[图5-16（c）]，分析其电子状态以及化学成分，Co 2p高分辨率光谱[图5-16（d）]显示出了两对自旋轨道偶极子。Co 2p的光谱[图5-16（c）]可分为两对自旋轨道双子，（781.02 eV，796.17 eV）和（782.22 eV，797.32 eV），分别属于Co^{3+} $2p_{3/2}$、Co^{3+} $2p_{1/2}$、Co^{2+} $2p_{3/2}$和Co^{2+} $2p_{1/2}$。Co^{2+}和Co^{3+}的共存符合Co_3S_4的化学状态。图5-16（e）显示了S 2p区域的光谱，其中有两个重要的峰和一个卫星峰，其中162.12 eV和163.27 eV的结合能的峰分别为S $2p_{3/2}$和S $2p_{1/2}$。吻合S-Co与

S–Cu的结合能特征。同时168.62 eV处的特征峰也明显证明了金属–硫键的存在。进一步，在图5–16（f）的Cu 2p光谱中，检测到932.05 eV和951.85 eV的两个突出峰，分别与Cu^{2+}的Cu $2p_{3/2}$和Cu $2p_{1/2}$有关。所以结合XRD、EDX、XPS的分析结果，表明最终产品Co_3S_4@CuS@Co_3S_4 HNBs的成功制备。

如图5–17（a）所示，所制备的Cu_2O立方表面光滑、均匀，粒径约为500 nm，通过TEM也可以看到Cu_2O的实心结构[图5–17（b）]。图5–17（c）的SEM图像显示：Cu_2O@Co(OH)$_2$核壳结构的纳米立方体继承了Cu_2O的立方形状，表面粗糙是由于Co(OH)$_2$壳的形成。可以观察到，Co(OH)$_2$外壳由厚度较薄的纳米片组成，这些纳米片相互交错以随机的方向垂直锚定在Cu_2O纳米立方的表面，从而形成核壳Cu_2O@Co(OH)$_2$纳米箱[图5–17（c）、（d）]。引入S^{2-}离子后，由于超低溶解度的产物常数（$K_{sp}=6.3 \times 10^{-36}$），$Cu_2O$纳米立方表面的表层氧化CuO被转化为CuS，然后$Cu_2O$@Co(OH)$_2$纳米箱的核壳结构被转化为$Cu_2O$@CuS@Co(OH)$_2$纳米箱[图5–18（a）]。随后再次使用$S_2O_3^{2-}$将内部剩余的$Cu_2O$进行刻蚀，形成内部笼状结构的Co(OH)$_2$nCs，转化为空心核壳Co(OH)$_2$@CuS@Co(OH)纳米箱结构。最后，通过的热硫化过程，具有核壳结构的Co(OH)$_2$@CuS@Co(OH)$_2$纳米盒转化为空心核壳Co_3S_4@CuS@Co_3S_4 HNBs。

图5–17　Cu_2O和Cu_2O@Co(OH)$_2$的FESEM（a、c）和TEM（b、d）

图5-18 （a）Cu₂O@CuS@Co(OH)₂NCs的TEM图像；（b）Cu₂O@CuS@Co(OH)₂NCs的
SEM图像；（c）Co₃S₄@CuS@Co₃S₄ HNBs的FESEM图像。插片显示的是破碎的Co₃S₄@
CuS@Co₃S₄ HNBs图像；（d）Co₃S₄@CuS@Co₃S₄ HNBs的TEM图像（插片显示的是
Co₃S₄NSs的选择区域电子衍射图样）；（e、f）Co₃S₄@CuS@Co₃S₄ HNBs的HRTEM图像；
（g）Co₃S₄@CuS@Co₃S₄ HNBs的元素分布

　　如图5-18（b）、（c）所示，很明显，层次分明的Co₃S₄@CuS@Co₃S₄ HNBs
仍然保持着立方体的形状，但是，由于热硫化过程的影响，外层薄的纳米
片发生了改变，变得更厚，层次分明的纳米片与空心Co(OH)₂@CuS@Co(OH)₂
纳米盒相比，表现出一定的收缩。如图，图5-18（d）的TEM图像进一步证
明了最终产品的多层嵌套核壳结构。选择区域电子衍射图案显示Co(OH)₂的
多晶特征与低结晶度[图5-18（d）]。外部Co₃S₄层的厚度约为70 nm，特别
的是，放大的FESEM图像[图5-18（e）]进一步证实了分层空心结构的形成，
且没有明显的壳间空隙，说明如合成的Co₃S₄纳米片坚固的地锚定在CuS纳米
笼的表面。CuS层厚度约为20 nm。内部的空心Co₃S₄纳米笼壳厚~40 nm。如
图5-18（f）所示，0.24 nm和0.18 nm的晶格边缘与六方晶系Co(OH)₂的（102）
和（104）晶面一致。0.31 nm的晶格边缘与六方晶系CuS的（102）晶面一
致。通过Mapping测试Co₃S₄@CuS@Co₃S₄ HNBs的元素分布[图5-18（g）]，可
以看出Cu、Co和S元素均匀分布在层次分明的空心结构。此外，可以明显看

到Cu元素主要分布在中间层，而同时S和Co元素分别在内壳和外壳中被检测到，立方结构得到了很好的保留，形成了分层空心结构。

为了了解样品的表面积和孔径分布为目的，进行了N_2吸附-脱附等温线测试，插图是相应的孔径分布分析。在图5-19中，可以明显看出，$Co_3S_4@CuS@Co_3S_4$ HNBs的等温线在高压下呈现出高耸的增长（$P/P_0>0.85$），说明形成了丰富的介孔。通过Brunauer-Emmett-Teller（BET）法计算，测得比表面积为28.734 $m^2 \cdot g^{-1}$，孔隙体积为0.189 $cm^3 \cdot g^{-1}$，这主要源于丰富的介孔的存在。由于Co_3S_4纳米片的外壳，根据Barrett-Joyner-Halenda（BJH）方法，$Co_3S_4@CuS@Co_3S_4$ HNBs主要的介孔分布在2 nm范围内。和对比样品相比，$Co_3S_4@CuS@Co_3S_4$ HNBs的外部Co_3S_4提供了相当大的比表面积。同时内部的Co_3S_4纳米笼也为样品提供了近31.1%的比表面积，大的比表面积会增多待测物质与材料的接触通道，提高材料的催化活性。综上，通过多步CEP过程精确调控形貌制备的$Co_3S_4@CuS@Co_3S_4$ HNBs，外部的二维Co_3S_4纳米片给CuS纳米笼提供了大量的活性位点，为多巴胺的扩散提供了丰富的通道，而CuS纳米笼阻止了二维Co_3S_4纳米片的团聚。再者内部的Co_3S_4纳米笼，提高了材料的体积占有率，增多了催化的活性位点提高催化活性，而且可以缓解反复氧化还原循环造成的结构应变，提高材料的稳定性。

5.2.3.2 电化学性能测试

图5-20呈现了$Co_3S_4@CuS@Co_3S_4$ HNBs/GCE和3个对比电极有无50 μM DA的情况下的CVs，对于CuS@Co_3S_4 HNBs/GCE、Co_3S_4 NBs/GCE和CuS NBs/GCE，在加入多巴胺之后观察到了响应电流。然而，观察到对比样品的响应电流比的$Co_3S_4@CuS@Co_3S_4$ HNBs/GCE的响应电流低，表明对比样电催化活性较低。在正向扫描中$Co_3S_4@CuS@Co_3S_4$ HNBs/GCE中的组分提供金属元素，Co^{2+}和Cu^{2+}被氧化成Co^{4+}和Cu^{3+}。氧化后的Cu^{3+}和Co^{4+}再从吸附的多巴胺中带走电子，生成Cu^{2+}和Co^{3+}。

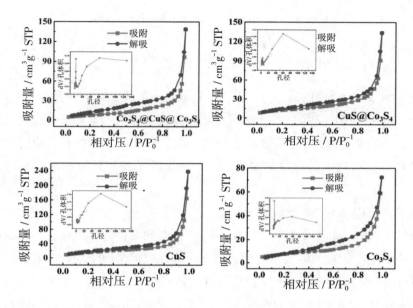

图5-19　（a）Co₃S₄@CuS@Co₃S₄ HNBs、（b）CuS@Co₃S₄ NBs、（c）CuS NBs和（d）Co₃S₄ NBs的孔径分布。插图为N₂吸附-解吸等温线

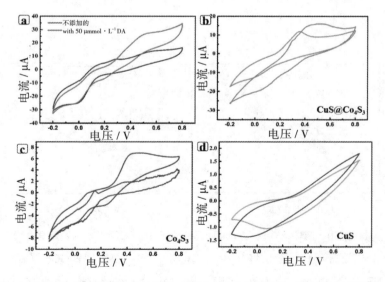

图5-20　（a）Co₃S₄@CuS@Co₃S₄ HNBs/GCE、（b）CuS@Co₃S₄ NBs/GCE、（c）CuS NBs/GCE和（d）Co₃S₄ NBs/GCE在有和没有50 μmol·L⁻¹葡萄糖的0.1 mol·L⁻¹ PBS溶液中以50 mV·s⁻¹的速度进行的CVs

$$CoO_2 + Dopamine | CoO(OH) + Dopamine\ quinine$$

$$Cu^{3+} + Dopamine | Cu^{2+} + Dopamine\ quinine$$

Co3S4@CuS@Co3S4 HNBs/GCE在不同的扫描速率下的CV纪录于图5-21（a）。其揭示了电极阴极和阳极的最大电流都随着扫描速率的平方根呈现线性增加的趋势，标明了是典型的控制扩散的过程。另外，阴极与阳极相对应的峰电位的位移与扫描速率的对数呈现线性相关，说明了控制扩散的电化学催化过程。

为了研究Co3S4@CuS@Co3S4 HNBs/GCE的电化学动力学优势，测试了电化学阻抗（EIS）。如图5-21（b），Nyquist由低频和高频部分组成，半圆对应于高频表示电子传递的阻力，而低频部分由线性组成与离子的扩散有关。显然Co3S4@CuS@Co3S4 HNBs/GCE的半圆小于另外三个对比电极。此外，Co3S4@CuS@Co3S4 HNBs/GCE的线性部分接近于垂直，表明其有较低的扩散阻力。这都归因于不仅二维片状结构壳结构能够提供高的电子转移速率和电子收集效率。还有内部的Co3S4 NBs提高了材料的体积占有率，从而降低了离子的扩散阻力。

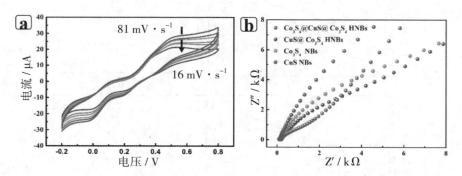

图5-21 （a）Co3S4@CuS@Co3S4 HNBs/GCE在0.1M PBS溶液中存在50 μmol·L⁻¹葡萄糖的情况下，不同扫描速率的CV；（b）Co3S4@CuS@Co3S4 NBs/GCE、（b）CuS@Co3S4 HNBs/GCE、（c）CuS NBs/GCE和（d）Co3S4NBs/GCE在0.1 mol·L⁻¹ PBS溶液中的奈奎斯特图

5.2.3.3　多巴胺检测

为了获知电极的最佳的工作电位，对电极进行了不同点位下的i-t测试[图5-22（a）]。显然，在工作点位0.45 V的情况下的响应电流比0.4 V和0.5 V的响应电流高，且0.45 V下的响应电流与浓度之间的线性关系比其他两个电位更优[图5-22（b）]。因此选择了0.45 V作为电极的工作电位，且此后测试均在0.45 V下进行。如图5-22（c）为响应电流随DA浓度的增加（5～1 150 μmol·L^{-1}）呈现的线性关系，Co$_3$S$_4$@CuS@Co$_3$S$_4$ HNBs/GCE线性方程为I（μA）=0.075 8C（μmol·L^{-1}）+0.46（R^2=0.992）。因此，计算的灵敏度为）。因此，计算的灵敏度为1 073.2 μAmM^{-1}·cm^{-2}，明显高于CuS@Co$_3$S$_4$ HNBs/GCE（713.4 μAmM^{-1}·cm^{-2}）、Co$_3$S$_4$ NBs/GCE（197.5 μAmM^{-1}·cm^{-2}）和CuS NBs/GCE（35.67 μAmM^{-1}·cm^{-2}）。此外，根据信噪比=3时，Co$_3$S$_4$@CuS@Co$_3$S$_4$ HNBs/GCE的检测限为0.617 μmol·L^{-1}，低于CuS@Co$_3$S$_4$ HNBs/GCE（1.151 μmol·L^{-1}）、Co$_3$S$_4$ NBs/GCE（3.683 μmol·L^{-1}）和CuS NBs/GCE（20.28 μmol·L^{-1}）。优异的电化学性能可归因于多层核壳结构和CuS NBs与Co$_3$S$_4$ NSs的耦合作用。（1）外部的Co$_3$S$_4$ NSs提供了大量的活性位点，同时内部的Co$_3$S$_4$NSs提高材料的体积占有率，提高材料的比表面积，这一点被BET的分析得到证实；（2）Co$_3$S$_4$NSs相互作用，提供扩散通道，加速了多巴胺和中间体的大量运输；（3）多层核壳结构大大降低了电子的转移阻力，EIS分析证实这一点。与以前研究的电极的性能相比（表5-5），Co$_3$S$_4$@CuS@Co$_3$S$_4$ HNBs/GCE具有优异的灵敏度和更低的检测限，这表明Co$_3$S$_4$@CuS@Co$_3$S$_4$ HNBs/GCE可作为电化学DA传感器中活性材料的理想选择。

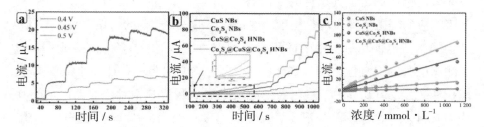

图5-22　（a）Co$_3$S$_4$@CuS@Co$_3$S$_4$ HNBs/GCE在0.1 mmol·L^{-1} PBS溶液中不同电位下的电流响应；（b）Co$_3$S$_4$@CuS@Co$_3$S$_4$ HNBs/GCE对不同多巴胺浓度的电流响应；（c）Co$_3$S$_4$@CuS@Co$_3$S$_4$ HNBs/GCE研究中多巴胺浓度与电极电流反应的关系

表5-5　电化学性能与以往文献的比较

Electrodes	Linear range ($\mu mol \cdot L^{-1}$)	Detection limit ($\mu mol \cdot L^{-1}$)	Sensitivity ($\mu AmM^{-1} \cdot cm^{-2}$)
Pt–Pd/NGPs[a]	10 ~ 120	3	350
Pt/Ninanowires	2 ~ 200	1.5	920
Co_3O_4/PbO_2/carbon cloth	5 ~ 1 200	0.31	460
3D–KSCs[b]/hierarchical Co_3O_4	8.8 ~ 700	26	1 370
Co–CoO–Co_3O_4	5 ~ 4 300	0.92	949
Co_3S_4@CuS@Co_3S_4 HNBs	0.617 ~ 1 150	0.617	1 073.2

[a] nGPs：Thenanoporous graphene papers
[b] KSCs：kenaf stem–derived carbon

5.2.3.4　选择性、可重复性和稳定性测试

为了测试Co_3S_4@CuS@Co_3S_4 HNBs/GCE的抗干扰性，在i-t测量过程中[图5-23（a）]，通过添加不同干扰物种来测试Co_3S_4@CuS@Co_3S_4 HNBs/GCE的选择性。值得注意的是，所有的干扰电流响应都小于7.23% ± 0.6。此外，第二次加入50 $\mu mol \cdot L^{-1}$多巴胺后的响应电流仍然具有初始测量响应电流的72.3%，表明具有优良的选择性。为了测试电极材料的长期稳定性，如图5-23（b）所示，一个月内每三天记录一次对50 $\mu mol \cdot L^{-1}$多巴胺的响应电流。最后记录的响应电流仍然保留了最初电流响应的83.4%。此外，电催化剂在30天后仍然保留了其独特的结构[图5-23（b）]，表明其结构稳定性显著。电流响应的轻微下降可能是由于一些最外层的Co_3S_4 NSs的坍塌。高度多孔的结构抑制了电催化过程中的体积变化和应力，提供了高稳定性。此外，为了测试电极的重复性，图5-23（c）记录了5个单独制备的Co_3S_4@CuS@Co_3S_4 HNBs/GCE对50 $\mu mol \cdot L^{-1}$多巴胺的电流响应。测量其相对标准偏差（RSD）约为1.34%。此外，对一根Co_3S_4@CuS@Co_3S_4 HNBs/GCE电极进行了10次50 $\mu mol \cdot L^{-1}$多巴胺的电流响应测试[图5-23（d）]，测得其RSD为3.63 %，表明了Co_3S_4@CuS@Co_3S_4 HNBs/GCE优异的重复性。

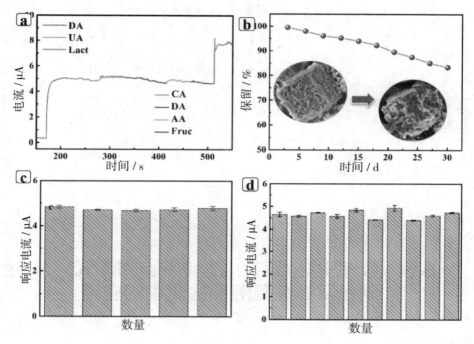

图5-23 （a）在0.1 mol·L^{-1} PBS溶液中依次加入十分之一的50 μmol·L^{-1}多巴胺的干
扰物后，Co$_3$S$_4$@CuS@Co$_3$S$_4$ HNBs/GCE的电流响应；（b）Co$_3$S$_4$@CuS@Co$_3$S$_4$ HNBs/
GCE的长期稳定性。插图为电化学检测葡萄糖前后电极的FESEM图像；（c）五根不同的
Co$_3$S$_4$@CuS@Co$_3$S$_4$ HNBs/GCE电极在0.1 mol·L^{-1} PBS中对50 μmol·L^{-1}多巴胺的电流响
应；（d）十次测量相同的Co$_3$S$_4$@CuS@Co$_3$S$_4$ HNBs/GCE对50 μmol·L^{-1}多巴胺在
0.1 mol·L^{-1} PBS溶液中

5.2.3.5 实际运用

根据之前报道的文献，Co$_3$S$_4$@CuS@Co$_3$S$_4$ HNBs/GCE用来检测从当地
医院购买的多巴胺盐酸盐注射液中的DA浓度。测得的回收率在90.37%
和102.41%之间（表5-6）。此外RSD值小于3.1%，表明 Co$_3$S$_4$@CuS@Co$_3$S$_4$
HNBs/GCE在非酶DA电化学传感器中具有广阔的应用潜力。

表5-6 多巴胺注射液含量测试（$n=3$）

Samples	Added （$\mu mol \cdot L^{-1}$）	Founded （$mmol \cdot L^{-1}$）	Recovery （%）	RSD（%）
1	5	4.618	90.37	1.8
2	10	9.623	96.23	2.7
3	50	51.21	102.41	3.1
4	100	94.67	94.67	2.8

5.3 CHNCs@Co$_3$O$_4$ NPs@MnO$_2$ NSs 制备及其在葡萄糖检测中的应用

葡萄糖在人体中的浓度是最重要的健康指数。另外，葡萄糖在临床、食品、农业等领域也是最终要的指标之一。因此，实现对葡萄糖的高灵敏度、快速的测定是极为重要的。近年来，不同类型的分析技术如色谱法、分光光度法、电泳法和电化学法等都已经报道了对葡萄糖的检测。其中，其他检测技术与电化学法相比，由于电化学法在测试、携带、成本和环保等方面有着无可比拟的优势，引起了研究者们的兴趣。

过渡金属氧化物（TMO）相对于贵金属传感器材料而言，具有价态多、环境友好、成本低等特点，是被视为传感器领域替代生物酶和贵金属最有潜力的材料。其中，Co$_3$O$_4$与MnO$_2$因其生物相容性好、具有稳定的晶体结构和高的电化学活性作为电极材料已被深入研究。然而，在氧化还原的过程中，材料聚集严重、体积膨胀导致结构坍塌，从而致使比表面积下降，导致电催化活性降低。近来，将具有电化学活性的TMO修饰于空心多孔碳表明，成为解决上述问题的有效策略，多孔的碳壳不仅可以提高材料的柔韧性，缓解材料氧化还原的体积变化，而且三维（3D）的碳壳可以防止纳米颗粒的团聚，从而使活性材料的长期稳定性和得到改善。此外，低维材料也提供了更多的比表面积，暴露了更多的活性位点，缩短电子传输距离，从而获得更高的催化活性。因此，综合上述结构优势，合理设计和构建低维TMOs于纳米颗粒（NPs），并将其很好地固定在空心碳壳表面，对提高电化学活性具有很大发展前景，是一项具有挑战性的任务。目前，在特定的气氛下将金属-有机框架（MOFs）通过热处理，从而合成TMOs/多孔碳，尽管取得了些许进展，但由于合成方法的限制，将低维的TMO固定于空心碳表面，任然是具有挑战性的。

在这项工作中，我们通过简单的MOF参与蚀刻的方法制备了分层MnO_2纳米片（NSs）与Co_3O_4纳米颗粒（NPs）同时镶嵌于3D空心碳纳米笼表面的结构（C HNCs@Co_3O_4 NPs@MnO_2 NSs），低维的Co_3O_4 NPs与MnO_2NSs 很好地增大了材料的比表面积，而多孔的 C HNCs提供了3D骨架，缓解了结构的坍塌与应变，防止了低维材料的团聚。使用 C HNCs@Co_3O_4NPs@MnO_2NSs修饰的玻碳电极对葡萄糖具有很高的电化学灵敏度，与长期稳定性。

5.3.1　实验部分

5.3.1.1　ZIF-67纳米立方的合成

将292 mg 的$Co(NO_3)_2·6H_2O$和4 mg的十六烷基三甲基溴化铵溶解在10 mL去离子水中。然后将此溶液到倒入70 mL含有4.54 g 2-甲基咪唑的水溶液中，并在室温下搅拌30 min。随后离心收集产品，用清水、乙醇清洗多次，直至洗净。

5.3.1.2　空心单宁酸-Co纳米盒的合成

首先将按原样制备的ZIF-67分散到20 mL乙醇中，然后倒入300 mL含有1 mg·mL^{-1}单宁酸（TA）的乙醇和去离子水混合溶液（1∶1）中，在室温下搅拌10 min。通过离心收集产物，并用乙醇洗涤数次，然后在70℃的烘箱中干燥，得到TA-Co HNCs。

5.3.1.3 C HNC@Co₃O₄nPsnCs合成

将原制备的TA-Co HNBs粉末在空气中以10 ℃·min⁻¹的加热速率在200℃下退火6 h后，可得到C HNC@Co₃O₄ NPs HCs。在此过程中，固体Co纳米颗粒可以通过Kirkendall效应转化为Co₃O₄纳米颗粒，从而得到C HNC@Co₃O₄NPsnCs。

5.3.1.4 C HNCs@ Co₃O₄nPs@MnO₂nSs的合成

将上述制备的C HNC@Co₃O₄ NPs 粉末30 mg分散于30 mL 高锰酸钾（KMnO₄，0.02 mol·L⁻¹）中，磁力搅拌30 min后，将悬浮液倒入50 mL不锈钢高压釜中，并分别在140 ℃ 保持6 h。最后，产物洗涤，离心的样品在真空干燥箱中于60℃干燥 12 h。

5.3.2 结果与讨论

5.3.2.1 材料表征

C HNCs@Co₃O₄NPs@MnO₂NSs的合成流程示意图如图5-24所示，通过图5-25（a）、（b）表明，立方ZIF-67的制备是成功的，其具有均匀的尺寸，光滑的表面，好的分散性质。在经过TA溶液中化学蚀刻和配位反应后，得到的TA-Co HNCs的SEM图像显示[图5-25（c）]，破碎TA-Co HNCs的内部已经被刻蚀成空心结构，而且均匀的立方体形态可以很好地保存，表面保持光滑[图5-25（d）]。随后在空气中退火之后，物质进一步转化为C HNC@Co₃O₄NPs Cs。SEM图像揭示了样品还是保持着500 nm左右的大小，且Co₃O₄NPs 很好地分散于C HNCs的表面，形成核壳结构[图5-25（e）]。由于Kirkendall效应的存在，内部的Co离子转移到了C HNCs表面，从而形成了C HNC@Co₃O₄ NPs核壳结构。之后将样品在不锈钢高压釜中进行水热，可以看到MnO₂纳米片的生成，这些纳米片相互交错以随机的方向垂直锚定在C HNC@Co₃O₄NPs的表面，形成C HNCs@Co₃O₄NPs@MnO₂NSs[图5-25（f）]。

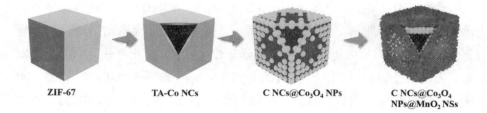

ZIF-67　　　　TA-Co NCs　　　C NCs@Co₃O₄ NPs　　C NCs@Co₃O₄
　　　　　　　　　　　　　　　　　　　　　　　　　　　　NPs@MnO₂ NSs

图5-24　C HNCs@Co₃O₄ NPs@MnO₂ NSs的构建示意图

图5-25　ZIF-67（a，b）、TA-Co HNCs（c，d为破碎的TA-Co HNCs）、C HNC@
Co₃O₄NPs（e）和C HNC@Co₃O₄NPs HCs@MnO₂（f）的FESEM图像

通过XRD对最终的样品（C HNCs@Co₃O₄NPs@MnO₂NSs）进行晶体结构分析。如图5-26所示，样品中在23°和43°处有两个明显的衍射峰，很好吻合了C的标准卡片（No. 26-1075）揭示了C的存在。除此之外，XRD图谱出现了立方晶系Co₃O₄（PDF#74-2120）和六方MnO₂晶系（PDF#18-0802）相对应的峰，这与之前的文献有较好的一致性。结合XRD与FESEM测试结果证实C HNCs@Co₃O₄NPs@MnO₂NSs的成功制备。

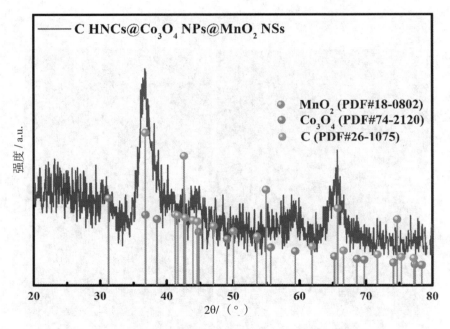

图5-26　C HNCs@Co₃O₄ NPs@MnO₂NSs的XRD图谱

合成的C HNCs@Co₃O₄NPs@MnO₂NSs/GCE这种多层核壳结构，外部的低维结构为C HNCs提供了大量的比表面积，而同时，C HNC很好地防止了低维材料的团聚和结构坍塌。这种结构上的协同效应，在增多了电化学活性位点的同时，提高了材料的长期稳定性。

5.3.2.2　电化学性能测试

如图5-27所示，在存在和不存在50 μmol·L⁻¹葡萄糖的情况下C HNCs@

Co$_3$O$_4$ NPs@MnO$_2$ NSs/GCE的CVs，可以看到在加入葡萄糖之后明显的电流响应，说明C HNCs@Co$_3$O$_4$NPs@MnO$_2$ NSs/GCE对葡萄糖具有催化活性。在CVs的正向扫描中，Mn^{2+}和Co^{2+}通过施加的电位而被夺走电子，被氧化成Mn^{4+}和Co^{4+}。随后，被夺走电子的Mn^{4+}和Co^{4+}吸附于葡萄糖，从而夺取葡萄糖的电子，生成Mn^{2+}和Co^{3+}，而同时，被夺走电子的葡萄糖转化为葡萄糖内酯（方程（7）-（8））。

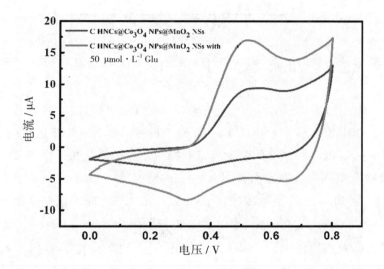

图5-27　C HNCs@Co$_3$O$_{4NPs}$@MnO$_2$ NSs/GCE在0.1 mol·L^{-1}NaOH中以50 mV·s^{-1}的速度存在和不存在50 μmol·L^{-1} 葡萄糖的CVs

$$CoO_2 + 葡萄糖 | CoO(OH) + 葡萄酸 \qquad (7)$$

$$MnO_2 + 葡萄糖 | MnoOH + 葡萄酸 \qquad (8)$$

为了探究不同电位对电化学响应的影响，所以利用i-t测试了不同电位的电流响应（图5-28）。其结果表明，0.5 V为其最佳工作电位，所以此后的i-t测试均是在此电位下进行。

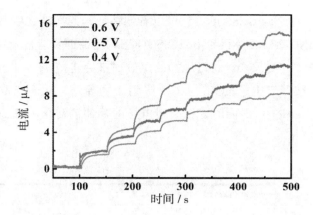

图5-28　C HNCs@Co$_3$O$_4$NPs@MnO$_2$NSs/GCE在0.1 mol·L^{-1}NaOH溶液中不同电位下的电流响应

图5-30是在0.5V下对C HNCs@Co$_3$O$_4$NPs@MnO$_2$NSs/GCE进行i-t测试[图5-29（a）]，可以明显看到GCE与待测物质浓度的线性关系[图5-29（b）]。其在灵敏度范围内线性方程为I（μA）=0.0559 7C（μmol·L^{-1}）+1.112（R^2= 0.995），可知其灵敏度为792.21 μAmM^{-1} cm^{-2}。此外，根据信噪比=3时，C HNCs@Co$_3$O$_4$NPs@MnO$_2$NSs/GCE的最低检测限为1.147 μmol·L^{-1}。优异的电化学活性，可归因于以下：（1）外部的MnO$_2$NSs和Co$_3$O$_4$NPs提供了大量的比表面积，从而获得了优异的电催化活性；（2）内部的C HNCs提供了骨架支撑，有效地阻止了低维材料的团聚与形貌的坍塌；（3）外部的片状结构为检测物质的扩散提供了高速通道，从而可以大量运输检测物质的转移；（4）多物相的耦合，降低了物质催化的工作电位，抗干扰能力更优秀。

与之前的研究葡萄糖传感器的文献相比，C HNCs@Co$_3$O$_4$NPs@MnO$_2$NSs/GCE具有优异的灵敏度和低的工作点位。

5.3.2.3　选择性、可重复性和稳定性测试

为了测定GCE的重现性与重复性，测试5根独立制备的C HNCs@Co$_3$O$_4$NPs@MnO$_2$NSs/GCE对50 μmol·L^{-1}葡萄糖的电流响应，其相对标准偏差为6.27%±0.6[图5-30（a）]。另外，图5-30（b）测试了单根CGE重复10次对50 μmol·L^{-1}葡萄糖浓度测试的响应，测得RSD为5.86%，表明了其卓越

的重现性与重复性。为了进一步测定GCE的稳定性，在室温下保存电极30天，每3天记录电极对50 μmol·L^{-1}葡萄糖的响应电流，30天后其响应电流依然保持了初始电流的89.2%[图5-31（c）]。以上的测试结果表明了C HNCs@Co$_3$O$_4$NPs@MnO$_2$ HNSs/GCE出色的重现性、重复性、和稳定性。

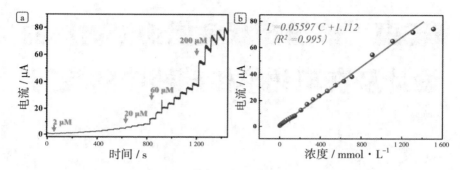

图5-29　（a）C HNCs@Co$_3$O$_4$ NPs@MnO$_2$ NSs/GCE对不同葡萄糖浓度的电流响应；（b）本研究中葡萄糖浓度与电极电流反应的关系

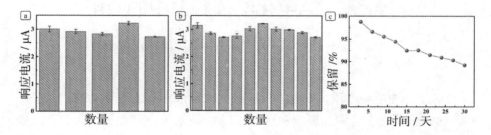

图5-30　（a）五根不同的C HNCs@Co$_3$O$_4$ NPs@MnO$_2$ NSs/GCE电极在0.1 mol·L^{-1} NaOH中对50 μmol·L^{-1}葡萄糖的电流响应；（b）十次测量相同的C HNCs@Co$_3$O$_4$ NPs@MnO$_2$ NSs/GCE对50 μmol·L^{-1}葡萄糖在0.1 mol·L^{-1} PBS溶液中。（c）C HNCs@Co$_3$O$_4$NPs@MnO$_2$ NSs/GCE的长期稳定性

5.3.2.4　实际运用

为了测定GCE的实际应用价值，利用C HNCs@Co$_3$O$_4$ NPs@MnO$_2$ NSs/GCE测试从当地医院购买的葡萄糖注射液进行分析，结果表明葡萄糖的回收率在91.2%至98.8%之间，且RSD小于5.3%，C HNCs@Co$_3$O$_4$NPs@MnO$_2$NSs/GCE具有良好的回收率和实用性。

第6章 多级笼状金属纳米材料的设计及在电化学传感器中的应用

6.1 Ni（OH）$_2$纳米笼@MnO$_2$纳米片的设计及在DA电化学传感器中的应用

DA是一种神经递质，在行为反应和激素释放中具有重要功能。某些疾病，如帕金森病、精神分裂症和亨廷顿病与DA水平密切相关。因此，准确监测DA浓度对人类健康和疾病预防至关重要。由于人体内部DA浓度极低，对于准确地测定DA的检测分析方法（高灵敏度和低检测限）急需快速发展。电化学的路线由于操作简单、成本低廉、灵敏度高、检测限低等特点，受到越来越多的关注。众所周知，电化学传感器的性能取决于工作电极的性能，因此可通过合理设计电催化剂来实现DA的敏感分析检测。

过渡金属氧化物/氢氧化物（TMOs/TMHs）由于价格低廉、高氧化还原活性和理想的循环稳定性，在电化学领域引起了广泛的注目。受动力学启发，TMOs/TMHs的电催化活性与微观结构（如形态、比表面积和孔隙率等）密切相关。因此，许多课题组投入大量的努力去改善TMO/TMHs电极的微观结构和表面形貌。其中，整合不同维度的纳米活性材料可以有效地构建具有高电催化活性的TMO/TMHs电极。例如，MoS$_2$纳米片涂覆CoS$_2$纳米线（CoS$_2$@MoS$_2$）制备的电极，可以获得高效的析氢反应时间。这些电催化剂整合不同维度纳米活性材料的结构和功能优势，从而产生协同效应并克服每种组分的结构缺陷。

二维（2D）纳米片具有独特的物理化学性质，这些独特性质来源于2D纳米片高度的结构和形态各向异性。片状结构特征可以产生较大的比表面积，更多地暴露催化活性位点，并且缩短离子或电子的传输或转移距离。然而，由于片状结构之间存在大的接触面积，2D纳米片易于团聚，因此会屏蔽大量的活性位点，导致电催化活性材料利用率的降低。2D纳米片直接沉积到特定的支架上可有效地解决此类问题。具有较大内外活性面积的3D空心纳米结构可为电极和电解质之间提供大量的活性位点和足够的接触面积。此外，内部空腔与极薄的壳体有利于路径受限的电子传输，实现快速的电子转移，并能够避免纳米颗粒的团聚问题。因此，将3D空心纳米结构作为2D纳米片的支架，能够有效地防止2D纳米片的团聚问题，以充分利用2D材料；2D 纳米片状"壳"赋予3D纳米箱"核"更大的比表面积和丰富的扩散通道，因而改善质量传输过程的动力学条件。同时，这种特殊的复合结构也能缓解电化学测试中易出现的体积膨胀和结构应变问题。一些文献在电化学领域中已经报道了独特的3D空心"核"@2D"壳"结构。然而，通过研究调研发现，迄今为止，鲜有电化学传感器对此独特结构进行研究报道，大部分的报道通常将空心碳材料作为2D外壳支架，例如，C nanocage@MoS$_2$ nanosheets于锂电池、C spheres@MoS$_2$ nanosheets于超级电容器、Cspheres@NiFe hydroxides nansheets于析氢还原。尽管3D空心碳作为支架可防止2D"壳"的团聚，但是碳材料对DA的电催化活性并不理想，限制传感器的进一步发展和利用。用高活性的3D空心TMHTMO纳米结构代替空心碳作为2D材料的支架不仅利用其结构优势，而且还可获得更高的电催化活性，以此增强电化学性能。

在这项工作中，本文首次将Ni(OH)$_2$ NCs作为MnO$_2$ NSs的支架，以提高电催化活性。Ni(OH)$_2$ NCs@MnO$_2$ NSs核-壳结构（Ni(OH)$_2$ NCs@MnO$_2$ NSs CSA）通过协同蚀刻和沉淀法（CEP）并结合水热反应进行制备。这样，2D纳米片组成的MnO$_2$"壳"在3D立方Ni(OH)$_2$ NCs"核"上垂直生长，产生空心多級結構。實驗結果反映，Ni(OH)$_2$ NCs@MnO$_2$ NSs修飾的玻碳電極（GCE）對DA的靈敏度高、檢出限低、可重複性和選擇性良好。

6.1.1 實驗部分

6.1.1.1 實驗試劑及儀器
（1）實驗試劑（表6-1）

表6-1 實驗試劑列表

試劑名	分子式	級別	生產單位
氯化銅	$CuCl_2 \cdot 2H_2O$	分析純	成都艾科達
氯化鎳	$NiCl_2 \cdot 6H_2O$	分析純	成都艾科達
硫代硫酸鈉	$Na_2S_2O_3 \cdot 5H_2O$	分析純	成都艾科達
高錳酸鉀	$KMnO_4$	分析純	成都艾科達
聚乙烯吡咯烷酮	PVP	分析純	成都艾科達
氫氧化鈉	$Ni(OH)_2$	分析純	成都艾科達
葡萄糖	$C_6H_{12}O_6$	分析純	Sigma
多巴胺	$C_8H_{11}O_2N$	分析純	Sigma
抗壞血酸	$C_6H_8O_6$	分析純	Sigma
尿酸	$C_5H_4NO_3$	分析純	Sigma
乳糖	$C_{12}H_{22}O_{11}$	分析純	Sigma
蔗糖	$C_{12}H_{22}O_{11}$	分析純	Sigma
果糖	$C_6H_{12}O_6$	分析純	Sigma
Nafion	—	—	Sigma

（2）实验仪器（表6-2）

表6-2　实验仪器列表

仪器名	型号	生产单位
微型移液枪	Finnpipeette型	上海热电
超声波清洗仪	SB 1000	宁波新芝
分析天平	FA2014J型	上海悦平
水浴锅	DS101	巩义予华
真空干燥箱	BGZ-76型	上海博讯
磁力搅拌仪	KQ5200DB	上海热电
X射线衍射仪	Rigaku D/Max-2400	日本岛津
透射电子显微镜	FEI F20	美国FEI
场发射扫描电镜	SU8020	上海蔡司
X射线光电子能谱仪	ESCAL AB250Xi	英国VG
电化学站	Autolab ì III	瑞士万通

6.1.1.2　Cu_2O模板的制备

根据先前的工作，首先制备合成立方Cu_2O模板。在55℃水浴磁力搅拌下，60 mL NaOH溶液（2 mol·L^{-1}）滴入600 mL $CuCl_2·2H_2O$（0.01 mol·L^{-1}）水溶液。反应30 min后，向上述溶液中添加60 mL AA（0.6 mol·L^{-1}）。待溶液变为砖红色后，离心收集并洗涤2~3次；收集的样品置于真空干燥箱中，在40 ℃下干燥12 h。如图6-1（a）~（c）所示，制备的Cu_2O模板具备精致的立方形态且结构形态稳定。同时，Cu_2O模板具有高的纯度。

6.1.1.3　MnO_2NSs制备

30 mL $KMnO_4$水溶液（0.02 mol·L^{-1}）搅拌30 min后，将其倒入50 mL不锈钢高压釜中，并在140 ℃下保持12 h。最后，产物进行洗涤，离心的样品在真空干燥箱中于60 ℃干燥12 h，如图6-1（d）所示，获得的MnO_2 NSs具有严重的团聚问题。

图6-1 （a，b）Cu₂O的场发射扫描电镜图；（c）Cu₂O的XRD；
（d）MnO₂纳米片的场发射扫描电镜图

6.1.1.4　Ni（OH）2 NCs制备

通过CEP的方法，利用$S_2O_3^{2-}$制备Ni(OH)₂ NCs。简而言之，将400 mg Cu₂O和140 mg NiCl₂粉末倒入400 mL水和酒精的混合溶液中（体积比为1∶1）。短暂的超声处理后，13.2 mg PVP添加到上述混合溶液中，磁力搅拌30 min以后，逐滴滴加160 mL Na₂S₂O₃溶液（1 mol·L⁻¹）。反应在室温下持续3h以后，离心收集产物，最后的样品置于真空箱内，在60℃下干燥12 h。

6.1.1.5　Ni（OH）₂ NCs＠MnO₂ NSs制备

通过水热反应制备Ni(OH)₂ NCs@MnO₂ NSs CSA。首先，将30 mg Ni(OH)₂ NCs分散于30 mL KMnO₄（0.02 mol·L⁻¹）中。磁力搅拌30 min后，将悬浮液倒入50 mL不锈钢高压釜中，并分别在140℃保持4 h、8 h和12 h。最后，产物洗涤，离心的样品在真空干燥箱中于60℃干燥12 h。

6.1.1.6　工作电极的制备

所有电化学实验均在0.1 mol·L⁻¹磷酸盐缓冲溶液（PBS, pH 7.0）中完成。修饰的GCE（φ=3 mm）作为工作电极，Ag/AgCl（饱和KCl）作为参比电极，Pt电极（φ=2 mm）作为对电极。通过氧化铝浆料对GCE进行抛光处理，处理后的电极在稀HNO₃、水和乙醇中分别进行超声波清洗，然后置于室温干燥，以待制备工作电极。接着，将每种活性物质（5 mg）均匀分散在含有0.9 mL水和0.1 mL Nafion的混合溶液中。最后，将5 µL的悬浮液滴到预处理的GCE上，并在室温下干燥，制备的电极分别命名为Ni(OH)₂ NCs@MnO₂ NSs CSA/GCE、Ni(OH)₂ NCSs/GCE 和MnO₂ NSs/GCE。

6.1.2　结果与讨论

6.1.2.1　材料的表征

图6-2（a）展示Ni(OH)₂ NCs@MnO₂ NSs CSA制备过程及原理。在阶段I，Ni²⁺在超声的作用下富集于Cu₂O模板表面：由于Cu²⁺和S₂O₃²⁻之间存在软性相互作用的原因，S₂O₂离子的引入可以腐蚀Cu₂O，形成[Cu₂（S₂O₃²⁻）x]²⁻²ˣ离子（反应1）。同时，S₂O子的协同腐蚀和部分水解（反应2）共同释放OH，在Cu₂O模板表面与Ni²⁺结合形成Ni(OH)₂壳体（反应3）。质量传输在上述过程中起着至关重要的作用[图6-2（b）]：S₂O₃²⁻从外向内腔的扩散反映了Cu₂O的腐蚀速率，OH⁻从内腔向外的迁移与Ni(OH)₂光层的形成密切相关。Cu₂O模板的协同刻蚀速率与Ni(OH)₂光层沉淀速率的同步控制形成定义明确的Ni(OH)₂ NCs（阶段II）。最后，通过水热法（反应4，阶段I）复合MnO₂ NSs，构建Ni(OH)₂ NCs@MnO₂ NSsCSA。图6-2（c）是在不同阶段下获得的样品TEM形貌图像，观察到的形成过程与上述推导的机理相匹配。

$$Cu_2O+S_2O_3^{2-}+H_2O \rightarrow [Cu_2（S_2O_3^{2-}）_x]^{2-2x} +2OH^- \tag{1}$$

$$S_2O_3^{2-}+H_2O \rightarrow HS_2O^- +OH^- \tag{2}$$

$$Ni^{2+}+2OH^- \rightarrow Ni(OH)_2 \qquad （3）$$

$$KMnO_4 \rightarrow MnO_2+O_2 \qquad （4）$$

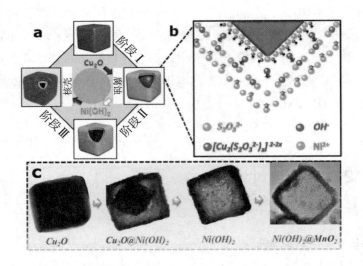

图6-2 （a）Ni(OH)$_2$ NCs@MnO$_2$ NSs CSA的合成过程示意图；（b）CEP反应过程；
（c）各阶段匹配的透射电镜图

图6-3（a）-（f）提供了MnO$_2$ NSs 形成过程的FESEM形貌图。首先，KMnO$_4$分解产生的MnO$_2$以纳米颗粒的形式富集在Ni(OH)$_2$ NCs表面；然后，随着水热时间的增加，高的温度与压力促使Ni(OH)$_2$NCs表面的MnO$_2$晶粒生长，最后形成MnO$_2$ NSs。

图6-4（a）是Ni(OH)$_2$ NCs @MnO$_2$ NSs CSA的XRD图谱。位于38.7°的峰值可以索引为典型的六边形Ni(OH)$_2$（PDF #14-0117）。在36.8°和65.7°处的特征峰分别对应于水钠锰矿型MnO$_2$的（006）和（119）晶面（PDF #18-0802）。化学成分和电子态的详细信息利用XPS进行分析。对于Ni 2p[图6-4（b）]，两个主峰分别位于854.76 eV和857.39 eV，自旋能量分离为17.68 eV，对应Ni 2p$_{1/2}$和Ni 2p$_{1/2}$。另外，两个额外的峰识别为Ni 2p$_{3/2}$和Ni 2p$_{1/2}$的卫星峰，进一步证实了样品中Ni^{2+}的存在。在Mn 2p光谱中[图6-4（c）]，

642.37 eV和654.19 eV处的两个主峰分别匹配Mn^{2+}的Mn $2p_{3/2}$和Mn $2p_{1/2}$。注意到，O 1s谐观察到O_1和O_2两种不同状态[图6-4（d）]。通过与$Ni(OH)_2$ NCs的O 1s光谱[图6-4（d）]进行对比，$Ni(OH)_2$ NCs @MnO_2 NSs CSA在531.32 eV处的O_1峰可归属于$Ni(OH)_2$的羟基，而529.88 eV处的O_2峰符合Mn—O键的特征。XRD和XPS数据均证实$Ni(OH)_2$/MnO_2复合材料成功的制备。

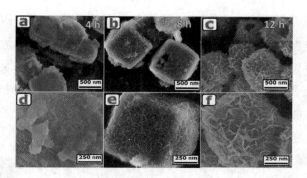

图6-3 （a）$Ni(OH)_2$ NCs@MnO_2 NSs CSA的分别在（a，d）4 h、（b，e）8h和（c，f）12 h水热后的场发射扫描电镜图像

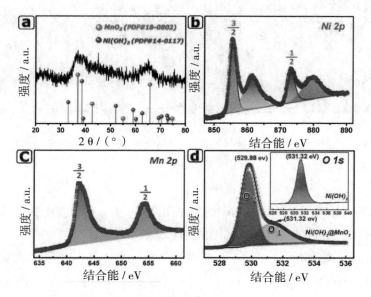

图6-4 （a）$Ni(OH)_2$ NCs@MnO_2 NSs CSA的XRD；（b）Ni 2p；（c）Mn 2p；（c）O 1s

Cu₂O模板显示立方形态，平均边缘长度约为500 nm。经过CEP处理后，Ni(OH)₂ NCs仍保留了模板的立方特征[图6-5（a）]。图6-5a的插图中，破的纳米颗粒显示空心腔体，确认了Ni(OH)₂样品笼状结构的形成。Ni(OH)₂ NCs的三维尺寸几乎与Cu₂O模板相同[图6-5（b）]，并具有粗糙多孔表面[图6-5（c）]，这为MnO₂ NSs的进一步生长提供足够的位置。水热反应后，Ni(OH)₂ NCs仍然保持其立方特征[图6-5（d）]，纳米笼表面明显变得更加粗糙。高倍的FESEM图像显示MnO₂层在Ni(OH)₂NCs表面垂直生长，形成"核–壳"结构[图6-5（e）]。图6-5（f）进一步显示随机组装的MnO₂ NSs形成网状MnO₂层。对于这样的多级结构，3D空心的Ni(OH)₂"核"提供足够的外部和内部表面，可促进靶向分子的有效吸附。2D多孔"壳"不仅为分析物提供足够的扩散通道，而且能够改善电子的收集和传输速率。

图6-5 （a，c）Ni(OH)₂ NCs和（d–）Ni(OH)₂ NCs@MnO₂ NSs CSA的场发射扫描电镜图

在图6-6（a）中，Ni(OH)₂ NCs的TEM图像进一步确认其稳定的笼状形态。水热过程后，MnO₂ NSs沉积在Ni(OH)₂ NCs表面上，"核"与"壳"之间没有明显的层间间隙[图6-6（b）]。MnO₂"壳"和Ni(OH)₂NCs"核"的厚度分别确定为25 nm和60 nm[图5-6（c）]。此外，选定区域的电子衍射（SAED）图像显示MnO₂ NSs的多晶特征[图6-6（c）]。图6-6（d）观察到三个晶格条纹

间距为0.24 nm、0.17 nm和0.14 nm，这与水钠锰矿型MnO$_2$的（006）、（301）和（119）晶面一致（PDF#18-0802）。Ni(OH)$_2$ NCs NCs@MnO$_2$ SSs CSA的元素分布利用Mapping和线扫描进行分析。在图6-6（e）中，O、Mn和Ni元素的信号在边缘处强而在中心处弱，证实样品空心结构的特征。线扫描数据表明三种元素（Mn、Ni和O）在纳米箱上近表面分布[图6-6（f）]，这与Mapping的结果保持一致。因此，XRD、SEM和TEM数据证明Ni(OH)$_2$ NCs NCs@MnO$_2$ SSs CSA的成功设计。

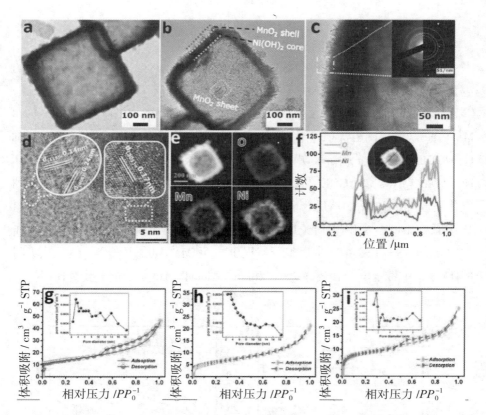

图6-6 （a）Ni(OH)$_2$NCs和（b，c）Ni(OH)$_2$ NCs@MnO$_2$ NSs CSA的透射电镜图；图（c）的插图是MnO$_2$ NSs的电子衍射花样图；（d）MnO$_2$ NS的高分辨图像；（e）Ni(OH)$_2$ NCs@MnO$_2$ NSsCSA的元素分布和（f）线扫描；（g）Ni(OH)$_2$ NCs@MnO$_2$ NSs CSA、（h）Ni(OH)$_2$ NCs和（i）代表MnO$_2$ NSs的Ni^{2+}吸附-脱附等温线；插图是相应的孔径分布

样品的比表面积和孔隙结构通过BET进行测量。在图6-6（g）中，Ni(OH)$_2$ NCsNCs@MnO$_2$ NSsCSA的吸脱附曲线具有H4型滞后环，这是多层结构的典型特征。Ni(OH)$_2$ NCs NCs@MnO$_2$ NSs CSA的表面积大致为50 m$^2 \cdot$g^{-1}，高于Ni(OH)$_2$ NCs[22.1 m$^2 \cdot$g^{-1}，图6-6（h）]和MnO$_2$ NSs[32 m$^2 \cdot$g^{-1}，图6-6（i）]的比表面积。Ni(OH)$_2$ NCs NCs@MnO$_2$ NSs CSA的平均孔径为5.7 nm左右，可作为合适的传质通道。此外，Ni(OH)$_2$ NCs NCs@MnO$_2$ NSs CSA、Ni(OH)$_2$ NCs和MnO$_2$ NSs的孔隙体积分别为0.06 cm$^2 \cdot$g^{-1}、0.03 cm$^2 \cdot$g^{-1}和0.031 cm$^2 \cdot$g^{-1}大的比表面积、显著的孔隙体积和合适的扩散通道。

6.1.2.2　电化学性能测试

Ni(OH)$_2$ NCs@MnO$_2$ NSs CSA/GCE. Ni(OH)$_2$ NCs/GCE和MnO$_2$ NSs/GCE的电化学性能通过循环伏安法（CV）、电化学阻抗谱（EIS）和计时电流法（CA）进行评估。添加50 μmol·L^{-1} DA后，Ni(OH)$_2$ NCs/GCE[图6-7（a）]和MnO$_2$ NSs/GCE[图6-7（b）]增加的响应电流均低于Ni(OH)$_2$ NCs@MnO$_2$ NSs CSA/GCE[图6-8（a）]，表明两种电极材料较低的电催化活性。对于Ni(OH)$_2$ NCs@MnO$_2$ NSs CSAGCE，在无DA添加的情况下，对应的CV曲线未观察到氧化还原峰；在添加DA后，Ni(OH)$_2$NCs@MnO$_2$ NSs CSA/GCE 发现明显的氧化还原峰。图6-8（b）讨论DA的电催化机理，在电催化过程中，Ni(OH)$_2$ NCs@MnO$_2$ NSs CSA中的金属组分将提供Ni^{2+}和Mn^{4+}的电子媒介，然后从吸附的DA分子中带走电子，还原为Ni^{2+}和Mn^{2+}；同时，DA分子被氧化为DA醌。

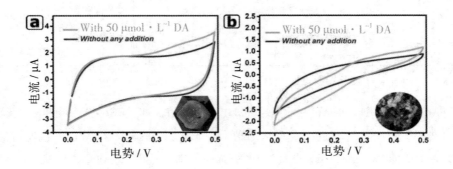

图6-7 （a）Ni(OH)$_2$ NCs/GCE和（b）MnO$_2$ NSs/GCE的CVs

$Ni(OH)_2$ NCs@MnO_2 NSs CSA/GCE在不同扫描速率下的CV曲线记录在图6-8（c）中。如图6-8（c）插图所示，阳极和阴极峰值电流均随扫描速率的平方根线性增加，揭示了典型的控制扩散电催化过程图。此外，阳极/阴极峰电位的正/负位移与扫描速率的对数呈线性相关[图6-8（d）]，表明准可逆的电催化行为。因此，可以通过Laviron方程来计算电子传递数和系数：

$$E_{pa} = E^{0'} + 2.3\left(\frac{RT}{(1-\alpha)nF}\right)\lg v \qquad （5）$$

$$E_{pc} = E^{0'} - 2.3\left(\frac{RT}{\alpha nF}\right)\lg v \qquad （6）$$

其中，n是转移的电子数，α是电子转移系数，v是扫描速率，$E^{0'}$是运用的电势。F，R和T代表各自传统含义。在图6-8（d）中，线性回归方程表示为：$E_{pa}=0.2495 +0.084\ 57\lg v$（$R^2$=0.992）和$E_p$=0.309 5-0.061 86 $\lg v$（$R^2 = 0.994$）。n和a的值分别计算为1.676和0.576，这表面快速的两电子转移电催化过程。

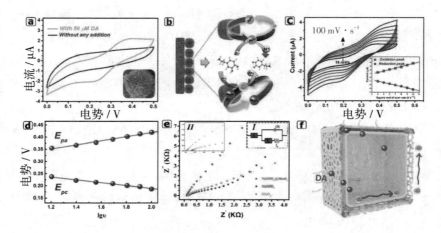

图6-8　（a）$Ni(OH)_2$ NCs@MnO_2 NSs CSA/GCE的CVs；（b）$Ni(OH)_2$ NCs@MnO_2 NSs CSA/GCE上DA氧化还原反应的原理；（c）$Ni(OH)_2$ NCs@MnO_2 NSs CSAGCE在50μM DA.不同扫描速率下的CVs，插图表示峰值电流与扫描速率平方根的关系；（d）峰电位与$\lg v$的关系；（e）$Ni(OH)_2$ NCs@MnO_2 NSs CSAGCE. $Ni(OH)_2$ NC/GCE和MnO_2 NSs CSA /GCE的Nyquist图；（f）$Ni(OH)_2$ NCs@MnO_2 NSs CSA的动力学过程示意图

图6-8（e）表示Ni(OH)$_2$ NCs@MnO$_2$ NSs CSA/GCE、Ni(OH)$_2$ NCs/GCE和MnO2 NSs/GCE电极的Nyquist点。等效电路由电子传输电阻（R_{ct}）、溶液电阻（R_S）和韦伯阻抗（Z_W）拟合而成。Ni(OH)$_2$ NCs@MnO$_2$ NSS CSA/GCE的R_{ct}（0.139 kΩ）比Ni(OH)$_2$ NCs/GCE（1.56 kΩ）和MnO$_2$ NSs/GCE（2.05 kΩ）小。低的电子转移电阻可以归结于独特的空心多级结构，它能够保证高的电子收集效率和电子转移速率。Ni(OH)$_2$ NCs@MnO$_2$ NSs CSAGCE的Rs（0.105kΩ）低于Ni(OH)$_2$ NCs/GCE（0.163 kΩ）和MnO$_2$ NSs/GCE（0.147 kΩ）。此外，Ni(OH)$_2$ NCs@MnO$_2$ NSs CSA/GCE 的Z_w比Ni(OH)$_2$ NCs/GCE 和MnO$_2$ NSs/GCE大，这揭露这更低的离子扩散阻力。Ni(OH)$_2$ NCs@MnO$_2$ NSs CSAGCE较低的离子扩散阻力可能归因于Ni(OH)$_2$ NCs "核" 的3D多孔特征以及MnO$_2$ NSs "壳" 构成地丰富的扩散通道[图6-8（f）]。通过以上分析，Ni(OH)$_2$ NCs@MnO$_2$ NSs CSA/GCE表现出理想的质量传输和电子转移方面的动力学优势，具备优异的电催化特性。

6.1.2.3　DA分析检测

为了确定最佳的工作电位，记录Ni(OH)$_2$ NCs@MnO$_2$ NSs CSA/GCE在不同电势下的i–t曲线，数据收集于图6-9中。Ni(OH)$_2$ NCs@MnO$_2$ NSs CSAGCE在0.35 V时显示出较高的响应电流，因此选作最佳工作电位。为了评估全面的电催化活性，记录Ni(OH)$_2$ NCs@MnO$_2$ NS CSAGCE、Ni(OH)$_2$ NCs/GCE和MnO$_2$ NSs/GCE在0.35 V时的i–t曲线。

图6-10（a）～（c）分别代表Ni(OH)$_2$ NCs@MnO$_2$ NSs CSA/GCE、Ni(OH)$_2$ NCs/GCE和MnO$_2$ NSs/GCE对不同浓度DA的i–t图。如图6-10（d）所示，三个工作电极对DA浓度的侦测均呈现两段线性范围，分析的原因如下：在低浓度时，电催化过程以DA扩散为主；极低的DA浓度导致活性物质，特别是对内部空间活性物质利用的不足，产生低的灵敏度；在高的DA浓度下，活性物质被完全渗透，产生更高的灵敏度。表6-3总结不同的工作电极（Ni(OH)$_2$ NCs@MnO$_2$ NSs CSA/GCE、Ni(OH)$_2$ NCs/GCE和MnO$_2$ NSs/GCE）侦测DA时的灵敏度、理论计算的检测限、线性范围和响应时间。Ni(OH)$_2$ NCs@MnO$_2$ NSs CSA/GCE在低浓度范围（0.02 μmol·L^{-1}至16.3 μmol·L^{-1}）和高浓度范围（18.3 μmol·L^{-1}至118.58 μmol·L^{-1}）的灵敏度分别为467.1 μAmM^{-1}·cm^{-2}和

1 249.9 $\mu AmM^{-1} \cdot cm^{-2}$。显然，在两个线性范围内，Ni(OH)$_2$ NCs@MnO$_2$ NSs CSA/GCE的灵墩度均高于Ni(OH)$_2$ NCs/GCE（399.2 $\mu AmM^{-1} \cdot cm^{-2}$和 665.3 $\mu AmM^{-1} \cdot cm^{-2}$）和MnO$_2$ NSs/GCE（43.9 $\mu AmM^{-1} \cdot cm^{-2}$和498.1 $\mu AmM^{-1} \cdot cm^{-2}$）。 Ni(OH)$_2$ NCs@MnO$_2$ NSs CSA/GCE高的电催化活性可以归因于Ni(OH)$_2$ NCs和 MnO$_2$ NSs 之间的协同作用：（1）Ni(OH)$_2$ NCs和MnO$_2$ NSs的耦合可获得更大 的比表面积，这被BET的分析所证实；（2）Ni(OH)$_2$ NCs阻止了MnO$_2$ NSs的 团聚，并充分利用了MnO$_2$层。此外，Ni(OH)$_2$ NCs的多孔壳也提高了MnO$_2$层 收集电子的传输速率。（3）MnO$_2$ NSs赋予Ni(OH)$_2$ NCs大量的扩散通道，促 进了DA的传输过程，这被EIS分析和D值计算所证明。与Ni(OH)$_2$ NCs/GCE （10.2 nmol·L^{-1}）和MnO$_2$ NS/GCE（30.8 nmol·L^{-1}）相比，Ni(OH)$_2$ NCs@MnO$_2$ NSsCSA/GCE的检出限低至1.75 nmol·L^{-1}（号信/噪声为3）。

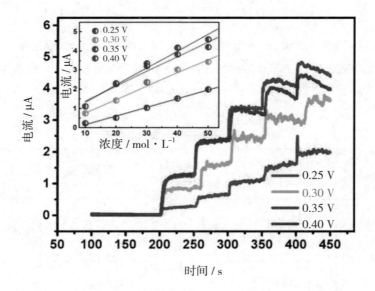

图6-9　（a）Ni(OH)$_2$ NCs@MnO$_2$ NSs CSAGCE在不同工作电势下对
20 μmol·L^{-1} DA的电流响应

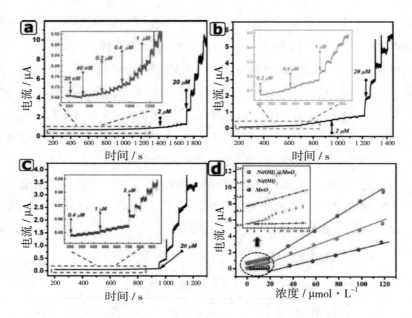

图6-10 （a）Ni(OH)$_2$ NCs@MnO$_2$ NSs CSAGCE；（b）Ni(OH)$_2$ NCs/GCE和（c）MnO$_2$ NSs/GCE在0.35 V连续添加DA时的安培响应；（d）DA浓度与响应电流的线性关系

表6-3　三个研究电极的参数值

Electrodes	Linear range (μmol·L^{-1})	Limit detection (μmol·L^{-1})	Sensitivity (μA mmol^{-1}·cm^{-2})	Response time （s）
MnO$_2$ NSs/ GCE	8.3 ~ 16.3 and 37 ~ 97	0.0308	43.9 and 498.1	0.35
Ni(OH)$_2$ NCs/GCE	0.22 ~ 4.3 and 18.3 ~ 98	0.0102	399 2 and 665.3	9.98
Ni(OH)$_2$@ MnO$_2$ CSA/GCE	0.02 ~ 16.3 and	0.00175	467.1 and	1.14

值得注意的是，如图6-11（a）~（d）所示，在侦测DA的过程中，Ni(OH)$_2$ NCs显示出相对较高的灵敏度，但响应时间更长；而MnO$_2$ NSs显示出较低的灵敏度，但响应时间更短。因此，在此活性电极材料体系中，Ni(OH)$_2$ NCs主要有助于灵敏度，而MnO$_2$ NSs有助于响应时间。

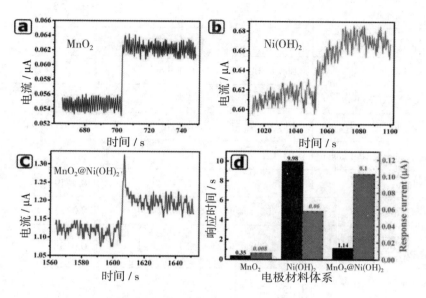

图6-11　（a）mnO$_2$ NSs/GCE、（b）Ni(OH)$_2$ NCSs/GCE和（c）Ni(OH)$_2$ NCs@MnO$_2$ NSs CSA/GCE对2 μmol·L^{-1} DA的i-t响应；（d）响应时间和响应电流的统计

比起报道的MnO$_2$纳米线壳聚糖/金电极（40 nm）、β-MnO$_2$纳米米状结构（8.2 nm）、Nafion/ Ni(OH)$_2$/mWNTS/GCE（110 nm）和Au/m-Ni(OH)/GCE（320 nm），Ni(OH)$_2$ NCs@MnO$_2$ NSs CSA/GCE具有更低的检测限，这表明Ni(OH)$_2$NCs与MnO$_2$ NSs的偶合可以获得杰出的电化学性能。同时，比起GO-MWCNT/MnO$_2$/AuNP/GCE（237 μAmM^{-1}·cm^{-2}），Ni(OH)$_2$ NCs@MnO$_2$ NSsCSA/GCE展现出更高的灵敏度，表明高活性的Ni(OH)$_2$ NCs作为MnO$_2$ NSs的支架材料优于传统碳材料。此外，Ni(OH)$_2$ NCs@MnO$_2$ NSs CSA/GCE对DA的电催化性能与其它的报道进行对比，Ni(OH)$_2$ NCs@MnO$_2$ NSS CSA/GCE在灵敏度和检测限方面也表现出显著的优势（表6-4）。

表6-4　研究的电极与先前报到的文献对比

Electrodes	Linear range (μ mol·L^{-1})	Limit detection (μ mol·L^{-1})	Sensitivity (μ A mM^{-1}·cm^{-2})
Graphene–Au	5 ~ 1 000	1.86	0.034 4
2D g–C$_3$N$_4$/CuO nanocomposites	0.002 ~ 71.1	0.000 1	0.022 3
Au NPs[a]/MoS$_2$_PANI[b]	1 ~ 500	0.1	0.027 4
Cu$_2$O HMS[c]/CB[d]	0.099 ~ 708	0.039 6	0.049 2
MWCNTs[e]/Q[f]/Nafion	50 ~ 500	4.72	0.006 74
Au/GSNE[g]	0.01 ~ 2.55	0.005 2	0.000 004 2
MnO$_2$ nanowires/chitosan	0.1 ~ 12	0.04	—
Graphene	4 ~ 100	2.64	0.0659
β –MnO$_2$ nanorice	0.03 ~ 65	0.008 2	0.022
GO–MWCNT/MnO$_2$/AuNP/GCE	0.5 ~ 2 500	0.17	0.016
Nafion/Ni(OH)$_2$/MWNTs/GCE	0.25 ~ 22.78	0.11	—
Au/m–Ni(OH)$_2$/GCE	1 ~ –321	0.32	0.003
MIPs[h]/ZNTs[i]/FTO[j] glass	0.02 ~ 5 and 10 ~ 800	0.1	–21.256 and –0.038 9
Ni(OH)$_2$@MnO$_2$ CSA/GCE	0.02 ~ 16.3 and 18.3 ~ 118.58	0.001 75	0.033 and 0.088 3

[a]NPs: Nano particles；[b]PANI: Polyaniline；[c]HMS: Hollowmicrosphere；
[d]CB: Carbon black；[e]MWCNTs: multi–wall carbon nanotubes；[f]Q: Quercetin；
[g]GSNE: glass sealed Au nanolectrode；[h]MIPs: molecularly imprinted polymers；
[i]NTs: nanotubes；[j]FTO: Fluorine–doped tin oxide；，

6.1.2.4　选择性、重现性和稳定性

通过在i–t测量期间添加干扰物质来度量Ni(OH)$_2$ NCs@MnO$_2$ NSs CSA/GCE

的选择性。如图6-12（a）所示，实验仅观察到AA微弱的干扰电流，表明电极材料具有高的选择性。此外，第二次添加DA的响应电流仍然保留了其第一次注入DA的88%，响应电流的衰减归结于干扰物质或中间产物在电极上的吸附。为了测试重现性，记录5个Ni(OH)$_2$ NCs@MnO$_2$ NSs CSA/GCE对50 μmol·L^{-1} DA的电流响应[图6-12（b）]。相对标准偏差（RSD）结果为2.8%，这表明良好的重现性。在稳定性方面，每两天记录一次电极对50 μmol·L^{-1} DA的电流响应，持续一个月。结果统计在图6-12（c）中，最后记录的响应电流仍保持初始值的82%。此外，电活性材料在30天后仍保留了独特的"核壳"结构[图6-13（c）]，这表明Ni(OH)$_2$ NCs@MnO$_2$ NSsCSA可克服电化学测试中易出现的体积膨胀和结构应变问题，具有理想的结构稳定性。

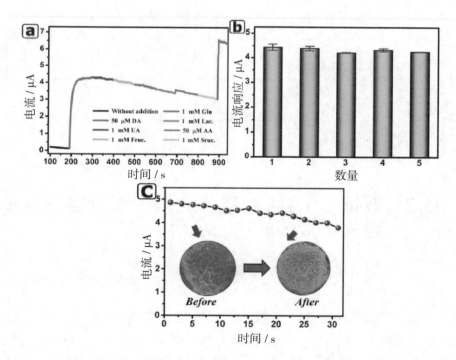

图6-12　（a）Ni(OH)$_2$ NCs@MnO$_2$ NSs CSA/GCE对DA的选择性；（b）5个Ni(OH)$_2$ NCs@MnO$_2$ NSs CSA/GCE对50 μmol·L^{-1} DA的响应电流；（c）Ni(OH)$_2$ NCs@MnO$_2$ NSs CSAGCE的长期稳定性；插图为电化学检测前后Ni(OH)$_2$ NCs@MnO$_2$ NSs CSA/GCE的场发射扫描电镜图

6.1.2.5 实际运用

根据报道的文献，Ni(OH)$_2$ NCs@MnO$_2$ NSs CSA/GCE检测从当地医院购买的多巴胺盐酸盐注射液中的DA浓度。测得的回收率在92%和101.7%之间（表6-5）。此外，RSD值小于4.1%，表明Ni(OH)$_2$ NCs@MnO$_2$ NSs CSA在无酶DA电化学传感器中具有广阔的应用潜力。

表6-5 盐酸多巴胺的测定（$n=3$）

样本	Added(μmol·L^{-1})	Founded(μmol·L^{-1})	回收率(%)	RSD (%)
1	5	4.87	97.4	1.3
2	10	9.56	95.6	2.2
3	50	46.02	92.0	4.1
4	100	101.74	101.7	0.9

6.2 双层CuS纳米笼状结构的设计及在AA电化学传感器中的应用

AA对人类身体内部的新陈代谢起着关键作用。准确、快速地检测AA浓度可以避免坏血病、腹泻、胃痉李等疾病。迄今为止，一系列方法已经被建立以便于准确检测。其中，基于电化学的方法因其响应速度快、灵敏度高、操作简单和成本低廉而备受关注。过渡金属材料由于其丰富的储备，可变的价态，高活性的氧化还原电对和用于检测物质的可达性，在无酶电化学传感器中具有广阔的前景。作为电化学传感器的活性材料，过渡金属硫化物比起过渡金属氢氧化物或氧化物具有更高的电导率，因此引起了人们的关注。

众所周知，电化学传感器的性能与电催化剂的活性密切相关。受结构活性理论的启发，控制活性材料形貌和结构，可以获得高活性的电催化剂。因此，研究人员一直致力于合理设计具有不同结构的电催化材料，如纳米片、纳米棒、纳米板、纳米立方体、纳米球等。其中，空心多孔结构（HPSs）不仅可为氧化还原反应提供较大的比表面积和丰富的活性位点，而且其极薄的多孔壳能够缩短离子扩散和电子转移的距离。值得注意的是，目前制备的HPSs大多由单壳组成。这些单壳HPSs通常具有较低的体积占有率（$V_{active materials}/V_{total}$），这样限制其电化学性能的进一步提高。近年来，许多课题组提出设计制备多壳材料的概念来解决上述问题。例如，Shen 等合成NiCo$_2$S$_4$双层球形结构，其比电容（705 F·g^{-1} at 20A·g^{-1}）显著高于单层NiCo$_2$S$_4$空心球形结构（567 F·g^{-1} at 20Ag^{-1}）。根据Wang等的研究，体积占有率较高的双层Co$_3$O$_4$ 空心结构比起体积占有率较低的单层结构具有更高的比容量。与传统的单层结构相比，多壳结构具有更大的比表面积和更高的体积占有率，能够充分发挥HPSs的结构优势：这意味着机会去改善活性材料的物理/化学性能，有助于其电催化性能的提高。因此，多层空心结构的设计对电化学传感器具有重要的意义。

在过渡金属硫化物中，CuS因其丰富的Cu^{2+}/Cu$^+$氧化还原对和金属般的导电性，成为电化学传感器中电极活性材料的理想选择。这里采用立方Cu$_2$O作为模板，设计制备双层的CuS纳米笼状结构（2-CuS NCs）。2-CuS NCs结合笼状结构和双壳的特点，具备比表面积大，孔隙率高，体积占有率高的结构优势。与单壳CuS纳米笼（1-CuS NCs）相比，2-CuS-NCs/GCE具有更短的响应时间（0.31 s）、更高的灵敏度（523.7 μAmM^{-1} cm^{-2}）和低的检测限（0.15 μmol·L^{-1}）等电催化性能。

6.2.1 实验部分

6.2.1.1 实验试剂及仪器

（1）实验试剂（表6-6）

表6-6 实验试剂列表

试剂名	分子式	级别	生产单位
氯化铜	$CuCl_2 \cdot 2H_2O$	分析纯	成都艾科达化学试剂
氯化镍	$NiCl_2 \cdot 6H_2O$	分析纯	成都艾科达化学试剂
硫代硫酸钠	$Na_2S_2O_3 \cdot 5H_2O$	分析纯	成都艾科达化学试剂
硫化钠	$Na_2S \cdot 8H_2O$	分析纯	成都艾科达化学试剂
聚乙烯吡咯烷酮	PVP	分析纯	成都艾科达化学试剂
氢氧化钠	$Ni(OH)_2$	分析纯	成都艾科达化学试剂
葡萄糖	$C_6H_{12}O_6$	分析纯	Sigma
多巴胺	$C8H_{11}O_2N$	分析纯	Sigma
抗坏血酸	$C_6H_8O_6$	分析纯	Sigma
尿酸	$C_5H_4NO_3$	分析纯	Sigma
乳糖	$C_{12}H_{22}O_{11}$	分析纯	Sigma
果糖	$C_6H_{12}O_6$	分析纯	Sigma
Nafion	—	—	Sigma

（2）实验仪器（表6-7）

表6-7 实验仪器列表

仪器名	型号	生产单位
微型移液枪	Finnpipeette型	上海热电
超声波清洗仪	SB1000	宁波新芝

续表

仪器名	型号	生产单位
分析天平	FA2014J型	上海悦平
水浴锅	DS101	巩义予华
真空干燥箱	BGZ-76型	上海博讯
磁力搅拌仪	KQ5200DB	上海热电
X射线衍射仪	Rigaku D/Max-2400	日本岛津
透射电子显微镜	FEI F20	美国FEI
场发射扫描电镜	SU8020	上海蔡司
X射线光电子能谱仪	ESCALAB250Xi	英国VG
电化学站	Autolab μIII	瑞士万通

6.2.1.2　1-CuS NCs的制备

首先，将15 mg Cu_2O模板分散于水和乙醇的混合溶液中（15 mL，体积比1∶1）。充分搅拌后，向溶液中添加0.45 mL Na_2S（0.086 mol·L^{-1}）。硫化30 s，离心收集$Cu_2O@CuS$产物。然后，将$Cu_2O@CuS$产品再分散于15 mL水醇（1∶1）混合溶液中，加入3 mL的$Na_2S_2O_3$（1 mol·L^{-1}）对Cu_2O进行1 h的蚀刻。1-CuS NCs样品的FESEM和TEM图像见图6-13（a）-（b）。制备的CuS样品具有理想的纳米笼状形态与单层结构。

图6-13　1-CuS NCs的（a）场发射扫描电镜图和（b）透射电镜图

6.2.1.3　2-CuS NCs的制备

首先，15 mg CuO模板分散于水和乙醇的混合溶液（15 mL，体积比1：1）。充分搅拌后，向溶液中添加0.45 mL Na$_2$S（0.086 mol·L^{-1}）。硫化30 s，离心收集Cu$_2$O@CuS产物。然后，Cu$_2$O@Cus样品再分散于15 mL水和乙醇的混合溶液（1：1），并加入3 mL的Na$_2$S$_2$O$_3$（1 mol·L^{-1}）对Cu$_2$O进行1 min的蚀刻。重复上述操作，经过2 min的再次硫化处理后，用Na$_2$S$_2$O$_3$（1 mol·L^{-1}）对Cu$_2$O模板进行1 h的完全蚀刻；洗涤并离心收集后，获的样品在60 ℃下真空干燥12 h。

6.2.1.4　工作电极的制备

所有电化学测量均利用电化学工作站（μIII Autolab）在0.1 mol·L^{-1}磷酸盐溶液（PBS）中进行。首先，用1.05 μmol·L^{-1}、0.05 μmol·L^{-1}氧化铝浆依次对GCEs（φ=3 mm）进行抛光处理。其次，用稀硝酸、水和乙醇对抛光后的GCEs超声进行清洗。再次，将5 mg样品（2-CuSNCs或1-CuSNCs）分散于0.9 mL水和0.1 mL Nafon的混合溶液中。最后，将5 μL悬浮液滴于预处理的GCEs表面，在室温下干燥。修饰的GCEs分别命名为2-CuS-NCs/GCE和1-CuS/GCE，修饰后的GCEs、Ag/AgCl和Pt电极分别作为工作电极、参比电极和对电极。

6.2.2　结果与讨论

6.2.2.1　材料的表征

图6-14展示2-CuS NCs制备过程的示意图。首先，在超声波的辅助下，将Cu$_2$O模板均匀地分散于混合溶液中。硫化过程由Na$_2$S释放的S^{2-}离子驱动，这样在Cu$_2$O模板表面形成薄的CuS层（反应1）。其次，由于Cu$^+$与S$_2$O$_3$$^{2-}$之间的软性相互作用，引入的S$_2O_3$$^{2-}$与Cu$_2$O发生的反应（反应2），促使CuS与Cu$_2$O之间形成间隙。再次，将上述制备的Cu$_2$O@CuS结构硫化2 min，残余的Cu$_2$O模板表面形成CuS内壳层。最后，用S$_2O_3$$^{2-}$离子对Cu$_2$O模板进行1 h的完

全腐蚀，得到完全的2-CuSNCs。在实验过程中，Cu₂O腐蚀速率和CuS沉淀的合理控制促使定义明确的2-CuSNCs形成。图6-2（a）~（d）显示不同阶段获得样品的TEM图像，观察到的形成过程与上述分析的机理相匹配。

$$Cu_2O + S^{2+} + O_2 + 4H_2O \rightarrow 4CuS + 8OH^- \qquad (1)$$

$$Cu_2O + S_2O_3^{2-} + H_2O \rightarrow [Cu_2(S_2O_3^{2-})_x]^{2-2x} + 2OH^- \qquad (2)$$

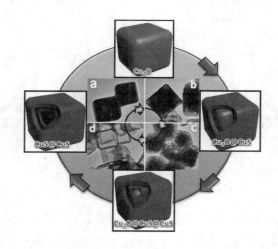

图6-14　2-CuS-NCs的合成过程：插图表示与（a）Cu₂O、（b）Cu₂O@CuS（c）Cu₂O@CuS@CuS和（d）CuS@CuS匹配的透射电镜图像

　　如图6-15（a）所示，最终样品（2-CuS NCs）的衍射峰均与PDF 1#06-0464匹配，未观察到Cu₂O的衍射峰，表明CuS成功地制备以及高的纯度。此外，样品的化学成分和电子状态通过XPS进行测量。全谱显示Cu 2p和S 2p[图6-3（b）]，揭示样品的主要成分。如图6-3（c）所示，931.8 eV和951.7 eV处的两个主峰分别匹配Cu 2p$_{3/2}$和Cu 2p$_{1/2}$两峰相差的结合能约为20 eV，这符合Cu²⁺的典型特征。此外，在Cu 2p光谱中观察到两个卫星峰，分别位于944.1 eV和962.5 eV，这进一步证明Cu²⁺的存在。在S 2p光谱中[图6-3（d）]，160 eV至164 eV的峰拟合为两个峰，分别位于1 618 eV和162.9 eV，

匹配S–Cu键的典型特征。同时，168.9 eV处的特征峰也证明金属硫化物的存在。XRD和XPS的分析结果证实样品物相的成功制备。

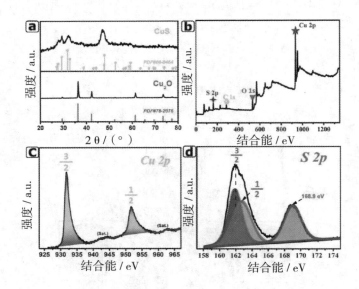

图6–15　（a）2–CuS–NCs的XRD；（b）2–CuS–NCs的XPS全谱；（c）Cu 2p；（d）S 2p

　　Cu₂O模板呈现精致的立方形态，其平均边缘长度约为500 nm。如图6–16（a）所示，制备的CuS NCs完全复制了Cu₂O模板的结构和形态特征。样品的外壳多孔，由纳米颗粒随机组装而成[图6–16（b）]。如图6–16（c）所示，破碎的立方体显示CuS样品的笼状特征和双层结构。内层CuS可以进一步增加电极与电解质的接触面积，提供更多的电活性位点，以此提高电催化活性。TEM研究2–CuS NCs的详细结构。如图6–16（d）所示，与1–CuS NCs相比，2–CuS NCs显示典型的双壳笼状结构。值得注意的是，内层笼状结构不在中心位置，且两个笼状结构之间有明显的间隙[图6–16（e）]。此外，如图6–16（f）所示，内外壳的厚度分别约为60 nm和8 nm，内壳厚度的减小可归结于外壳的屏蔽效应。图6–16（g）观察到的0.190 nm和0.282 nm晶格间距分别对应CuS的（110）和（103）晶面（PDF#06–0464）。同时，电子衍射图揭露2–CuS NCs的多晶特征[图6–16（g）]。FESEM 和TEM结果表明2–CuS NCs的成功设计。

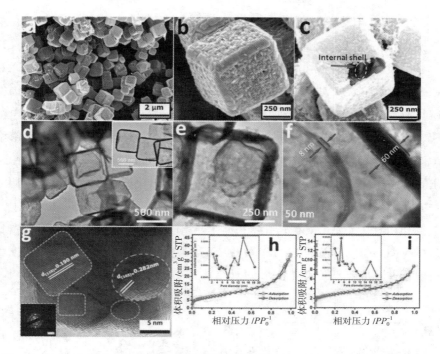

图6-16 （a-c）2-CuS NCs的场发射扫描电镜图像；（d-f）2-CuS NCs和（图6-4d
的插图）1-CuS NCs的透射电镜图像；（g）2-Cus NCs的高分辨图像以及选定区域的
电子衍射花样（插图）；（h）2-CuSNCs和（i）1-CuS NCs的N$_2$吸-脱附等温线；插图
是相应的孔径分布

　　为了验证孔隙率，图6-16（h）和图6-16（i）记录N$_2$吸-脱附等温线和
相应的孔径分布。2-CuS NCs的曲线属于IV型等温线，具有H$_3$滞后环，这
证明介孔的存在。2-CuS NCs的孔径分布在2.4到18.5 nm之间，这进一步揭
露其介孔结构特征[图6-16（h）]，注意到，2-CuS NCs和1-CuS NCs的孔隙
分别为0.045 cm^2·g^{-1}和0.011 cm^2·g^{-1}。合适的介孔结构在电催化反应过程中
充当离子扩散的通道，为快速的质量传输发挥关键作用。此外，2-CuS NCs
（28.3 m^2·g^{-1}）的表面积比1-CuS NCs（10.03 m^2·g^{-1}）的表面积大得多。与
先前报道的CuS材料相比，包括纳米片、纳米盘、纳米花和纳米球，2-CuS
NCs也具有更大的表面积。通常来讲，高的空隙率和大的比表面积有利于反
应物分子扩散到2-CuS NCs内壳结构，以此增强其电催化活性。

6.2.2.2　电化学性能测试

循环伏安法（CV）研究2-CuS NCs/GCE对AA的电催化活性。图6-17（a）显示没有和存在50 μmol·L^{-1} AA的情况下，裸GCE、1-CuS NCs/GCE和2-CuS NCs/GCE的CV曲线。显然，裸GCE具有很小的背景电流，而修饰的GCE具有更好的导电性。添加50 μmol·L^{-1} AA后，裸GCE具有极弱的电流响应，而另外两个修饰的电极（1-CuSNCs/GCE和2-CuS NCs/GCE）能够清晰地观察到电流响应。其中，2-CuS NCs/GCE的电流响应高于1-CuS NCs/GCE的电流响应，揭露2-CuS NCs/GCE更高的电催化活性。活性氧化还原对（Cu^{2+}/Cu^{3+}）在AA氧化中起关键作用，图6-17（b）讨论2-CusNCs/GCE对AA的电催化机理。首先，Cu^{2+}转化为Cu^{3+}，使得Cu处于高氧化态。然后，富集在2-CuS NCs/GCE表面的AA分子被Cu^{3+}氧化为脱氢抗坏血酸，而Cu^{3+}从AA中获得电子并还原到低价态（Cu^{2+}）。

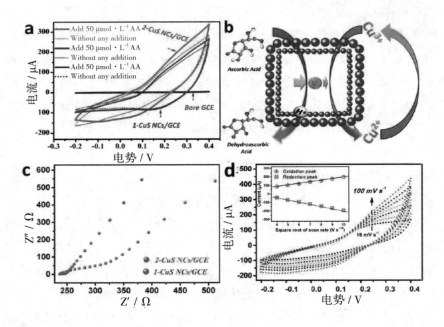

图6-17　（a）2-CuS NCs GCE、1-CuS NCs和裸GCE在50 mmol·L^{-1}下的CVs；（b）AA氧化对2-CuS NCsGCE的催化机理；（c）2-CuS NC&GCE和1-CuS NCs/GCE的Nyquis图；（d）2-CuS NCs/GCE在50 μmol·L^{-1} AA、不同扫描速率下的CVs

为了研究电极动力学优势，实验进行电化学阻抗谱（EIS）测试。如图6-5（e）所示，Nyquist图由高频的半圆部分和低频的线性部分组成。半圆对应于电子传递阻力，而线性部分与离子扩散阻力有关。显然，2-CuS NCs/GCE的半圆小于1-CuS NCs/GCE的半圆，显示出较低的电子转移阻力。较低的电子转移电阻可归因于双壳结构能够提供高的电子收集效率和电子转移速率。此外，2-CuS NCs/GCE在低频区域的直线斜率是亚垂直的，这表明内外壳孔隙和内部的空腔有效地降低离子扩散的阻力。图6-17（d）中记录扫描速率对2-CuS NCs/GCE CV的影响。氧化还原峰值电流与扫描速率的平方根呈线性关系，这表明2-Cus NCs/GCE表面的电催化过程为扩散控制过程。

利用CA来进一步度量2-CuS NCs/GCE[图6-18（a）]和1-CuS NCs/GCE[图6-18（b）]的电催化活性。图6-18（e）表示修饰电极在CA实验中的I与$t^{-1/2}$线性关系。根据上述关系，D可以通过Cottrell方程来计算：

$$I_{act} = nFAD^{1/2}C_0\pi^{-1/2}t^{-1/2} \tag{3}$$

2-Cus NCs/GCE的D值估算为2.77×10^5 $cm^2 \cdot s^{-1}$，高于1-CuS NCs/GCE（4.16×10^{-7} $cm^2 \cdot s^{-1}$）。同时，k_{cat}可以根据如下方程进行计算：

$$I_{act}/I_L = (\pi k_{cat}C_0t)^{1/2} \tag{4}$$

计算得到2-CuS NCs/GCE的k_{cat}值为0.08×10^3 $m^{-1} \cdot s^{-1}$[图6-18（d）]，高于1-Cus NCs/GCE（0.02×10^3 $m^{-1} \cdot s^{-1}$）。高的D和k_{cat}值可以产生更高的电催化活性。

6.2.2.3　AA分析检测

0.25 V下的电流响应高于0.2 V下的电流响应，且0.25 V下的浓度与响应电流之间的线性关系比0.3 V更好。此外，在较高的正电位下，一些物质极易对AA的氧化产生严重干扰，因此选择0.25 V为最佳工作电位。

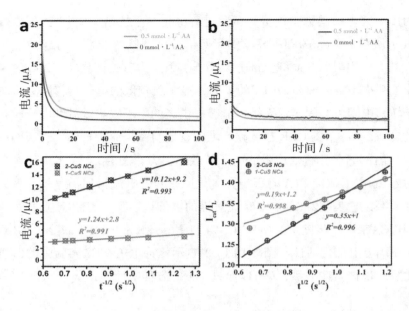

图6-18 （a）2-CuS NCs/GCE和（b）1-CuS NCs/GCE在0.5 mmol·L^{-1} AA存在和不存在的情况下的计时电流图；（c）I与t$^{-1/2}$的关系图；（d）I$_{cat}$/I$_L$与t$^{-1/2}$以的关系图

　　如图6-19（a）所示，与1-CuS/GCE相比，2-CuS NCs/GCE对AA表现出更高的电流响应。一旦向电解液中添加AA，2-CuS NCs/GCE的响应电流在0.31 s内立即达到稳态电流的95%，而1-CuS NCs/GCE的响应电流在0.46 s内[图6-19（b）]，表明2-CuS NCs/GCE 对AA更加敏感，其电流响应更快。如图6-19（c）所示，响应电流随AA浓度在5～1 200 μmol·L^{-1}呈线性关系，线性方程为1（μA）=0.037C（μmol·L^{-1}）+0.06（R^2=0.996）。因此，计算的灵敏度为523.7 μAmM^{-1}·cm^{-2}，高于1-CuS/GCE（324.4 μAmM^{-1}·cm^{-2}）。此外，在信噪比为3时，2-CuS NCs/GCE的检测限低至0.15 μmol·L^{-1}。2-CuS NCs优异的电催化性能可归因于两个空心结构的耦合[图6-19（d）]：（1）大的比表面积和充足的活性位点增强氧化还原反应，这一点被BET的分析证明；（2）更高的体积占有率和丰富的介孔结构有效地促进双壳笼状结构的利用；（3）2-CuS NCs的双壳结构可以加速催化反应电子的转移速率，EIS分析证实这一点。2-CuS NCs/GCE 具有更高的灵敏度和更低的检测限，这表明2-CuS NCs可作为AA电化学传感器中电极活性材料的理想选择。

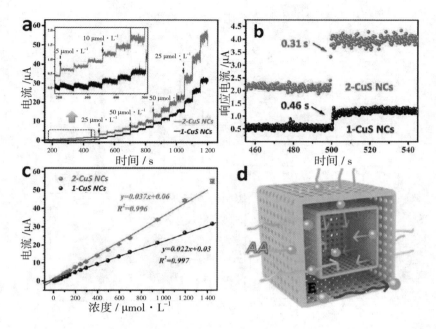

图6-19 （a）1-CuS NCs/GCE和2-CuS NC&/GCE的i-t响应，（b）2-CuS NCs/GCE
和1-CuS NCs/GCE对AA响应时间的比较；（c）响应电流与AA浓度的线性关系，
（d）2-CuS NCs的动力学优势图

6.2.2.4　选择性、重现性和稳定性

选择性、重现性和稳定性也是衡量电化学传感器性能的重要指标。在int测量过程中，注入常见的干扰物质以评估选择性。如图6-20（a）所示，未观察到明显的干扰电流，这表明优异的选择性。此外，第二次添加AA的响应电流仍保持其第一次注入的91%，响应电流的衰减可归结于电极上吸附微量干扰物质或中间产物所致。如图6-20（b）所示，记录5个电极对100 μmol·L^{-1} AA的响应电流，相对标准差（RSD）为3.6%，这表明修饰电极具有良好的重现性。就电极稳定性而言，在滴加AA后1 000 s的时间内，2-CuS NCs/GCE仅失去15%的电流响应[图6-20（c）]。如图6-20（d）所示，2-CuS NCs/GCE的响应电流在15天后保持初始值的91.2%，仍然具备立方结构，表现出显著的结构稳定性。优异的稳定性可归因于双壳结构的多孔特

性，它减轻了电化学测试中体积膨胀引起的结构应变。

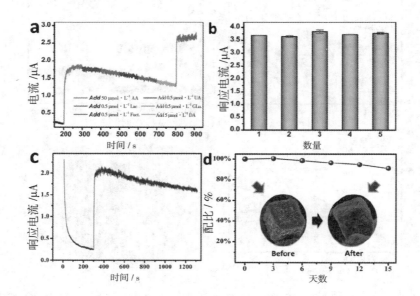

图6-20 （a）2-CuS NCs/GCE的选择性测定；（b）5个2-CuS NCs/GCE对 100 μmol·L⁻¹ AA的电流响应；（c）2-CuS NCS/GCE随驱动时间的稳定性；（d）2-CuS NCsGCE的长期稳定性；插图为2-CuS NCs/GCE电化学检测前后的FESEM图像

6.3 Ni（OH）₂@ Co（OH）₂核壳结构的构建及其在抗坏血酸电化学传感器中的应用

抗坏血酸（AA）是人体中重要的抗氧化剂，起到维持体内化学平衡的作用，AA的生理水平失调会导致溶血、下痢、尿酸结石等疾病，其浓度的精准检测在临床诊断中具有重要意义。在AA的检测手段中，电化学方法以其灵敏度高、响应快、检测限低等优点备受关注。目前常用的电化学检测电极为贵金属电极，虽然贵金属具有高的催化活性，但其本身易毒化，高浓度待测物情况下活性明显下降，并且其价格高、储量少，不适宜大规模应用。

过渡金属氢氧化物有高活性的氧化还原电子对，且价格低廉，是理想的电催化材料。近年来，研究者们将过渡金属纳米化，获得了不同结构的电催化剂，通过形貌的控制改善了动力学，提高电催化活性。二维纳米材料具有各向异性的表面结构和丰富的反应活性位点，有助于物质传输和电子转移，在电催化领域具有特殊的应用前景。然而二维材料虽有大的纵向比表面积，极易团聚，导致活性位点减少，催化活性受限；将二维材料生长在载体上可以起到固定作用，减少团聚，从而获得更高的电催化活性。

$Co(OH)_2$为典型的过渡金属氢氧化物，在电催化过程中产生的Co^{2+}/Co^{3+}电子对具有很高的活性，在电催化领域具有很好的应用前景。笔者利用两步CEP方法将二维的$Co(OH)_2$ NSs生长在空心的$Ni(OH)_2$ NCs上，可防止$Co(OH)_2$ NSs的团聚，提高电催化活性。

6.3.1　实验

6.3.1.1　Ni（OH）$_2$ NCs@Co（OH）$_2$ NSs的制备

首先根据之前的工作合成立方Cu_2O模板。然后将Cu_2O（40 mg）、$NiCl_2·6H_2O$（14 mg）和PVP（1.32 g）分散在20 mL去离子水和20 mL乙醇的混合溶液中，超声5 min。随后加入$Na_2S_2O_3·5H_2O$（16 mL，1 $mol·L^{-1}$）反应5 min，离心洗涤得到$Cu_2O@Ni(OH)_2$ NCs。最后将得到的$Cu_2O@Ni(OH)_2$ NCs与$CoCl_2·6H_2O$（14 mg）和PVP（1.32 g）重新分散在20 mL去离子水和20 mL乙醇混合溶液中，加入$Na_2S_2O_3·5H_2O$（16 mL，1$mol·L^{-1}$），在室温下搅拌反应30 min，离心洗涤，60 ℃干燥12 h。

6.3.1.2　电化学测试

所有电化学测试在CHI760E电化学工作站上进行，电解液为0.1 mol/L磷酸盐缓冲溶液（PBS，pH 7.0）。铂电极（Φ=2 mm）和Ag/AgCl（饱和KCl溶液）分别作为对电极和参比电极。GCE使用前用α-Al$_2$O$_3$抛光（50 nm），并用乙醇和水清洗。将活性物质分散于0.1% Nafion溶液中，形成5 mg·mL^{-1}悬浊液。将5 μL悬浮液滴涂在GCE上，室温干燥得到工作电极。采用循环伏安法（CV）和计时安培法（CA）评估修饰电极的电化学活性。

6.3.2 结果讨论

6.3.2.1 结构表征

Ni(OH)$_2$ NCs@Co(OH)$_2$ NSs的制备原理图如图6-21所示。

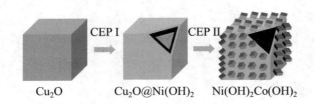

图6-21 制备流程图

由图6-21中可以看出，在CEP Ⅰ 阶段，Ni^{2+}首先吸附在Cu$_2$O表面，S$_2$O$_3^{2-}$引入后，Cu$_2$O、S$_2$O$_3^{2-}$和H$_2$O相互作用形成[Cu$_2$（S$_2$O$_3^{2-}$）x]$^{2-2x}$和OH$^-$，OH$^-$与Cu$_2$O表面吸附的Ni^{2+}与OH$^-$结合形成Ni(OH)$_2$壳层。在CEP Ⅱ 阶段，Co^{2+}首先吸附在Ni(OH)$_2$壳层上，引入S$_2$O$_3^{2-}$后重复发生上述CEP过程，在Ni(OH)$_2$外围形成Co(OH)$_2$片层。随后Cu$_2$O被S$_2$O$_3^{2-}$腐蚀完毕，形成Ni(OH)$_2$ NCs@Co(OH)$_2$ NSs空心结构。

样品的XRD和XPS图谱如图6-22所示。从图6-22（a）谱线1中可以看出，Cu$_2$O的衍射峰与JCPDS 99-0041卡片对应，说明制备的Cu$_2$O为立方相。从图6-22（a）谱线2中可以看出，最终样品的XRD图谱中没有发现Cu$_2$O的峰，观察到位于19.1、32.5、38.0°（JCPDS 74-1057）和38.6、52.2、59.6°

（JCPDS 02-1112）2套衍射峰，说明产物为Co(OH)$_2$和Ni(OH)$_2$的混合物。为进一步确定物相，采用XPS对最终样品进行了测试，最终产物含有O、Co和Ni元素。从图6-22（b）可以看出，位于796.5 eV和781.3 eV的峰对应于Co 2p$_{1/2}$和Co 2p$_{3/2}$，表明Co元素以二价的形式存在。从图6-22（c）中可以看出，位于854.7 eV和872.3 eV处的峰分别对应于Ni 2p$_{3/2}$和Ni 2p$_{1/2}$，表明Ni元素以二价的形式存在。从图6-22（d）可以看出，O元素的峰位于531.1 eV，对应于OH$^-$中的O，说明了Co和Ni以氢氧化物的形式存在[15]。通过XRD和XPS的结果分析可以证明，成功制备了Ni(OH)$_2$/Co(OH)$_2$。

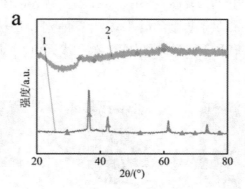

1—Cu$_2$O；2—Ni(OH)$_2$ NCs@Co(OH)$_2$ NSs

（a）XRD图谱

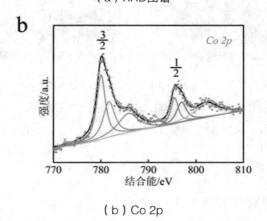

（b）Co 2p

图6-22　XRD和XPS图谱

　　不同反应阶段产物的形貌图如图6-23所示。从图6-23（a）可以看出，Cu_2O模板为立方体结构，边长约为500 nm，表面较为平滑。从图6-23（b）中可以看出，Cu_2O经过CEP Ⅰ 过程以后被 $Ni(OH)_2$壳层包围在内部，尺寸变小。从图6-23（c）中可以看出，经过CEP Ⅱ 过程以后，样品仍然保持立方形态，边长为500 nm，表面出现片状结构。从图6-23（d）中可以看出，$Ni(OH)_2$ NCs@$Co(OH)_2$ NSs呈立方体空心结构，壁厚约为60 nm。从图6-23（e）中可以看出，间距为0.18 nm的晶格，该间距对应于六角$Co(OH)_2$的（104）晶面，明确了片状材料为$Co(OH)_2$，这一结果与XRD和XPS分析一致。综上，通过2次CEP过程成功将$Co(OH)_2$ NSs固定在了$Ni(OH)_2$ NCs空心支架上，增大了比表面积，提供了更多的活性位点，同时外围网状的$Co(OH)_2$提供了大量的扩散通道，有利于待测物和中间产物的渗透和吸脱附。

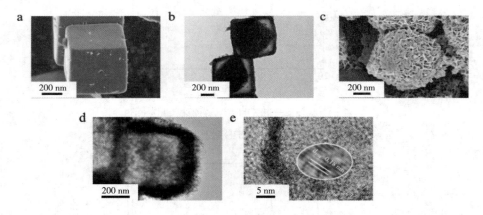

图6-23　不同反应阶段产物的形貌（a）Cu_2O模板为立方体结构；（b）Cu_2O@$Ni(OH)_2$ NCs的TEM照片；（c）$Ni(OH)_2$ NCs@$Co(OH)_2$ NSs 的SEM照片；（d）$Ni(OH)_2$ NCs@$Co(OH)_2$ NSs 的TEM照片；（e）$Co(OH)_2$ NSs的HRTEM照片

6.3.2.2　电化学性能测试

$Ni(OH)_2$ NCs@$Co(OH)_2$ NSs/GCE的电化学表征结果如图6-24所示。

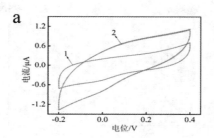

1– 不含 AA；2– 含 50 μmol·L⁻¹ AA

（a）Ni(OH)₂ NCs@Co(OH)₂ NSs/GCE在50 mV·s⁻¹下的CV曲线

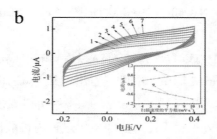

1—16 mV·s⁻¹；2—25 mV·s⁻¹；3—36 mV·s⁻¹；4—49 mV·s⁻¹；5—64 mV·s⁻¹；
6—81 mV·s⁻¹；7—100 mV·s⁻¹；8—氧化峰；9—还原峰

（b）Ni(OH)₂ NCs@Co(OH)₂ NSs/GCE在不同扫描速率下的CV曲线；插图为扫描速度平
方根与峰电流的关系

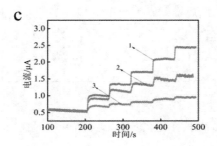

1—0.15 V；2—0.2 V；3—0.1 V

（c）不同电位下的i–t曲线

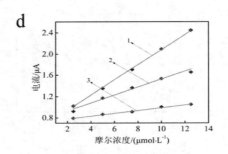

1—0.15 V；2—0.2 V；3—0.1 V

（d）不同电位下AA摩尔浓度和响应电流的关系

图6-24　Ni(OH)$_2$ NCs@Co(OH)$_2$ NSs/GCE的电化学表征

从图6-24（a）中可以看出，加入AA以后，响应电流明显增加，说明电极有催化活性。从图6-24（b）中可以看出，氧化峰/还原峰分别出现右移/左移，表明电极过程为准可逆。从6-24（d）中可以看出，氧化还原峰的峰电流与扫描速率的平方根成正比，表明电极过程为扩散控制。

3种电极的i-t曲线如图6-25所示。

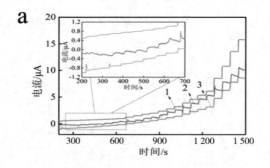

1–Ni(OH)$_2$ NCs@Co(OH)$_2$ NSs/GCE；2–Co(OH)$_2$ NCs/GCE；3–Ni(OH)$_2$ NSs/GCE

（a）0.15 V下不同电极的i–t曲线

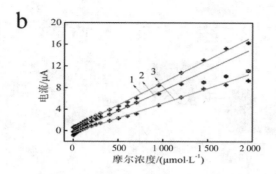

1–Ni(OH)$_2$ NCs@Co(OH)$_2$ NSs/GCE; 2–Co(OH)$_2$ NCs/GCE; 3–Ni(OH)$_2$ NSs/GCE

（b）0.15 V下AA浓度和响应电流的关系

图6–25 3种电极的i–t曲线

从图6–25（a）中可以看出，Ni(OH)$_2$ NCs@Co(OH)$_2$ NSs/GCE的电流响应最高，Ni(OH)$_2$ NCs/GCE的响应最小。从图6–25（b）中可以看出，Ni(OH)$_2$ NCs@Co(OH)$_2$ NSs/GCE在2.5 ~1.55 mmol·L^{-1}响应电流与AA浓度呈线性关系，方程为$y=0.008x+0.62$，灵敏度高达113 μA/（mmol·L^{-1}·cm^2），响应时间为0.51 s，检测限仅为2.5 μmol·L^{-1}。Ni(OH)$_2$ NCs/GCE线性工作范围为5 μmol·L^{-1}~1.25 mmol·L^{-1}，灵敏度为84 μA/（mmol·L^{-1}·cm^2），响应时间0.58 s，检测限为5 μmol·L^{-1}。Co(OH)$_2$ NSs/GCE线性工作范围为7.5 μmol·L^{-1}~1.5 mmol·L^{-1}，灵敏度为98 μA/（mmol·L^{-1}·cm^2），响应时间为0.63 s，检测限为7.5 μmol·L^{-1}。Ni(OH)$_2$ NCs@Co(OH)$_2$ NSs/GCE具有更高的灵敏度、更低的检测限和更快的响应速度。与Ni(OH)$_2$ NCs/GCE相比，Ni(OH)$_2$ NCs@Co(OH)$_2$ NSs/GCE具有更高的电子收集和转移的效率，这是因为二维的Co(OH)$_2$ NSs增大了比表面积；与Co(OH)$_2$ NSs/GCE相比，Ni(OH)$_2$ NCs@Co(OH)$_2$ NSs/GCE保留了更多的活性位点和扩散通道，这是因为Ni(OH)$_2$ NCs防止了Co(OH)$_2$ NSs团聚。因此，将Co(OH)$_2$ NSs固定在Ni(OH)$_2$ NCs上可显著提高电催化性能。

电极的稳定性和选择性测试结果如图6–26所示。

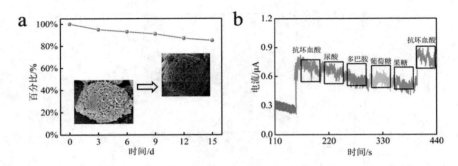

（a）响应电流随时间的变化（b）Ni(OH)$_2$ NCs@Co(OH)$_2$ NSs/GCE的选择性测试

图6-26　电极的稳定性和选择性测试

　　从图6-26（a）中可以看出，15天后电极响应仍为初始的83%，表现出优异的稳定性。Ni(OH)$_2$ NCs@Co(OH)$_2$ NSs/GCE表面的三维孔状结构释放了氧化还原过程中的应力，提高了电极的稳定性。为了评价电极的选择性，在i–t测试过程中每50 s加入1次50 μmol·L^{-1}的干扰物质。从图6-26（b）中可以看出，Ni(OH)$_2$ NCs@Co(OH)$_2$ NSs/GCE对尿酸、果糖、葡萄糖没有明显的响应，葡萄糖的干扰电流介于1.5%～8.1%。在4倍干扰物质存在的情况下，第2次加入AA后，电流响仍然保持了初始的87%，说明电极具有优异的抗干扰性。由以上分析可知，该电极不仅具有高的灵敏度、低的检测限和快的响应速度，而且具有很强的抗干扰能力和可靠的稳定性，在AA检测领域具有良好的应用前景。

第7章 β-氢氧化镍片状电极的电化学性能研究

7.1 β-氢氧化镍纳米片的制备以及作为无酶葡萄糖电化学传感器的应用

葡萄糖在生物学领域具有十分重要的地位，它是重要的生命过程特征化合物和新陈代谢中间产物，即生物的主要供能物质。葡萄糖含量的精确测定在医学诊断、食品安全、环境监测、药物分析和生物技术等各种领域中具有非常重要的作用。现在已经可运用诸多先进的基于声学、光学、化学、荧光、电子和电化学等理论技术来开发并制备葡萄糖传感器。基于高效率和低成本的考虑，以电化学手段来测定葡萄糖的测试方法被各国科学研究者广泛地认为是用于葡萄糖测定的最有效的方法。

电化学葡萄糖生物传感器主要分为含酶型和无酶型，二者对葡萄糖的检测原理不尽相同。针对含酶的葡萄糖电化学生物传感器而言，此类型的传感器一般是由固定化葡萄糖氧化酶膜和电化学检测装置（电极）组合构建而成，葡萄糖氧化酶（GOx）可催化待检测的葡萄糖并将葡萄糖氧化为葡萄糖酸并产生H_2O_2，从而通过计算所产生的H_2O_2的量来评估此类葡萄糖电化学传感器的性能与效率。尽管葡萄糖氧化酶具有极强的选择针对性，但是葡萄糖氧化酶对葡萄糖的检测感应稳定性在不理想的实验环境下存在严重不足，在电极制备、储存及使用过程中极易由于暴露在极端温度环境中或与各类化学试剂接触而发生变性。此外，酶基葡萄糖传感器运用于商业的应用也受到高的过电位，复杂的装配过程和研发制备成本较高的限制。因此，具有高灵敏度、选择性和长效稳定性的非酶葡萄糖传感器逐渐代替了含酶葡萄糖传感器，成为了各国科学研究者们在本领域的首要研究目标。

过渡金属氧化物和氢氧化物被认为是近年来构建非酶葡萄糖传感器的主要材料。在这些金属氧化物材料和氢氧化物材料中，镍基材料广泛用于设计非酶葡萄糖传感器。经过近几年的理论研究发现，由于具有高活性的$Ni(OH)_2$/NiOOH氧化还原电对，β-$Ni(OH)_2$成为了具有对葡萄糖电解氧化显著催化作用的电催化剂。一般来说可采用两种不同的方法来制备基于β-$Ni(OH)_2$的电极，一种方法是用粘合剂将β-$Ni(OH)_2$活性材料分散在某些化学溶剂中，然后将经搅拌后的悬浮液经粘结剂的粘合作用涂覆于基底材料上，但这个过程较为复杂并且粘合剂的添加和后固定化作用显著降低电子的传输能力，从而严重影响电极的电化学性能。另一种方法是将$Ni(OH)_2$活性材料直接沉积到基底支架材料上，以制备无粘合剂的$Ni(OH)_2$/支架复合电极，经过查阅相关资料，我们了解了原位生长机制有利于$Ni(OH)_2$和葡萄糖之间的反应动力学，从而导致对葡萄糖电解氧化的高电催化活性。泡沫镍由于其具有三维多孔的结构和较大的表面积，是用于在液体环境中沉积$Ni(OH)_2$的理想基底支架材料。$Ni(OH)_2$/泡沫镍复合电极的设计和合成是一种可行的方式，以获得电极的高电化学活性从而改善电极对葡萄糖的电催化能力。

经过调研近几年的研究发现，水热法作为β-$Ni(OH)_2$材料的沉积手段被广泛使用，经过溶液中镍盐和各类添加剂的作用将β-$Ni(OH)_2$材料直接沉积在泡沫镍上。然而，镍盐和添加剂的存在使得反应完毕后的高压水热釜中总会残留一定的化学物质镍盐，导致一系列的环境问题。此外，添加镍盐通过水热法沉积的β-$Ni(OH)_2$材料通常粘附性不佳，导致在电化学测试过程中的稳定性弱。因此，提出一个绿色环保且效率高的用于合成具有高稳定性的β-$Ni(OH)_2$/泡沫镍的水热方法是至关重要的。

在本章节的工作中，为了制备具有高稳定性且无粘合剂的β-$Ni(OH)_2$/泡沫镍电极，我们尝试在去离子水中不添加任何镍盐和添加剂，对泡沫镍进行水热反应以制β-Ni(OH)$_2$/Ni复合电极，本实验方式从反应本质上来说是一种绿色环保的原位电化学腐蚀方法。β-Ni(OH)$_2$/Ni电极在电镜下呈现二维薄片状形态和多孔三维架构，在电化学的表征性能过程中发现这种经济有效的一步水热且对环境无副作用的原位电化学腐蚀方法所制备出的复合电极对人体血液中的葡萄糖有着极其灵敏的响应、优异的选择性以及可靠的稳定性，本工作为金属基底上原位制备金属氢氧化物或氧化物的研究提供了重要的灵感与方向。

7.1.1　样品制备过程与机理

（1）原材料预处理

首先将原材料泡沫镍裁剪成3.5 cm×1.5 cm的长方形大小后，先置于20 mL的浓度为20%的盐酸溶液中进行超声清洗，并静置不超过2 h以去除样品表面氧化层，再将样品置于一定量的去离子水中充分超声以去除吸附的盐酸物质，最后将样品置于70℃恒温烘箱内烘干并保温12 h。

（2）样品的制备

将烘干后的样品放置于容积为50 mL的高温水热釜中并加入40 mL去离子水，密封后置于140℃的电热鼓风干燥箱中高温反应24 h，此为样品的原位电化学腐蚀过程，后空冷置室温并置于40℃的恒温烘箱内充分烘干。将制备完成的原位复合Ni(OH)$_2$/Ni电极裁剪成0.5 cm× 1.5 cm用于葡萄糖的检测。

（3）制备机理

泡沫镍表面在高温水热釜中发生的原位电化学腐蚀制备β-Ni(OH)$_2$的过程机理为：浸于去离子水中的泡沫镍原材料表面在高温下发生了水合作用，生成了中间产物$[Ni(H_2O)_n]^{2+}$，并失去了两个电子，与去离子在水中溶解并吸附于泡沫镍表面的O$_2$结合，使O$_2$发生还原反应生成OH$^-$，而后$[Ni(H_2O)_n]^{2+}$与形成的OH$^-$结合生成β-Ni(OH)$_2$沉积于泡沫镍表面上，图7-1为样品的制备示意图，本反应所涉及的方程式如下所示：

$$Ni + nH_2O \rightarrow [Ni(H_2O)_n]^{2+} + 2e^- \tag{1}$$

$$O_2 + 2H_2O + 4e^- \rightarrow 4OH^- \tag{2}$$

$$[Ni(H_2O)_n]^{2+} + 2OH^- \rightarrow Ni(OH)_2 + nH_2O \tag{3}$$

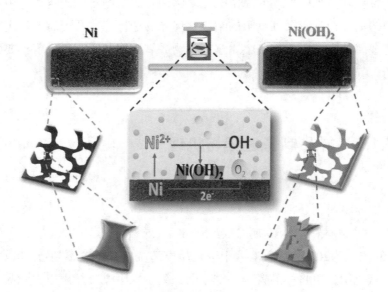

图7-1　水热法制备β–Ni(OH)₂/Ni的过程机理图

7.1.2　样品形貌结构表征参数设置

（1）X射线衍射。采用日本理学Rigaku D/Max–2400型X射线衍射仪表征，设定参数为：以Cu Kα为辐射源，管电压为40 kV，管电流60 mA，扫描速率为0.02°/min，扫描范围为0~110°。

（2）X射线光电子能谱。采用美国Thermo Scientific Escalab 250Xi型X射线光电子能谱分析仪表征，设定参数为：设置X射线光斑波长为500 μm，将表面C 1s位置校准至284.8 eV。

（3）场发射扫描电镜。采用日本Hitachi SU8020型扫描电镜与美国FEI

Quanta 250型扫描电镜分别表征，加速电压设置分别为2 kV和15 kV，真空度1×10^{-7} Pa。

（4）透射电镜。采用美国FEI Tecnai G2 F20场发射透射电子显微镜表征，测试样品制备方法：将少量样品分散于适量的无水乙醇中进行10 min超声处理，以将β−Ni(OH)$_2$从泡沫镍上震荡下来，取少量超声后的无水乙醇溶液（包含β−Ni(OH)$_2$片状材料）滴于硅片上放置于碳膜上进行测试。设置透射电镜加速电压200 kV，灯丝电压3.7 kV。

（5）BET比表面积测试。采用表征，使用N$_2$作为吸脱附气体进行测试，样品预处理温度为200℃，处理12 h。

7.1.3   样品电化学性能表征参数设置

采用瑞士万通Autolab PGSTAT128N型电化学工作站进行电化学性能表征。

7.1.4   结果与讨论

7.1.4.1   XRD结构表征

图7-2是β−Ni(OH)$_2$/Ni复合电极的XRD衍射图谱，经与标准卡片对照可以看出，纯泡沫镍基底在2θ值为44.5°、51.8°、76.4°、92.9°、98.4°时有着明显的衍射峰出现，并与标准卡片JCPDS 04 − 0850相拟合，但可以看出的是与标准卡片相对照Ni的衍射峰出现了些许偏移，这是在X射线穿透样品时由于样品的厚度原因X射线在其中发生一定偏折所导致的，这些不同的2θ值衍射峰分别对应 (111)、(200)、(220)、(311)、(222) 晶面。同时，经与标准卡片JCPDS 14 − 0117比对，在2θ值位于19.3°、33.1°、38.5°、39.1°的衍射峰均可指标化为水滑石六方结构的β−Ni(OH)$_2$，分别对应(001)、(100)、(101)、(102)晶面。从本图谱中并未发现其他的杂质峰，表明所制备的电极具有较

高的纯度。另外，我们可以看出Ni的衍射峰比β–Ni(OH)$_2$的衍射峰信号要强，这是因为在泡沫镍表面生长的β–Ni(OH)$_2$是以Ni基底为原材料，进行原位电化学腐蚀生长从而导致所制得的β–Ni(OH)$_2$活性材料含量相比基底相对较少。

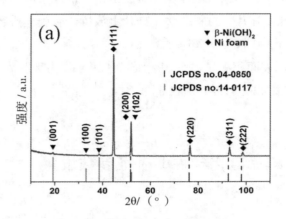

图7-2　β–Ni(OH)$_2$/Ni的XRD图谱

7.1.4.2　XPS结构表征

对β–Ni(OH)$_2$/Ni片状材料复合电极进行X光电子能谱分析以进一步确认样品的化学键合信息，测试谱图如图7-3（a）～（c）所示。

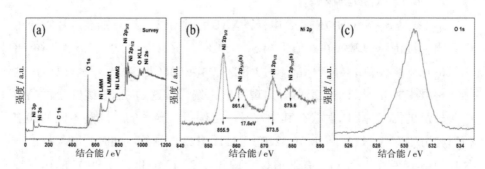

图7-3　β–Ni(OH)$_2$/Ni的XPS图谱

（a）全谱图；（b）Ni 2p 光谱图；（3）O 1s 光谱图

其中，图7-3（a）为样品的XPS全谱，从全谱图中可直观看出一系列的能谱峰分别对应着C元素、O元素以及Ni元素。对Ni元素精细扫描分析如图7-3（b）所示，图中Ni 2p$_{3/2}$ (855.9eV)和Ni 2p$_{1/2}$(873.5 eV)峰都对应于Ni在Ni(OH)$_2$中的结合能峰位，它们的自选电子能量差值为17.6 eV，另外，在861.4 eV与879.6 eV处出现了与Ni 2p$_{3/2}$和Ni 2p$_{1/2}$主峰对应的伴峰，以上特征即为β–Ni(OH)$_2$的物相特征。对氧元素的光谱图分析如图7-3（c）所示，我们并未在该图谱中发现额外的吸附氧的峰，位于530.7 eV处的氧元素主峰可被完全诠释为在Ni–OH类型物质中Ni–O–Ni化学键的特征峰。

7.1.4.3　SEM形貌表征
纯泡沫镍以及β–Ni(OH)$_2$/Ni的扫描电子显微形貌图如图7-4所示。

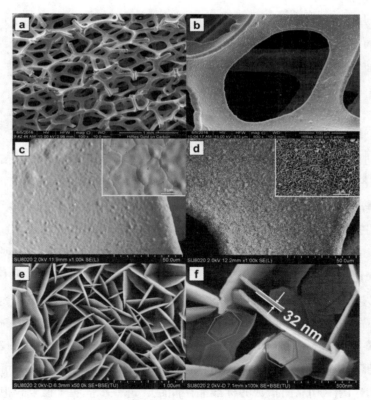

图7-4　不同放大倍数的SEM图。（a–c）泡沫镍；（d–f）β–Ni(OH)$_2$/Ni

图7-4（a）~（c）所展现的是纯泡沫镍分别在100倍、800倍和1 000倍放大倍数下的SEM形貌图，可以看到在较低倍数SEM照片下泡沫镍呈现三维多孔立体结构，孔径大小一般在200 μm左右，可提供充足的β–Ni(OH)$_2$预生长空间。图7-4（d）~（f）为β–Ni(OH)$_2$/Ni复合电极在1 000倍、50 000倍和100 000倍放大倍数下的SEM形貌图，其中如图7-4（d）所示，与相同放大倍数的图7-4（c）相比，经过24 h的水热反应后光滑的泡沫镍表面由于片状β–Ni(OH)$_2$的出现而发生变化；在图7-4（e）中可以清楚观察到数量庞杂的垂直生长的片状β–Ni(OH)$_2$，犬牙交错形成一种多孔的结构，经比例尺测量这些片状的平均直径在800 nm左右，厚度为30 nm左右；在图7-4（f）中，六边形形貌的片状结构可以清晰地从垂直交错生长的片状β–Ni(OH)$_2$上展现，从侧面证明了所制备材料的形貌结构是符合密排六方类水滑石结构β–Ni(OH)$_2$的特征。

一般来说，类水滑石结构的堆垛六边形Ni(OH)$_2$是由于羟基离子和镍离子结合而形成密排六方八面体结构后，继而从结构边缘延伸使得Ni表面堆垛成复杂垂直原位生长二维片状结构，这是由于片层间复杂的化学反应所引起的。

7.1.4.4　TEM形貌表征

为进一步深入分析β–Ni(OH)$_2$的结构信息，对其进行了透射扫描及高分辨晶格观察（图7-5）。观察样品的制备方法为：将β–Ni(OH)$_2$/Ni复合电极裁剪成多个小片状形态，置于少量无水乙醇中进行5 min超声以使泡沫镍上生长的β–Ni(OH)$_2$片状材料脱落于无水乙醇中，接着取50 μL超声后含β–Ni(OH)$_2$的无水乙醇溶液滴于碳膜上测试。图7-5（a）展现了片状β–Ni(OH)$_2$的宏观TEM形貌和选区电子衍射形貌（嵌入的插图）从中可同样看出片状β–Ni(OH)$_2$的边长也为约800 nm，同时表现出了β–Ni(OH)$_2$的单晶片状微观结构。图7-5（b）为截取自图7-5（a）的放大倍数TEM形貌图，可清晰观察到片状材料的分层结构，这与先前的相关研究相符合；图7-5（c）为高分辨晶格图，如图所示相邻的晶格条纹间距大约为0.27 nm，可对应于β–Ni(OH)$_2$的(100)晶面指数的标准晶格间距，进一步证明了该复合电极由泡沫镍表面生长β–Ni(OH)$_2$纳米片状结构所组成。

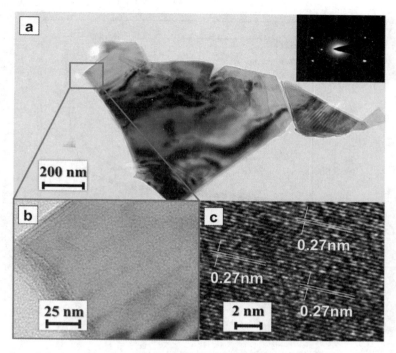

图7-5 （a，b）β−Ni(OH)$_2$不同放大倍数的TEM形貌图，内嵌图为对应的选区电子衍射
形貌图；（c）对应的高分辨晶格图

7.1.4.5　BET结构表征

将经过在真空条件下6 h的100℃预处理的β−Ni(OH)$_2$/Ni复合电极样品于液氮温度下进行N$_2$的吸附−脱附实验，图7-6为其吸附−脱附等温线，插图为其Barrett‐Joyner‐Halenda（简称BJH）孔径分布图，经BET测试软件BELmAster自动分析，所制得的样品具有较大的比表面积，达到56.4 m^2/g，比孔径容积为0.27 cm^3/g，本样品的比表面积与先前基于Ni(OH)$_2$材料的研究相比要大很多；从孔径分布插图分析我们可以看到，本样品所含的孔径大小集中在2～160 nm尺寸区域，其中孔隙直径为90 nm和160 nm的孔径数量最多，这是由于其表面交错的片状堆积在一起所形成的孔径尺寸分布。通常情况下，作为催化效应的活性材料的比表面积与孔隙率越大，则可以为电极材料提供较多的活性位点，有利于改善电极材料的电催化能力。

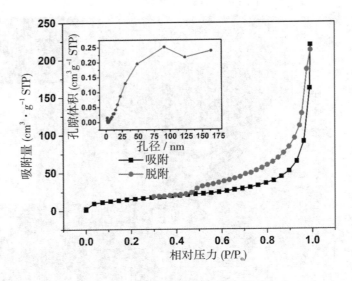

图7-6 β-Ni(OH)₂/Ni的吸脱附曲线图

7.1.4.6 电极材料的电化学性能表征

电化学性能相关测试采用三电极体系，工作电极采用所制备的β-Ni(OH)₂/Ni复合电极，同时采用经预处理的纯泡沫镍电极作为对比用的工作电极，浸入电解液的工作电极尺寸大小均为5 mm×5 mm；对电极采用铂片电极（电极直径为2 mm，铂片大小为1 cm×1 cm）；参比电极采用含有饱和氯化钾溶液的Ag/AgCl电极。无特殊说明的情况下的电化学测试都在含有0.1 mol·L⁻¹ NaOH的电解液中进行。

（1）循环伏安测试

图7-7所展示的是泡沫镍与β-Ni(OH)₂/Ni复合电极在扫速均为50 mV·s⁻¹下对2 mmol·L⁻¹浓度的葡萄糖电催化CV对比图。其中，曲线Ⅰ和曲线Ⅲ分别表示在空白未添加葡萄糖的NaOH电解液下Ni与β-Ni(OH)₂/Ni的CV曲线，可以看到β-Ni(OH)₂/Ni相比Ni对电流有着更大的响应，这是由于在泡沫镍表面生长出的二位片状材料和堆垛形成的三维孔隙结构提供了较大的比表面积与活性位点。另外，从曲线Ⅲ上部可以明显观察到代表生成氧化中间产物Ni(OH)₂/NiO(OH)的氧化峰，证明了β-Ni(OH)₂/Ni相比Ni具有更高的电催化活

性。在向电解液中加入2 mmol·L⁻¹浓度的葡萄糖后，Ni与β−Ni(OH)₂/Ni的CV
曲线分别如曲线Ⅱ和Ⅳ所示，可以发现β−Ni(OH)₂/Ni对葡萄糖响应的起始电
位为0.4 V，相对与Ni对葡萄糖响应的起始电位更低（0.7 V）。基于以上测试
结果，初步展现了β−Ni(OH)₂/Ni复合电极的优异电催化性能。

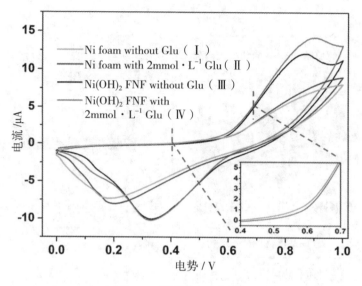

图7–7　样品的CV对比图

对比图7–7曲线Ⅲ和Ⅳ，我们发现在加入2 mmol·L⁻¹的葡萄糖后
β−Ni(OH)₂/Ni电极CV曲线所展现的氧化峰相比未加入葡萄糖时发生了明显
的正向位移，这种现象可归因于电极表面β−Ni(OH)₂对葡萄糖的吸附作用以
及在碱性溶液中β−Ni(OH)₂发生反应生成了中间产物NiO(OH)，这样的结论
与先前的研究符合。经查阅相关资料后，我们得知：电极对葡萄糖的氧化作
用是由中间产物Ni(OH)₂/NiO(OH)氧化还原电子对引起的，具体发生的反应
方程式如下所示：

$$Ni(OH)_2 + OH^- \rightarrow NiO(OH) + H_2O + e^- \tag{4}$$

$$NiO(OH) + 葡萄糖 \rightarrow Ni(OH)_2 + 葡萄糖酸内酯 \tag{5}$$

图7-8即为β-Ni(OH)₂/Ni复合电极对葡萄糖的催化原理示意图。首先，电极表面Ni(OH)₂在碱性溶液环境下氧化形成中间产物NiO(OH)（反应式4），接着葡萄糖被NiO(OH)物质催化生成葡萄糖酸内酯，同时中间产物NiO(OH)被重新还原为Ni(OH)₂（反应式5）。以上内容为β-Ni(OH)₂/Ni电极对葡萄糖的电催化机理。

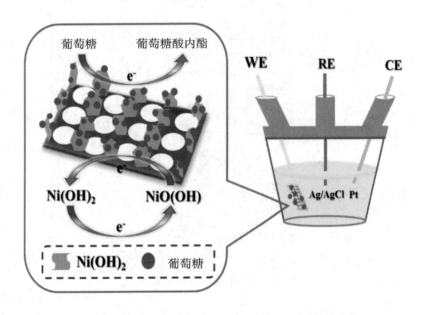

图7-8　β-Ni(OH)₂/Ni在碱性液体环境下对葡萄糖的催化机理图

循环伏安法也可以用于判断电极对葡萄糖电催化过程的反应动力学。图7-9（a）为β-Ni(OH)₂/Ni电极在含有2 mmol·L⁻¹葡萄糖的0.1 mol·L⁻¹ NaOH溶液中的CV图，扫速分别为1 mV·s⁻¹、4 mV·s⁻¹、9 mV·s⁻¹、16 mV·s⁻¹和25 mV·s⁻¹，可以对比看出氧化峰电流值随着扫速的提高而增大，同时氧化峰电位发生正向移动，还原峰电位发生负向移动。这些原因的产生是由于电极极化引起的过电势作用和对葡萄糖电解氧化的动力学限制所引起的。图7-9（b）则由图7-9（a）引申而出，展现了CV曲线中不同扫速下氧化峰电流和还原峰电流与扫速的平方根的线性关系，可证明β-Ni(OH)₂/Ni电极对葡萄糖的催化过程是一个典型的由扩散动力学控制的电化学氧化还原反应过程。

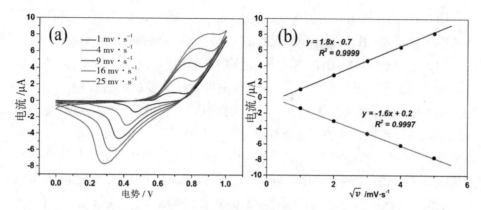

图7-9 （a）β–Ni(OH)$_2$/Ni在含有2 mmol·L^{-1}葡萄糖的0.1 mol·L^{-1} NaOH溶液中不同扫速下的CV图；（b）不同扫速下β–Ni(OH)$_2$/Ni氧化峰电流和还原峰电流与扫速的平方根的线性关系

（2）计时电流测试

为了获得所制备电极的最佳工作电压，在图7-10中，我们依据图7-7的结论，分别设置四个不同电压来对NaOH电解液中含50 μmol·L^{-1}的葡萄糖进行计时电流测试。可以直观地看到，随着电压从0.4 V升至0.7 V，电极对葡萄糖的响应电流也逐渐增大；当外加电压为0.7 V时，响应电流十分不稳定且呈逐渐降低态势，而且高电势极易使血液环境中的除葡萄糖以外的物质也发生氧化，从而干扰电极的检测专一性，因此综合考虑，0.6 V的外加电压为最优电势选择。

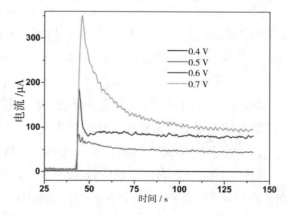

图7-10 β–Ni(OH)$_2$/Ni在含50 μmol·L^{-1}的葡萄糖电解液中不同电压下的不同响应电流图

图7-11（a）为β-Ni(OH)$_2$/Ni与泡沫镍在0.6 V的外加电压下以同样的搅拌速率对连续添加进NaOH电解液的葡萄糖进行计时电流测试的对比图。从图中可以看到，β-Ni(OH)$_2$/Ni电极在滴加葡萄糖的过程中相比泡沫镍表现了对葡萄糖的很高的响应电流，说明该电极对葡萄糖检测有着较高的灵敏度。图7-11（b）由图7-11（a）延伸计算得到，表现了两组电极对葡萄糖响应电流的校正线，我们可直观判断出β-Ni(OH)$_2$/Ni电极在电解液中对葡萄糖浓度为2.5～1 050 μmol·L^{-1}时的响应电流呈一定的线性关系，其线性回归方程经计算可表示为$I = 1.9x + 62.92$ [I (μA)；x(μmol·L^{-1})；]，线性相关系数$R = 0.998\ 9$，从中可计算出该电极对葡萄糖检测极限为2.5 μmol·L^{-1}（信噪比S/N=3），对葡萄糖的检测灵敏度为2 617.4 μA·mM·cm^2。与单纯的Ni电极相比，β-Ni(OH)$_2$/Ni电极对葡萄糖检测灵敏度为Ni电极的5倍（Ni电极灵敏度经计算为482.8 μA·mmol·L^{-1}·cm^2）。

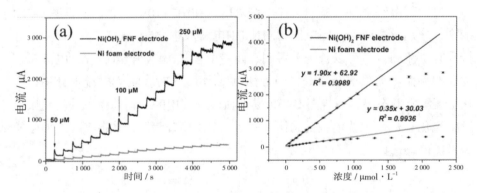

图7-11　（a）样品在0.6 V电压下对不同浓度葡萄糖的电流响应图；（b）样品所检测的葡萄糖浓度与响应电流的关系图

为了展示所制备的β-Ni(OH)$_2$/Ni葡萄糖传感器的性能，我们选择了其他基于Ni(OH)$_2$的无酶葡萄糖检测电极做相应的比较（表7-1）。我们可以发现，β-Ni(OH)$_2$/Ni电极在对葡萄糖的灵敏度响应方面具有相当的优越性，表现了良好的应用前景。这主要归功于其表面合理的微观结构，首先，三维多孔结构的电极构造提供了大的比表面积，使得葡萄糖有足够的被吸附检测空间；其次，电极表面呈现的复杂的片状结构提供了快速的电子传输通道和对葡萄糖分子的灵敏响应；值得指出的是，通过电化学水热腐蚀而在泡沫镍表面原位生长的Ni(OH)$_2$片状结构有效地防止了电化学测试过程中片层团聚的现象发生，为葡萄糖分子的渗透提供了有效保证，保持了电极表面的比表面积。

表7-1　所制备电极与基于Ni(OH)$_2$材料的无酶葡萄糖传感器电极的性能参数对比表

电极 Electrode	灵敏度 Sensitivity ($\mu A \cdot mmol \cdot L^{-1} \cdot cm^2$)	检测范围 Linear range ($mmol \cdot L^{-1}$)	检测限 LOD ($\mu mol \cdot L^{-1}$)
Ni(OH)$_2$ FNF	2 617.4	0.002 5 ~ 1.050	2.5
PI/CNT - Ni(OH)$_2$ NSs [a]	2 071.5	0.001 ~ 0.8	0.36
Ni(OH)$_2$ NPs [b]/Ni foam	1 950.3	Up to 6	0.16
Ni(OH)$_2$/Ni	1 130(2 ~ 40 μM)	–	1
	1 097(0.1 ~ 2.5 mM)		
Co$_3$O$_4$ UNS–Ni(OH)$_2$/GCE [c]	1 089	0.005 ~ 0.04	1.08
α–Ni(OH)$_2$ nanoboxes	487.3	0.000 5 ~ 5	0.07
α–Ni(OH)$_2$/FTO [d]	446	0.01 ~ 0.75	3
Roselike α–Ni(OH)$_2$	418.8	0.000 87 ~ 10.53	0.08
Ni(OH)$_2$/Au/GCE	371.2	0.005 ~ 2.2	0.92
Macro–mesoporous Ni(OH)$_2$	243	0.01 ~ 8.3	1
Ni(OH)$_2$hSs [e]	223.39	0.000 87 ~ 7.781	0.1
Ni(OH)$_2$ CILE [f]	202	0.05 ~ 23	6
Ni(OH)$_2$/TiO$_2$	192	0.03 ~ 14	8

[a] PI = polyimide ; CNT = carbon nanotube ; NSs = nanospheres
[b] Nanoparticles
[c] UNS = ultra–nanosheet ; GCE = glassy carbon electrode
[d] Fluorine doped tin oxide
[e] hollow spheres
[f] Carbon ionic liquid electrode

作为应用于检测人体血液中葡萄糖的传感器材料，葡萄糖传感器对葡萄糖的选择专一性是电极的关键参数之一。人体血液中除了含有葡萄糖以外，还含有乳糖、蔗糖、果糖、尿酸（UA）、抗坏血酸（AA）以及含氯离子的化合物（如NaCl）等，这些物质都有可能对葡萄糖含量的检测造成影响。考虑到人体血液中的葡萄糖含量为这些干扰物质总含量的30~50倍，在抗干扰计时电流测试中，我们在0.1 mol·L^{-1} NaOH电解液中首先加入葡萄糖的浓度为50 μmol·L^{-1}，接着分别加入5 μmol·L^{-1}的以上干扰物质，最后再次加入50 μmol·L^{-1}葡萄糖以观察β–Ni(OH)$_2$/Ni电极的抗干扰能力（图7-12）。我们可以看到，这些干扰物质并未对电极检测葡萄糖产生明显的干扰作用。从图7-12的插图中的结论可以发现，UA酸和AA酸的加入产生的干扰响应电流分别仅约为电极对葡萄糖的响应电流的3.6%和7.9%，为所有干扰物质中对所制备电极最具有干扰作用的；NaCl物质的加入使得电流相比对葡萄糖的相应减少了仅约3.0%，展现了对氯离子优秀的耐毒性；另外值得注意的是，在所有干扰物质添加完毕后我们继续加入了50 μmol·L^{-1}浓度的葡萄糖进行测试，发现电极对葡萄糖的响应电流保持了初始加入葡萄糖的响应电流的95%。经过以上测试表明，β–Ni(OH)$_2$/Ni电极对葡萄糖有着良好的选择专一性和抗干扰能力。

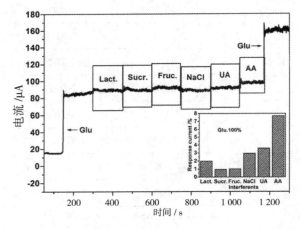

图7-12　β–Ni(OH)$_2$/Ni电极的抗干扰测试图，内嵌图为干扰物质所产生响应电流的统计数据

β–Ni(OH)$_2$/Ni电极对葡萄糖的这种选择性体现主要是由于β–Ni(OH)$_2$/Ni电极与干扰物质之间产生的静电排斥反应而发生的。经过资料调研，我们得知Ni(OH)$_2$的等电点约为11~12。β–Ni(OH)$_2$/Ni电极表面在PH = 13的

0.1 mol·L⁻¹ NaOH电解液中带负电，由于在该电解液中损失了质子，UA酸和AA酸这两种对本电极产生主要干扰的物质在电解液中也带负电。因此，在β−Ni(OH)₂/Ni电极与血液中的干扰物质之间产生的静电排斥作用抵消了干扰电流，所以使得电极有着较强的选择专一性。

（3）稳定性测试

传感器电极在长时间且频繁性的使用后能否继续保持优秀的性能是衡量传感器电极性能的重要指标之一。为了验证所制备的β−Ni(OH)₂/Ni电极的稳定性，我们将电极对0.5 mmol·L⁻¹葡萄糖的响应电流在常温常压下持续观察30天，结果记录如图7−13所示。经过了30天的持续测试后，我们发现相对于刚开始测试时的电流响应，电极仍然保持了93.83%的响应电流，在正常的环境条件下展现了优秀的稳定性。另外，对电极测试前后的表面SEM形貌对比如插图中所示，电流响应标点下方的左图和右图分别为电极测试前后的表面形貌，我们可以直观地看到，经过30天的测试，电极表面的片状结构仍然可以被清晰地观察到，相比测试前只发生了些许的形貌损失，这些损失的形貌结构导致了随着测试时间的增长电极对葡萄糖的响应电流的衰减。归功于原位水热生长机理，Ni(OH)₂片状结构紧密地固定于泡沫镍基底上，在检测葡萄糖的过程中得以一直保持着基本的形貌结构，这就是所制备电极展现出优秀的稳定性的原因。

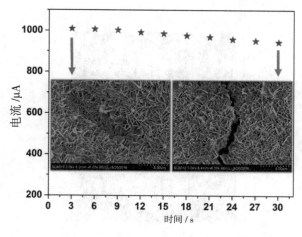

图7−13　β−Ni(OH)₂/Ni电极的稳定性测试

同时，我们在相同的环境及参数条件下，对 β-Ni(OH)$_2$/Ni电极进行了10次对0.5 mmol·L^{-1}葡萄糖的计时响应电流测试，经过测试计算出10次响应电流的相对标准偏差（RSD）为3.12%，进一步说明了 β-Ni(OH)$_2$/Ni电极的稳定性及可重复使用性。

7.1.4.7　与商用血液葡萄糖传感器的对比测试

为了进一步确认所制备的 β-Ni(OH)$_2$/Ni传感器电极的可使用性，我们将所制备电极在人体血液中进行了葡萄糖检测测试，测试结果与市售型号商用葡萄糖检测仪（Commercial Glucose Meter，CGM）进行对比（所购买的商用葡萄糖检测仪照片如图7-14所示）。三份不同的血液样本购买自当地医院且均在12 000 rpm的转速下离心以获得纯血清，并将离心后的血清直接用于商用传感器电极测试。在对 β-Ni(OH)$_2$/Ni进行测试时，首先将所获得的血清在0.1 mol·L^{-1} NaOH溶液中进行稀释，将稀释后的血清液pH调整至13。对葡萄糖浓度的检测由电压为0.6 V时的CA测试记录并计算得到，所记录的测试结果参数在表7-2中予以呈现。经过测试我们发现，β-Ni(OH)$_2$/Ni电极所检测的三份不同血样的葡萄糖浓度结果的RSD值均小于4%，相比商用检测仪的偏差要小。另外，本表也列举了 β-Ni(OH)$_2$/Ni电极与商用检测仪在回收率方面的对比。该表中所列举的测试数据可直观地展现所制备的 β-Ni(OH)$_2$/Ni电极在检测人体血清中葡萄糖浓度方面的良好的实用性。

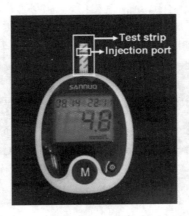

图7-14　从市场上购买的商用血糖仪

表7-2　所制备电极与商用血糖仪检测人体血液中葡萄糖效果对比

编号 Sample	GCM检测结果 Measured by CGM (mmol·L⁻¹)	β-Ni(OH)₂/Ni检测结果 Measured by β-Ni(OH)₂/Ni (mmol·L⁻¹)	相对标准偏差 RSD (%)	加入的浓度 Added (mmol·L⁻¹)	加入后的浓度检测结果After adding (mmol·L⁻¹)		回收率 Recovery (%)	
					CGM	β-Ni(OH)₂/Ni	CGM	β-Ni(OH)₂/Ni
1	4.1	3.9	3.8	5	9.0	8.5	98	92
2	4.9	4.8	3.5	5	10.1	9.5	104	94
3	5.7	6.1	2.9	5	10.8	11.4	102	106

* All the concentration tests and RSD calculations are of five independent measurements.
* Recovery = (after adding − before adding)/added × 100%.

经过一系列的相关实验，我们将β-Ni(OH)₂/Ni复合材料葡萄糖传感器电极成功地通过对泡沫镍在去离子水中进行以原位电化学腐蚀为机理的水热反应而制得。作为一个独立的电极，它适用于无酶型的葡萄糖传感检测，对人体血液中的葡萄糖检测展现了超高的响应灵敏度、单一的选择性以及可靠的稳定性等优良的性能。由于电极表面的片状结构和多孔结构所构成的高比表面积，该电极展现了极高的电子传输速率。这种利用电化学腐蚀法制备β-Ni(OH)₂纳米片的途径也可成为一种在对应的金属基底上制备氢氧化物或者氧化物的复合材料体系的有效的方法。

7.2　β-氢氧化镍纳米片经异质结匹配后作为超级电容器正极材料的应用

近年以来，随着世界经济的迅猛发展，化石燃料等能源消耗剧烈，对环境的影响日益加重，全世界对能源物质的需求日趋强烈。在这样的趋势下，发展高效、清洁且能可持续发展的新能源材料与器件逐渐受到了各国科学研究者的重视。在如电动汽车、混合动力汽车、轨道交通机车和高速动车组列车等应用研发领域中，不断增长的能量和电力需求使得能量存储器件的研究和发展引起了人们的广泛关注。在这些各式各样的能量存储器件中，具有快速充放电能力、大功率性能、较长的循环使用寿命以及安全稳定的工作状态的超级电容器成为了近年来储能器件领域的研究新宠，并有望成为本世纪新型的绿色电源。它作为一种特殊且新颖的能量存储器件，涉及材料、能源、化学、电子器件等多个学科，成为了交叉学科的研究热点之一。

通常来说，超级电容器从理论上来说主要可分为以下两种不同的类别：双电层电容器（Electric Double-Layer Capacitors，简称EDLCs）和法拉第赝电容器（Pseudocapacitors），它们有着不同的能量存储机理。其中，双电层电容器的电容产生主要基于电极、电解液上的电荷分离所产生的双电层电容，而法拉第赝电容器的电容产生机理是基于活性电活性离子在贵金属表面发生欠电位沉积，或在贵金属氢氧化物/氧化物表面及体相中的二维或准二维空间上发生的高度可逆的化学吸附脱附或氧化还原反应而产生的与电极充电电位有关的电容，它伴随着电荷传递过程的发生，所以相对于传统的双电层电容器而言，法拉第赝电容器具有更大的比电容。

电极材料以及电极表面的活性物质是法拉第赝电容器起关键作用的物质，一般要求其具有大的比表面积，不与电解液反应，有良好的导电性能。常见的电极材料有碳材料、石墨烯复合材料、导电聚合物材料、过渡金属氢氧化物以及过渡金属氧化物等。电极的设计原则应以稳定性好、与电解液的相容性好、内阻小、比表面积大、加工工艺简单、原料来源广泛且价格低廉和有利于环保为主。在以上所提及的材料中，过渡金属氢氧化物和氧化物（例如$Ni(OH)_2$, $Co(OH)_2$, MnO_x, CoO_x, RuO_2, NiO等）展现了由高效的氧化还原电子转移所导致的多样的可逆氧化还原反应以及高理论比电容，从而成为了法拉第赝电容器的电极材料的首选。但需要特别指出的是，经研究发现其中RuO_2在以上列举的过渡金属（氢）氧化物中展现了最优秀的比电容量，然而由于高成本的制备过程和对环境的严重损害，它并不适用于商业电容器的应用。

在这些过渡金属（氢）氧化物中，$\beta-Ni(OH)_2$由于其低廉的价格、对环境友好和高氧化还原活性成为了适用于高性能电容器的电极材料之一。然而，与其他单纯的金属氢氧化物一样，单一纳米片结构的β−Ni(OH)₂存在导电性不理想、电极表面活性位点有限以及在快速充放电过程中易出现结构收缩的缺点，限制了它在商用赝电容器方面的应用，现在的研究亟待解决以上问题。经过查阅资料和实验，我们得出的一个有效的方法是：设计一种完整的基于β−Ni(OH)₂的三维核壳异质结构并将其直接生长于导电基底上，这样即可优化电极每个体相的属性，改善电极的电化学性能。

在制备β−Ni(OH)₂/Ni复合电极的基础上，经过简便的无毒性的一步水热法，构建MnO₂@Ni(OH)₂核壳结构以对电极表面的β−Ni(OH)₂进行异质结匹配强化，本体系中的超小纳米片状MnO₂作为"壳"，包覆于作为"核"的密排六方片状结构的β−Ni(OH)₂上。这种出色的仙人掌状异质结构具有以下的优点：第一，超小纳米尺寸的MnO₂片层直接生长于β−Ni(OH)₂片上，在其表面构建了数量繁多的孔隙结构，增加了比表面积，为提载流子的传输提供了高效的通道并使其与活性材料间存在良好的协同作用，从而导致较快的电子、离子传速速率；第二，以二维片状的Ni(OH)₂与三维孔隙结构的泡沫镍分别作为MnO₂与MnO₂@Ni(OH)₂的基底，二维片状材料对电子传输具有很强的空间限域效应，能够高速有效地传递电子，为高效电极的构建提供了前提，表面互相交互的片状核壳结构的搭建也为电能的存储提供了较大空间，同时在超级电容器的循环充放电过程中核壳结构也为电极表面的Ni(OH)₂形貌稳定作出了贡献；第三，通过不含任何粘结剂的两步原位水热法制备的似仙人掌般的异质结形貌结构可防止由于高分子粘合剂的作用所出现的死体积空间，保证了电极的导电能力不会因此衰减。

得益于以上总结的优点，在成功制备出以Ni为基底的MnO₂@Ni(OH)₂核壳结构电极后，我们对其进行了一系列形貌结构表征和电化学性能测试，发现其在3 mol·L⁻¹的KOH溶液中作为超级电容器正极材料的使用在大电流密度下具有相当高的比电容和循环稳定性；经过与分证明了该制备方案的可行性与在高性能超级电容器方面的广阔的应用前景。

7.2.1 超级电容器正极材料的制备过程与机理

（1）$MnO_2@Ni(OH)_2$核壳结构电极的构建

利用简单有效的一步水热合成法对上述步骤所制备的$\beta-Ni(OH)_2/Ni$复合电极进行与MnO_2纳米片状材料的异质结匹配。具体方法为：将所制备的$\beta-Ni(OH)_2/Ni$电极不经过任何预处理再次裁剪为1.5 cm×1.5 cm尺寸的正方形形状，并将其浸入含有30 mL浓度为0.02 mol·L^{-1} $KMnO_4$溶液的容积为45 mL的水热反应釜中，将水热釜密封放置于140℃的恒温电热鼓风干燥箱中持续反应24 h。接着，将水热釜空冷至室温，并将反应完成的样品取出于超纯水中超声5 min以去除样品表面所残留的化学试剂。最后，将超声后的样品置于60 ℃的恒温鼓风干燥箱中持续烘干24 h，最终成功制得$MnO_2@Ni(OH)_2$核壳结构电极。在对电极进行电化学性能表征时将其裁剪成0.5 cm×1 cm尺寸进行测试。

（2）样品的制备机理

两步水热法制备$MnO_2@Ni(OH)_2$核壳结构电极的过程如图7-15所示，在第一步$\beta-Ni(OH)_2/Ni$复合材料的制备过程中，浸于去离子水中的泡沫镍原材料表面在高温下发生了水合作用，生成了中间产物$[Ni(H_2O)_n]^{2+}$，并失去了两个电子，与去离子在水中溶解并吸附于泡沫镍表面的O_2结合，使O_2发生还原反应生成OH^-，而后$[Ni(H_2O)_n]^{2+}$与形成的OH^-结合生成$\beta-Ni(OH)_2$沉积于泡沫镍表面上（对应示意图中的步骤i）。

在第二步为$\beta-Ni(OH)_2/Ni$材料进行与MnO_2的异质结匹配的过程中，水热釜中的$KMnO_4$溶液在高温下与溶液中的水发生了歧化反应，生成了MnO_2沉积于电极表面的$\beta-Ni(OH)_2$片上。

图7-15（a）~（c）分别为反应前泡沫镍基底、$\beta-Ni(OH)_2/Ni$以及$MnO_2@Ni(OH)_2$核壳结构电极的扫描电镜照片，其中的内嵌图分别为三个反应阶段的大倍数下的扫描电镜照片。从图中我们可以非常直观地看出，经过第一步水热反应后光滑的泡沫镍基底表面生长出了数量庞杂的垂直生长的片状$\beta-Ni(OH)_2$，初步使材料表面形成了多孔结构，接着通过对$\beta-Ni(OH)_2$的异质结匹配的第二步水热反应，MnO_2片状材料沉积于样品表面的$\beta-Ni(OH)_2$

纳米片上，显示出二者成功地形成了仙人掌状的核壳结构体系。

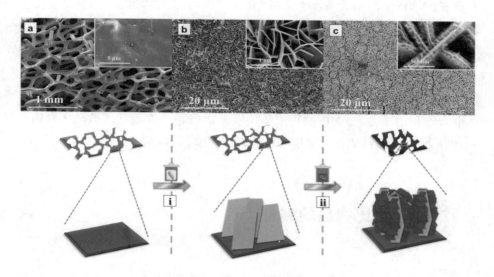

图7-15　样品的制备过程图与对应SEM图

7.2.2　非对称超级电容器的负极材料制备

为了进一步表征所制备$MnO_2@Ni(OH)_2$核壳结构电极的赝电容性能，我们将所制备的电极作为正极材料，负极材料采用相同尺寸大小的泡沫镍上负载的活性炭（Activated Carbon，简称AC）作为负极的活性物质与正极进行匹配，以测试正极材料经组装后的超级电容器性能。超级电容器负极材料的制备方法如下：首先，将泡沫镍裁剪成0.5 cm×1 cm尺寸，置于20 mL的浓度为20%的盐酸溶液中进行超声清洗并静置不超过2 h以去除样品表面氧化层，再将样品置于一定量的去离子水中充分超声以去除吸附的盐酸物质，最后将样品置于70 ℃恒温烘箱内烘干并保温12 h待用。与此同时，在电子天平上称取2.5 mg的活性炭和0.5 mg的乙炔黑，将二者在培养皿中混合均匀（在这里乙炔黑可增强电极的导电性，并可作为吸水物质）。随后在搅拌均匀的混合物中滴入5 μL的60%浓度的聚四氟乙烯乳液（其作用是增强活性材料与导电材料在泡沫镍上的粘合程度），再次充分搅拌均匀，使得混合物逐渐变得粘稠。取出经过预处理的泡沫镍待用材料，将制得的膏类混合物质均匀涂覆在泡沫镍集体上，涂覆面积为0.5 cm×0.5 cm。接着在涂覆好的电极上滴加50 μL的无水乙醇，使得泡沫镍表面涂覆的活性物质与导电物质产生分散，使其不会因为聚四氟乙乳液而发生团聚导致死体积的产生。最后，将电极上的混合物利用压力为2 MPa的粉末压片机压制5 min，接着放入鼓风干燥箱中70 ℃下烘5 h，最终成功制得用于组装超级电容器的负极材料。

7.2.3　对比样品的制备

在形貌结构表征及电化学测试的过程中，为了展现经过异质结匹配所制得的核壳结构体系材料在三电极测试体系下的超电性能优越性，我们同时准备了与主样品同样尺寸大小的对比工作电极，分别为：（1）泡沫镍电极；（2）β–$Ni(OH)_2$/Ni复合电极；（3）MnO_2/Ni复合电极；

MnO_2/Ni复合电极的制备基本思路为：利用经过之前相同参数进行预处理的泡沫镍为基底，裁成1.5 cm×1.5 cm尺寸大小，将其浸入含有30 mL浓度为0.02 mol·L^{-1} $KMnO_4$溶液的容积为45 mL的水热反应釜中，将水热釜密封放置于140 ℃的恒温电热鼓风干燥箱中持续反应24 h。接着，将水热釜空冷至室温，并将反应完成的样品取出于超纯水中超声5 min以去除样品表面所残留的化学试剂。最后，将超声后的样品置于60℃的恒温鼓风干燥箱中持续烘干24 h，最终成功制得MnO_2/Ni复合电极，样品表面的50 000倍扫描电子显微形貌图如图7-16所示。以上参数的设置的基本准则是与主样品MnO_2的异质结匹配过程参数保持一致，以进行有效的三电极体系超级电容器性能测试。

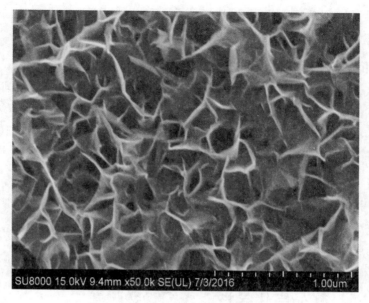

图7-16　MnO$_2$/Ni的表面SEM形貌图

7.2.4　样品形貌结构表征参数设置

（1）X射线衍射

采用日本理学Rigaku D/Max-2400型X射线衍射仪表征，设定参数为：以Cu K_α 为辐射源，管电压为40 kV，管电流60 mA，扫描速率为0.02°/min，扫描范围为0°~110°。

（2）X射线光电子能谱

采用美国Thermo Scientific Escalab 250Xi型X射线光电子能谱分析仪表征，设定参数为：设置X射线光斑波长为500 μm，将表面C 1s位置校准至284.8 eV。

（3）场发射扫描电镜

采用日本Hitachi SU8020型扫描电镜与美国FEI Quanta 250型扫描电镜分

别表征，加速电压设置分别为2 kV和15 kV，真空度1 × 10^{-7}Pa。

（4）透射电镜

采用美国FEI Tecnai G2 F20场发射透射电子显微镜表征，测试样品制备方法：将少量样品分散于适量的无水乙醇中进行10 min超声处理，以将$MnO_2@Ni(OH)_2$从泡沫镍上震荡下来，取少量超声后的无水乙醇溶液（包含$MnO_2@Ni(OH)_2$核壳结构材料）滴于硅片上放置于碳膜上进行测试。设置透射电镜加速电压200 kV，灯丝电压3.7 kV。

（5）BET比表面积测试

采用表征，使用N_2作为吸脱附气体进行测试，样品预处理温度为200 ℃，处理12 h。

7.2.5　样品电化学性能表征参数设置

采用瑞士万通Autolab PGSTAT128N型电化学工作站进行所有的电化学性能表征。其中，对于所制备主样品与对比样品作为超级电容器正极材料的相关电化学性能测试采用三电极体系，工作电极采用所制备的$MnO_2@Ni(OH)_2$核壳结构电极以及用于对比的泡沫镍电极、β–$Ni(OH)_2$/Ni电极和MnO_2/Ni电极，浸入电解液的工作电极于对比电极的尺寸大小均为5 mm×5mm，对电极均采用铂片电极（电极直径为2 mm，铂片大小为1 cm×1 cm），参比电极均采用含有饱和氯化钾溶液的Ag/AgCl电极；对于所制备主样品正极材料与7.2.2小节所制备的负极材料进行组装后的电化学性能测试采用两电极体系，电化学工作站的工作电极夹连接$MnO_2@Ni(OH)_2$电极，将对电极夹与参比电极夹串联连接至所制备的AC/Ni电极，二者同时浸入电解液的尺寸均为5 mmol·L^{-1}×5 mmol·L^{-1}以模拟经过组装后的超级电容器。无特殊说明的情况下的电化学测试都在含有3 mol·L^{-1} KOH的电解液中进行。

7.2.6　结果与讨论

7.2.6.1　XRD结构表征

图7-17是MnO_2@$Ni(OH)_2$/Ni核壳结构电极的XRD衍射图谱，经与标准卡片对照可以看出，纯泡沫镍基底在2θ值为44.5°、51.8°、76.4°、92.9°、98.4°时有着明显的衍射峰出现，并与标准卡片JCPDS 04-0850相拟合。同时，经与标准卡片JCPDS 14-0117比对，在2θ值位于19.3°、33.1°、38.5°、59.1°、62.7°的衍射峰均可指标化为水滑石六方结构的β-$Ni(OH)_2$，分别对应(001)、(100)、(101)、(110)、(111)晶面。经过对XRD图谱进行放大操作并与标准卡片JCPDS no.80-1098比对，图中红色标点对应的（002）、（-111）、（-112）和（-113）等晶面为水钠锰矿型二氧化锰衍射峰所对应的晶面,从本图谱中并未发现其他的杂质峰，表明所制备的电极具有较高的纯度。以上XRD参数证明了复合材料的核壳结构是由MnO_2和β-$Ni(OH)_2$所组成。另外，我们可以看出Ni的衍射峰比MnO_2和β-$Ni(OH)_2$的衍射峰信号要强，这是因为表面生长的MnO_2@$Ni(OH)_2$是以泡沫镍为基底，进行原位电化学腐蚀生长和化学沉积从而导致所制得的MnO_2@$Ni(OH)_2$活性材料含量相比基底相对较少。

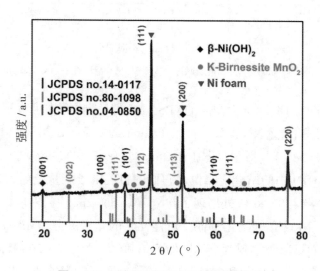

图7-17　MnO_2@$Ni(OH)_2$/Ni的XRD图谱

7.2.6.2　XPS结构表征

对MnO$_2$@Ni(OH)$_2$/Ni核壳结构电极进行X光电子能谱分析以提供更多的样品表面电子结构组成信息，测试谱图如图7–18所示。

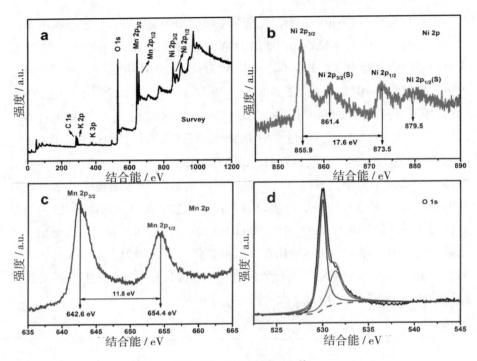

图7–18　样品的XPS图谱

（a）全谱图；（b）Ni 2p 光谱图；（c）Mn 2p 光谱图；（d）O 1s 光谱图

其中，图7–18（a）为样品的XPS全谱，从全谱图中可直观看出一系列的能谱峰分别对应着Ni元素、C元素、Mn元素以及O元素。对Ni元素精细扫描分析如图7–18（b）所示，图中Ni 2p$_{3/2}$(855.9 eV)和Ni 2p$_{1/2}$(873.5 eV)峰都对应于Ni在Ni(OH)$_2$中的结合能峰位，它们的自旋电子能量差值为17.6 eV，另外，在861.4 eV与879.6 eV处出现了与Ni 2p$_{3/2}$和Ni 2p$_{1/2}$主峰对应的伴峰，以上特征即为β–Ni(OH)$_2$的物相特征。对锰元素的光谱图分析如图7–18（c）所示，从中我们可以观察到两个不同的主衍射峰，图中Mn 2p$_{1/2}$和Mn 2p$_{3/2}$峰分别对应结合能为624.6 eV和654.4 eV，其自旋电子能量差值为11.8 eV，此为

MnO_2的结合能峰位。图7-18（d）为样品中所含氧元素的分峰拟合图，展示了两种不同的含氧元素的组成物质，分别对应529.9 eV和531.4 eV的结合能。经过查阅相关资料，位于529.9 eV处的氧元素峰为MnO_2中氧元素的结合能峰位，在531.4 eV处的特征峰可被诠释为在Ni–OH类型物质中Ni–O–Ni化学键的特征峰。通过对所制备样品进行XRD和XPS的表征，基于以上数据，可判断出以泡沫镍为基底的MnO_2@$Ni(OH)_2$核壳结构电极已成功地利用两步简单的水热方法制得。

7.2.6.3　SEM形貌表征

电极表面的未经异质结匹配的β－$Ni(OH)_2$片状材料与经异质结匹配的MnO_2@$Ni(OH)_2$核壳结构材料的形貌对比图如图7-19所示。

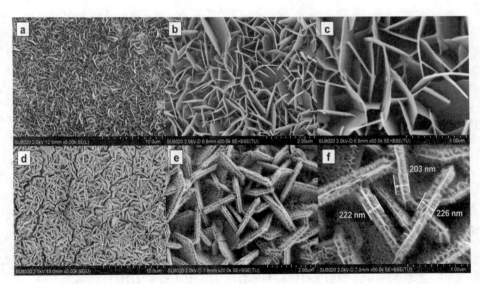

图7-19　不同放大倍数的SEM形貌图。（a–c）β－$Ni(OH)_2$/Ni；（d–f）MnO_2@$Ni(OH)_2$/Ni

图4.5（a）～（c）所展现的是泡沫镍表面原位生长的β－$Ni(OH)_2$片状材料分别在5 000倍、20 000倍和50 000倍放大倍数下的SEM形貌图，图7-19（d）～（f）为MnO_2@$Ni(OH)_2$核壳结构在相同放大倍数下的SEM形貌图，其中如图7-19（d）～（e）所示，与相同放大倍数的图7-19（a）～（b）相比，

经过以沉积MnO₂为目的的水热反应后β-Ni(OH)₂材料表面由于MnO₂纳米片的沉积而发生变化；经过在高锰酸钾溶液中的水热反应后，在图7-19（f）中，我们可以清楚观察到数量庞杂的片状β-Ni(OH)₂表面两端以化学沉积的方式垂直生长了数量众多的、细小的、分布较为均匀的MnO₂纳米片，它们相互堆积，与β-Ni(OH)₂紧密结合，这种超薄细小的MnO₂纳米片近乎完全将β-Ni(OH)₂包覆于其中，组成了一种新颖的核壳结构。经过比例尺测量，我们发现单个的MnO₂@Ni(OH)₂核壳结构平均厚度在220 nm左右，而垂直沉积于β-Ni(OH)₂上的MnO₂长度仅为100 nm左右，这种核壳结构的构建为电极提供了大量的孔隙空间，显著增加了电极表面的比表面积和电子传输通道，有利于在高速充放电的过程中稳定β-Ni(OH)₂的形貌，为超级电容器电极材料性能的改善起到了积极的作用。

7.2.6.4　TEM形貌表征

为进一步深入分析MnO₂@Ni(OH)₂的结构信息，对其进行了透射扫描及高分辨晶格观察，同时以未经生长MnO₂的Ni(OH)₂作为对比样品（图7-20）。Ni(OH)₂对比观察样品的制备方法详见第3章3.3.4节的TEM观察样品的制备方法；MnO₂@Ni(OH)₂的TEM观察样品的制备方法为：将所制备的MnO₂@Ni(OH)₂/Ni复合电极裁剪成多个小片状，置于少量无水乙醇中进行3 min超声以使泡沫镍上生长的MnO₂@Ni(OH)₂完整核壳结构材料脱落于无水乙醇中（注意超声时间不能过长以防止MnO₂从Ni(OH)₂上脱落），接着取50 μL经超声后含MnO₂@Ni(OH)₂结构的无水乙醇溶液滴于碳膜上测试。图7-20（a）、（b）展现了片状β-Ni(OH)₂的宏观TEM形貌和选区高分辨晶格形貌，从高分辨晶格图中可观察到片状β-Ni(OH)₂的两种不同的相邻晶格条纹间距分别为0.23 nm和0.27 nm，其分别对应晶面指数为（101）和（100）。图7-20（c）、（d）则展现了MnO₂@Ni(OH)₂核壳结构的宏观TEM形貌和选区高分辨晶格形貌，从图7-20（c）的TEM形貌图可较为明显地看出Ni(OH)₂片的表面两端生长着数量众多的细小纳米材料，与图7-19（d）~（f）的MnO₂@Ni(OH)₂的SEM电镜形貌相对应；图7-20（d）的高分辨晶格图的选区如图7-20（c）中的红框所示，经过Gatan Digital Micrograph软件的精确分析，我们在图7-20（d）中可同时观察到Ni(OH)₂对应的晶格和MnO₂对应的晶格。对于Ni(OH)₂，两种不同的相邻晶格条纹间距分别为0.23 nm和0.45 nm，分别对应晶面指数为（101）和（001）；而对于MnO₂，两种不同的相邻晶格条纹间距经测量分别为0.22 nm和0.24 nm，对应着正交晶型MnO₂材料的（201）面和（−111）面。通过TEM对比测试，进一步证明了在泡沫镍表面成功制备出了核壳结构MnO₂@Ni(OH)₂复合纳米材料。

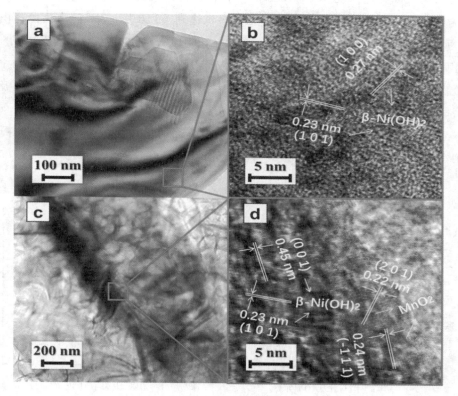

图7−20　（a）β−Ni(OH)₂的TEM形貌图；（b）β−Ni(OH)₂的高分辨晶格图；
（c）MnO₂@Ni(OH)₂的TEM形貌图；（d）MnO₂@Ni(OH)₂的高分辨晶格图

7.2.6.5　BET结构表征

样品的比表面积大小为其电化学性能的关键参数之一，将经过在真空条件下12 h的100℃预处理的MnO₂@Ni(OH)₂/Ni电极和用来作对比的β−Ni(OH)₂/

Ni电极样品于液氮温度下进行N₂的吸附–脱附实验，图7–21为二者的吸附–脱附等温线与BJH孔径分布图。比表面积与孔隙容积的参数用BELmAster测试软件自动分析获得。其中图7–21（a）所展示的是未经MnO₂异质结匹配的β–Ni(OH)₂/Ni电极的N₂吸脱附曲线，插图为BJH孔径分布图，经过测试软件分析，其比表面积为50.9 m²·g⁻¹，比孔径容积为0.23 cm³·g⁻¹；图7–21（b）为材料表面经过匹配MnO₂后的MnO₂@Ni(OH)₂/Ni电极的N₂吸脱附曲线，插图为BJH孔径分布图，经分析样品的比表面积达到了116.1 m²·g⁻¹，比孔径容积为0.45 cm³·g⁻¹，高于异质结匹配前的β–Ni(OH)₂/Ni电极样品。从孔径分布图我们可以看到，经MnO₂匹配沉积的样品孔径直径大小分布于2～100 nm尺寸区域，其中10 nm以下直径的孔径数量占绝大多数，而在β–Ni(OH)₂/Ni电极中直径为80～100 nm尺寸的孔径分布最广。以上数据证明了电极表面MnO₂@Ni(OH)₂的核壳结构存在，有效增大了电极表面的比表面积，在电解液中提供了更多的有效活性电位点以改善电极的比电容性能。

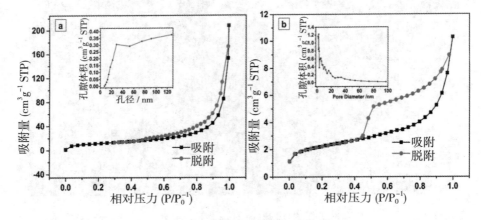

图7–21　N₂吸脱附曲线图与孔径分布曲线图
（a）β–Ni(OH)₂/Ni；（b）MnO₂@Ni(OH)₂/Ni

7.2.6.6　样品作为超级电容器正极材料的电化学性能表征

此部分的电化学性能相关测试采用典型的三电极体系，工作电极直接采用所制备的MnO₂@Ni(OH)₂/Ni电极，同时采用经预处理的纯泡沫镍、一步水热法制备的β–Ni(OH)₂/Ni以及MnO₂/Ni电极作为对比用的工作电极，浸入电解液的工作电极尺寸大小均为5 mm×5 mm，主电极与对比电极的实验环境条件完全相同；对电极均采用铂片电极（电极直径为2 mm，铂片大小为1 cm×1 cm）；参比电极均采用含有饱和氯化钾溶液的Ag/AgCl电极。无特殊说明的情况下电化学测试均在含有3 M KOH的电解液中进行。

（1）循环伏安测试

图7–22（a）所展示的是MnO_2@$Ni(OH)_2$/Ni电极与上述三种对比电极在扫速均为50 mv·s^{-1}下的CV对比图，电压窗口经反复实验选定为0～0.9 V。从图中我们可以发现，同样的扫速下，MnO_2@$Ni(OH)_2$/Ni电极的曲线所包围的面积大于其他三者且有着更为明显的氧化峰与还原峰，同时相较于三种对比电极具有较好的对称性，因此初步判断MnO_2@$Ni(OH)_2$/Ni电极在碱性电解液中较其他三者展现了良好的电容性能及可逆性，β–$Ni(OH)_2$/Ni电极性能次之，证明了经过MnO_2异质结匹配的核壳结构电极的形貌优越性。

为了进一步证明性能，我们对MnO_2@$Ni(OH)_2$/Ni电极在相同条件下进行了不同扫速的CV对比图，如图7–22（b）所示，扫速分别设置为5 mV·s^{-1}、10 mV·s^{-1}、25 mV·s^{-1}、50 mV·s^{-1}、75 mV·s^{-1}和100 mV·s^{-1}。我们发现，在不同扫速下，电极所产生的氧化峰和还原峰均十分明显，且具有高度的对称性，再次说明对应的电化学过程在电极上呈现出良好的可逆性。另外，随着扫速的增加，CV曲线形貌仅仅出现了细小的变化，说明了该样品在作为小当量串联电阻时具有良好的电子传输能力。同时，我们可观察到扫速的增大导致了阳极氧化峰发生了正向移动，阴极还原峰发生了负向移动，使得氧化峰与还原峰的距离存在逐渐增大趋势，这种现象是由于电极的极化现象和未补偿电阻所造成的。

（2）恒电流充放电测试

图7–23（a）为MnO_2@$Ni(OH)_2$/Ni、MnO_2/Ni和β–$Ni(OH)_2$/Ni电极于电流密度为2 A·g^{-1}时的恒电流密度充放电对比图，经过反复实验，测试电压设置范围为0～0.6 V。从图中可以直观地看出MnO_2@$Ni(OH)_2$/Ni的超电比容量大于另外二者（由于纯泡沫镍表面不存在活性物质，故无法进行恒电流充放电测试），经过计算，MnO_2@$Ni(OH)_2$/Ni、MnO_2/Ni和β–$Ni(OH)_2$/Ni在2A·g^{-1}的电流密度下的超电比容量分别为1 521.72 F·g^{-1}、575.02 F·g^{-1}和723.97 F·g^{-1}，与图7–23（b）的CV曲线表示的结果相一致。

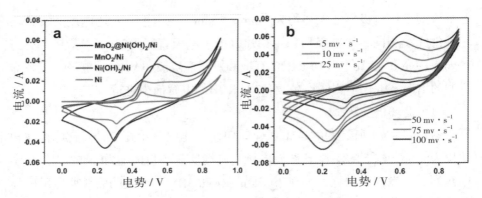

图7-22 （a）样品在50 mV·s⁻¹扫速下的CV对比图；（b）MnO₂@Ni(OH)₂/Ni在不同扫速下的CV图

    为了进一步探究主电极的超电相关性能，图7-23（b）所展示的是MnO₂@Ni(OH)₂/Ni核壳结构电极在不同电流密度下（分别为2 A·g⁻¹、5 A·g⁻¹、8 A·g⁻¹、10 A·g⁻¹、15 A·g⁻¹和20 A·g⁻¹）的恒电流充放电对比图，电压设置范围为0~0.6 V。值得注意的是，与图7-23（a）中一样，图中出现了明显的充放电平台，这是由于典型的感应电流作用而引起的，可以与图7-22（b）的CV曲线所出现的氧化峰和还原峰相对应。另外，在所列举的不同电流密度下，其GCD曲线有着较好的对称性，表现了较高的充放电库伦效率和可逆性。经过计算，在不同的电流密度下，MnO₂@Ni(OH)₂/Ni电极的超电活性容量以电流密度从小到大排列，依次为1 521.72 F·g⁻¹、1302.33 F·g⁻¹、1126.16 F·g⁻¹、1052.84 F·g⁻¹、867.15 F·g⁻¹和761.07 F·g⁻¹，表现出了优异的性能。

    图7-23（c）是MnO₂@Ni(OH)₂/Ni、MnO₂/Ni和β-Ni(OH)₂/Ni电极在不同电流密度下（分别为2 A·g⁻¹、5 A·g⁻¹、8 A·g⁻¹、10 A·g⁻¹、15 A·g⁻¹和20 A·g⁻¹）的超电比容量对比趋势图，本图中的超电比容量皆通过以上六种不同电流密度的GCD曲线计算得到。以电流密度从2~20 A·g⁻¹排列，β-Ni(OH)₂/Ni电极的活性容量依次为723.97 F·g⁻¹、605.58 F·g⁻¹、545.26 F·g⁻¹、508 F·g⁻¹、424.25 F·g⁻¹、354.33 F·g⁻¹，MnO₂/Ni的活性容量依次为575.02 F·g⁻¹、417.5 F·g⁻¹、301.32 F·g⁻¹、246.81 F·g⁻¹、155.55 F·g⁻¹、113.35 F·g⁻¹，MnO₂@Ni(OH)₂/Ni的比容量由图7-23（b）中计算所得。随着电流密度的增大，三个电极的比容量都逐渐减小，这是由于在三个电极的内部产生极化效应，使得电解液中的离子到电极内部的

有效脱嵌过程大大减少，氧化还原反应逐渐被限制在电极材料的外表面，从而导致了电容值的下降。同时，我们很明显地观察到，MnO_2@$Ni(OH)_2$/Ni电极相比两组对比电极而言在相同电流密度下有着更大的活性容量，这主要归功于其特殊的核壳结构，相比一般的片状结构而言，提供了数量繁多的孔隙结构，有效增加了电极的比表面积，提高了电子的传输效率，同时为电能的存储提供了更多有效的空间。通过两步水热法直接将活性物质沉积于电极表面上，避免了粘结剂的使用，一定程度上也保证了电极材料良好的导电性。

超级电容器电极材料在高电流密度下的快速充放电循环稳定性也是判断电极性能优良与否的重要参考之一。如图7-23（d）所示，我们对所制备的MnO_2@$Ni(OH)_2$/Ni核壳结构电极在20 A·g^{-1}的大电流密度下进行了2 000次的高速循环充放电测试（电压范围依旧设置为0~0.6 V），经过总结，相比于最开始时所展现的比电容量，经过2 000次循环测试的电极最终仍然保持了初始比电容值的90.2%，由此可充分证明了如图7-23（d）~（f）的核壳结构的存在为电极性能的稳定作出了巨大的贡献。内嵌于本图中的两幅插图分别表示电极前十次的循环和后十次的循环，有趣的是，我们发现分别在前后十次循环中电极的充放电时间并未发生太大改变，再次证明了电极具有较高的库伦效率和在应用过程中的低偏振损耗。

（3）MnO_2@$Ni(OH)_2$/Ni核壳结构电极的储能机理

图7-24表示的是MnO_2@$Ni(OH)_2$/Ni核壳结构电极在三电极体系下以KOH为电解液的充放电过程机理图。对于MnO_2，其在超级电容器中应用的反应机理一直存在着争议，迄今为止各国科研工作者们普遍认为其在水系电解液中主要依靠赝电容原理提供电容性能，具体主要有两种方式：一种是仅在电解液与MnO_2表面之间的化学吸脱附方式；另一种是在电解液与MnO_2表面及内部的活性物质之间发生的本体内嵌入脱出方式。

由以上公式可看出，两种不同的储能方式都是在Mn^{3+}和Mn^{4+}之间发生的氧化还原反应，第一种储能方式仅在MnO_2表面发生，可以通过提高其比表面积来改善电极的核壳结构模型以提高比电容；第二种方式与MnO_2导电性相关联，研究者认为MnO_2是半导体，其尺寸越小，电荷在活性物质和集流体之间的转移电阻就越小，在超电应用中的欧姆压降和等效串联电阻就越小，扩散路径越短，越有利于增强质子在材料本体的嵌入与脱出。总之，大家普遍认为MnO_2在充放电过程中会同时以这两种方式储能，针对本章的实验，此MnO_2为定型的超小纳米片状晶体结构，故判断其储能方式主要为嵌入脱出式，反之，则应以化学吸脱附方式为主。

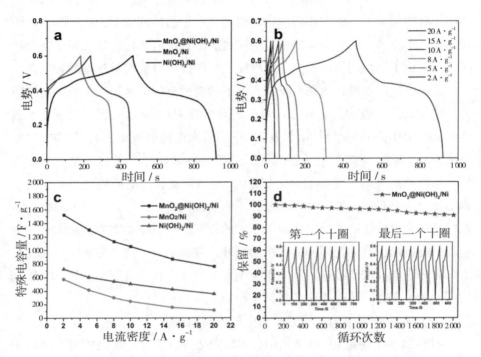

图7-23 （a）样品在$2A \cdot g^{-1}$电流密度下的GCD曲线对比；（b）MnO_2@$Ni(OH)_2$/Ni在不同电流密度下的GCD曲线图；（c）样品在不同电流密度下的比容量趋势对比；
（d）MnO_2@$Ni(OH)_2$/Ni电极循环稳定性测试

对于$Ni(OH)_2$，在本章所制备的核壳结构电极中$Ni(OH)_2$提供了MnO_2的"支架"作用，与泡沫镍基底一起构建了有效的电子传输通道体系，但是经过SEM电镜照片观察，发现其仍然会与KOH电解液相接触，从而依靠赝电容机理储能。

综上所述，我们可以发现，超小MnO_2片状结构和$Ni(OH)_2$片状结构展现了良好的协同效应，其特殊的核壳结构为电极作为法拉第赝电容器的应用提供了性能保障。

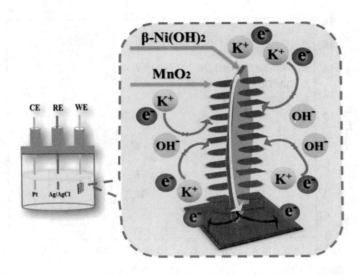

图7-24　MnO$_2$@Ni(OH)$_2$/Ni核壳结构电极在KOH电解液中的储能机理图

（4）交流阻抗测试

图7-25为MnO$_2$@Ni(OH)$_2$/Ni、MnO$_2$/Ni和β-Ni(OH)$_2$/Ni电极的电化学交流阻抗图。我们可直观地发现三组电极的阻抗图主要由前半段半圆和后半段的一条斜线构成，其中，高频区的半圆代表电极材料在反应过程中的法拉第阻抗，直观展示了电极电化学反应的难易程度，半圆与横坐标的交叉点数值大小反应了电极的接触电阻，半圆半径越小，说明电极的法拉第阻抗越小；低频区的斜线主要反映了电解液中的离子在电极材料表面及内部扩散阻抗的大小，斜率越大说明扩散效果越好。从图中可以对比看出，三个电极中MnO$_2$@Ni(OH)$_2$/Ni电极的法拉第阻抗最小，同时电解液离子在其中的扩散效果也好于其他两者，这主要归功于核壳结构的构建为载流子的传输提供了四通八达的传输通道以及数量繁多的孔隙结构，极大地提高了材料的导电性与电化学反应活性。内嵌于其中的插图为该电极体系的等效电路图。

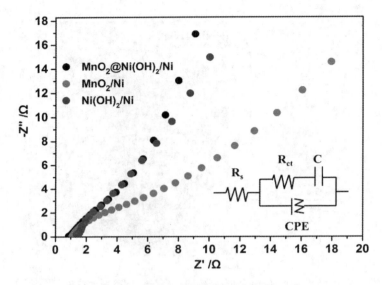

图7-25　样品的电化学交流阻抗对比图

7.2.6.7　样品作为非对称超级电容器正极材料与负极组装后的电化学性能表征

为了模拟出所制备的MnO_2@$Ni(OH)_2$/Ni超电正极材料与AC/Ni体系负极材料经组装后的电容性能，未经特殊说明，此部分的电化学性能相关测试均采用两电极体系，工作电极作为正极，直接采用所制备的MnO_2@$Ni(OH)_2$/Ni电极，将电化学工作站的参比电极夹和对电极夹串联，连接AC/Ni作为负极，负载活性材料的一面与正极材料相对，间隔约为$8\ mmol \cdot L^{-1}$，二者浸入电解液的电极尺寸大小均为$5\ mmol \cdot L^{-1} \times 5\ mmol \cdot L^{-1}$，本小节的电化学测试均在含有$3\ mol \cdot L^{-1}$ KOH的电解液中进行。

（1）循环伏安测试

图7-26（a）展示的是MnO_2@$Ni(OH)_2$/Ni与AC/Ni分别在扫速为$50\ mV \cdot s^{-1}$下采用经典三电极体系测试的CV曲线图。如图所示，其中的AC/Ni曲线趋近于规则的矩形，电势窗口范围为$-1 \sim 0\ V$，展现了其典型的双电层电容特性；经过反复实验，我们发现MnO_2@$Ni(OH)_2$/Ni的CV图可达到的电势窗口范围为$-0.1 \sim 0.9\ V$，且存在明显的氧化还原峰，因此我们判断经二者组装的非对

称超级电容的充电电压上限可达到1.9 V，表现了二者组装成非对称超级电容器后在较大电势范围内的应用潜力。

图7-26（b）为组装后的超电体系的CV曲线图，电压设置范围为0～1.9 V，扫速设置范围为10～100 mV·s⁻¹。我们可以直观地看到，扫速逐渐增大的过程中，CV曲线并未发生明显的畸变，表现了该体系的良好快速充放电能力。

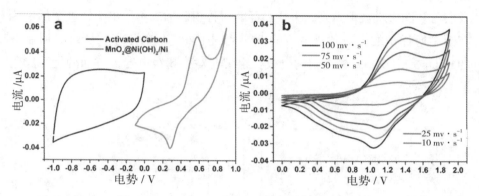

图7-26　（a）MnO₂@Ni(OH)₂/Ni与AC/Ni在三电极体系下的CV曲线图；（b）非对称超级电容器在不同扫速下的CV图

（2）恒电流充放电测试

组装后的非对称超级电容器在2～10 A·g⁻¹电流密度下的GCD曲线如图7-27（a）所示，在该体系中，正极是以法拉第赝电容反应为主的复合材料，负极是以双电层充放电为主的活性炭材料，正负两极的充放电过程同时进行。可以看到，在非对称超电的GCD曲线图中充放电平台并不明显，电势与时间呈线性关系趋势，但与理想的双电层充放电的三角波曲线还是有很大的不同，这是因为正极复合材料的法拉第反应过程与负极活性炭双电层充放电过程相比要缓慢许多，导致GCD曲线呈现这种情况。

随着充放电电流密度的增大，由于电极表面的离子扩散速率不能满足电极反应需求，在电极表面产生浓差极化，电势降变得较为明显，直观地体现在充放电时间出现了较明显的缩短，活性容量因此也出现衰减。不论是单纯的正极材料和非对称超级电容器，都会存在这一现象。对于非对称组装超级电容，评价其性能的优良与否是基于其不同电流密度的GCD曲线计算体系的能量密度与功率密度来进行评估的。图7-27（b）为组装后非对称超级电容器体系的功率-能量密度曲线图，功率密度和能量密度的计算的基本依据是其在不同电流密度下的GCD曲线，即图7-27（a）。

在 $2 A \cdot g^{-1}$ 的较小电流密度下，组装后的非对称超级电容器的能量密度为 $29.9 Wh \cdot kg^{-1}$，功率密度为 $1\,900.24 W \cdot kg^{-1}$；在 $10 A \cdot g^{-1}$ 的大电流密度下，能量密度维持在了 $10.56 Wh \cdot kg^{-1}$，而功率密度则高达 $9\,500.4 W \cdot kg^{-1}$。同时，我们可从图中直观地看到，本样品经非对称组装后的不同电流密度下的性能在图中所标识的一般超级电容器性能范围中处于优秀水平，展现了所制备的 $MnO_2@Ni(OH)_2/Ni$ 核壳结构电极在组装非对称超级电容器方面的优秀应用潜力。

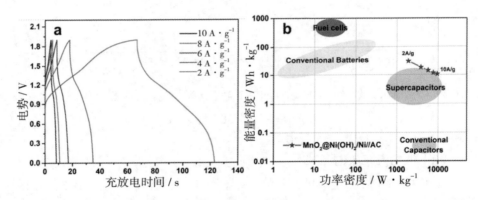

图7-27　（a）非对称超级电容器在不同电流密度下的GCD曲线；（b）非对称超级电容器的功率-能量密度曲线图

（3）大电流密度下的循环充放电测试

图7-28所展示的是经组装后的非对称超级电容器在0～1.9 V的电压范围内经2 000次的大电流密度（$10 A \cdot g^{-1}$）充放电循环后的测试图，经过总结，相比于最开始时所展现的比电容量，我们发现其截止循环到500圈时比电容呈现逐渐增大的趋势，这是由于经组装后的超级电容器存在一个激活电极的过程，500圈后比电容量呈逐渐下降趋势，与最初的比电容量相比，经2 000圈大电流密度充放电后双电极的比容量的损失约为7.3%，再次证明了基于 $MnO_2@Ni(OH)_2/Ni$ 和AC体系的非对称超级电容器在商业方面的应用潜力。

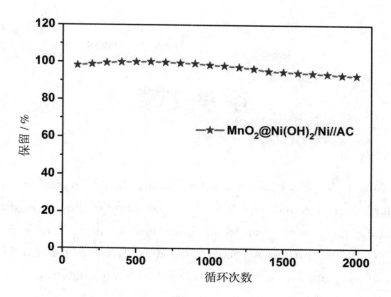

图7-28　非对称超级电容器的循环充放电稳定性测试

参考文献

[1] Sakamoto M，Takamura K.Catalytic oxidation of biological components on platinum electrodes modified by adsorbed metals:anodic oxidation of glucose[J].Bioelectrochemistry and Bioenergetics，1982，9（5）：571-582.

[2] Wittstock G，Strubing A，Szargan.R，et al.Glucose oxidation at bismuth-modified platinum electrodes[J].Journal of electroanalytical chemistry，1998，444（1）：61-73.

[3] Sun Y，Buck H，Mallouk T E.Combinatorial discovery of alloy electrocatalysts for amperometric glucose sensors[J].Analytical chemistry，2001，73（7）：1599-1604.

[4] 孙永红，郑筱祥.对神经递质多巴胺敏感的离选择性微电极的研究[J].分析化学，2000，28（8）：993-996.

[5] Chan C Y，Lehmann M，Chan K，et al.Designing an amperometric thick-film microbial BOD sensor[J].Biosensors and bioelectronics，2000，15（7-8）：343-353.

[6] Killard A J，Smyth M R.Separation-free electrochemical immunosensor strategies[J].Analytical letters，2000，33（8）：1451-1465.

[7] Seiichi S.Review of the recent immune sensor technology papers of joint technical meeting on medical and biological engineering[J].The institute of electrical engineers of Japan，2001，13（1）：29-32.

[8] Wang K，Li H N，Wu J，et al.TiO$_2$-decorated graphene nanohybrids for fabricating an amperometric acetylcholinesterase biosensor[J].Analyst，2011，136（16）：3349-3354.

[9] Sun X，Wang X.Acetylcholinesterase biosensor based on Prussian blue-

modified electrode for detecting organophosphorous pesticides[J].Biosensors and bioelectronics，2010，25（12）：2611-2614.

[10] Jingming Q Ting L，Dandan S，et al.One-step fabrication of three-dimensional porous calcium carbonate-chitosan composite film as the immobilization matrix of acetylcholinesterase and its biosensing on pesticide[J].Electrochemistry communications，2009，11（10）：1873-1876.

[11] Wang K，Liu Q，Dai L，et al.A highly sensitive and rapid organophosphate biosensor based on enhancement of CdS-decorated graphene nanocomposite[J].Analytica chimica acta，2011，695（1-2）：84-88.

[12] Drummond T G，Hill M G，Barton J K.Electrochemical DNA sensors[J].Nature biotechnology，2003，21（10）：1192-1199.

[13] Kerman K，Kobayashi M，Tamiya E.Recent trends in electrochemical DNA biosensor technology[J].Measurement science & technology，2004，15（2）：1-11.

[14] Bo Y，Yang H Y，Hu Y，et al.A novel electrochemical DNA biosensor based on graphene and polyaniline nanowires[J].Electrochimica acta，2011，56（6）：2676-2681.

[15] Updike S J，Hicks G P，The enzyme electrode[J].Nature，1967，214，986-988.

[16] 张静，顾婷婷.直接电化学酶传感器的研究进展[J].辽宁科技大学学报，2009，32（5）：460-465.

[17] Riegel J，Neumann H，Wiedenmann H M.Exhaust gas sensors for automotive emission control[J].Solid state ionics，2002，9（152-153）：783–800.

[18] Pandey S K，Kim K H，Tang K T.A review of sensor-based methods for monitoring hydrogen sulfide[J].Trac-trends in analytical chemistry，2012，32:87-99.

[19] Ducere J M，Hemeryck A，Esteve A，et al.A computational chemist approach to gas sensors：Modeling the response of SnO_2 to CO，O_2，and

H₂O gases[J].Journal of computational chemistry，2012，33（3）：247-258.

[20] 杨邦朝，张益康.气体传感器研究动向[J].传感器世界，1997，3（9）：1-8.

[21] Leite E R，Weber I T，Longo E，et al.A New method to control particle size and particle size distribution of SnO₂ nanoparticles for gas sensor applications[J].Advanced materials，2000，12（13）：965-968.

[22] Xue J P，Pan Q Y，Shun Y A，et al.Grain size control and gas sensing properties of ZnO gas sensor[J].Sensors and actuators B，2000，66（1-3）：277-279.

[23] Chen J，Xu L，Li W，et al.Alpha-Fe₂O₃ nanotubes in gas sensor and lithium-Ion battery applications[J].Advanced materials，2005，17（5）：582-586.

[24] 刘亚珍.几种气体传感器的特性及其应用[J].仪器仪表与分析监测，1998，1：16-20.

[25] 马丽杰.日本气体传感器产业化发展现状[J].云南大学学报，1997，19（2）：211-216.

[26] 张立德，牟季美.纳米材料和纳米结构[M].北京：科学出版社，2001：2-339.

[27] 倪兴元，姚兰芳，沈军，等.纳米材料的制备技术[M].北京：化学工业出版社，2008：27-145.

[28] 孙继荣，沈中毅，刘勇,等.小粒子体系的自发磁化[J].物理学报，1993，42（1）：134-141.

[29] 许并社.纳米材料及应用技术[M].北京：化学工业出版社，2004.

[30] 沈海军.纳米科技概论[M].北京：国防工业出版社，2007.

[31] 魏建红，官建国，袁润章.金属纳米粒子的制备与应用[J].武汉理工大学学报，2001，23（3）：1-4.

[32] 周恩民，程正富，田亮亮，等.介孔NiO纳米片/泡沫镍复合电极的构建及其在超级电容中的应用[J].电子元件与材料，2019，38（1）：7.

[33] 贺格格.笼状TMOs材料的设计合成及其电催化性能研究[D].西南大学，

2018.

[34] 陈婷.空心贵金属纳米材料的制备及其在电化学传感器中的应用[D].重庆理工大学，2015.

[35] 夏楷东.β-氢氧化镍纳米片的电化学腐蚀制备及性能研究[D].西南大学，2017.

[36] 杨桐.多级笼状纳米活性材料的设计及在电化学传感器中的应用[D].西南大学，2020.

[37] 贺格格，田亮亮，李璐.立方空心Ni（OH）$_2$的制备及其在AA电化学检测中的应用[J].功能材料，2018，49（7）：5.

[38] 陈婷，田亮亮，张进.基于石墨烯电化学传感器的研究进展[J].材料导报，2014，28（3）：7.

[39] 刘宇苗，陈志谦，田亮亮.Ni（OH）$_2$@Co（OH）$_2$核壳结构的构建及其在抗坏血酸电化学传感器中的应用[J].现代化工，2021，41（11）：5.

[40] 张志炬，崔作林，纳米技术与纳米材料[M].北京：国防工业出版社，2000.

[41] Hosono H, Mishima Y, Takezoe H, et al.Nanomaterials：research towards applications[M].Holland：Elsevier 2006.

[42] 王文中，李良荣，刘兴龙.纳米材料的性能、制备和开发应用[M].材料导报，1994（6）：8-10.

[43] Lai C Y, Trewyn B G, Jeftinija D M, et al.A mesoporous silica nanosphere-based carrier system with chemically removable CdS nanoparticle caps for stimuli-responsive controlled release of neurotransmitters and drug molecules[J].J.Am.Chem.Soc.，2003，125（15）：4451-4459.

[44] N.K.Mal, M.Fujiwara, Y.Tanaka, Photocontrolled reversible release of guest molecules from coumarin-modified mesoporous silica[J].Nature 2003，421（6921）：350.

[45] Chan W C W, Nie S M.Quantum dot bioconjugates for ultrasensitive nonisotopic detection[J].Science 1998，281（5385）：2016-2018.

[46] Yang Q, Wang S C, Fan P W, et al.pH-Responsive carrier system based on carboxylic acid modified mesoporous silica and polyelectrolyte for drug

delivery[J].Chem.Mater.2005，17（24）：5999–6003.

[47] Alivisatos A P，Perspectives on the physical chemistry of semiconductor nanocrystals[J].J.Phys.Chem.，1996，100（30）：13226-13239.

[48] Xia Y，Yang P，Sun Y，et al.One-dimensional nanostructures：Synthesis，characterization，and applications[J].Adv.Mater.2003，15（5）：353-389.

[49] 朱静，纳米材料与器件[M].北京：清华大学出版社 2003.

[50] 张立德，牟季美，纳米材料和纳米结构[M].北京：科学出版社，2001.

[51] Lin Y，Lu F，Tu Y，et al.Glucose biosensors based on carbon nanotube nanoelectrode ensembles[J].Nano Lett.，2004，4（2）：191-195.

[52] Wang J.Stripping analysis at bismuth electrodes：a review[J].Electroanal，2005，17（15-16）：1341-1346.

[53] Hansen E H.Flow-injection analysis：leaving its teen-years and maturing. A personal reminiscence of its conception and early development[J].Anal. Chim.Acta，1995，308（1）：3-13.

[54] Kibria M F，Mridha M S.Electrochemical studies of the nickel electrode for the oxygen evolution reaction[J].Int.J.Hydrogen Energy，1996，21（3）：179-182.

[55] 刘敏，韩恩山.氢氧化镍的制备及其电化学行为研究进展[J].电源技术，2002，26（003）：172-175.

[56] Bode H，Dehmelt K，Witte J.Zur kenntnis der nickelhydroxidelektrode——I.Über das nickel（II)-hydroxidhydrat[J].Electrochim.Acta，1966，11（8）：1079-1087.

[57] 李玉霞，杨传铮，娄豫皖，等.MH/Ni电池充放电过程中导电物理机制的研究[J].化学学报，2009，67（9）：901-909.

[58] Vidal A D，Beaudoin B，Epee N S.Structural and textural investigations of the nickel hydroxide electrode[J].Solid State Ion.，1996，84（84）：239-248.

[59] 宋全生，刘萍，唐致远，等，氧化镍的热分解法制备及电化学电容器特性[J].电源技术，2005，29（6）：369-371.

[60] 杨长春，陈鹏磊.电池用Ni（OH)$_2$及其电化学行为的研究现状[J].电源技

术，1999，23（1）：37-42.

[61] Ven A V D，Morgan D，Meng Y S，et al.Phase stability of nickel hydroxides and oxyhydroxides[J].J.Electrochem.Soc.，2006，153（2）：A210-A215.

[62] 周根陶，刘双怀，沉淀转化法制备不同形状的氢氧化镍及氧化镍超微粉末的研究[J].无机化学学报，1997，13（1）：43-47.

[63] 赵力，周德瑞，张翠芬，碱性电池用纳米氢氧化镍的研制[J].电池 2000，30（6）：244-245.

[64] 沈晓斐，祝洪良，姚奎鸿，氢氧化镍纳米薄片的水热合成及其表征[J].浙江理工大学学报，2005，22（3）：237-240.

[65] Gao M，Yan Y.Efficient water oxidation using nickel-hydroxide as an electrocatalyst[J].ECS Meeting，2013，136（19）：7077-7784.

[66] Xia K D，Yang C，Chen Y L，et al.In situ fabrication of Ni（OH)$_2$ flakes on Ni foam through electrochemical corrosion as high sensitive and stable binder-free electrode for glucose sensing[J].Sens.Actuators B Chem.，2017，240：979-987.

[67] Yang G，Xu W，Cai L X，et al.Electrodeposited nickel hydroxide on nickel foam with ultrahigh capacitance[J].Chen.Commun，2008，48（1）：6537-6539.

[68] Patil U M，Gurav K V，Fulari V J，et al.Characterization of honeycomb-like "β-Ni(OH)$_2$" thin films synthesized by chemical bath deposition method and their supercapacitor application[J].J.Power Sources 2009，188（1）：338-342.

[69] 干宁，天华,王鲁雁.人血清中半胱氨酸测定用自组装电化学传感器的研[J].分析测试学报，2008，27（3）：235-239.

[70] Barsan M M，KlincAr J，BaticM，Brett C M A.Design and application of a flow cell for carbon-film based electrochemical enzyme biosensors[J].Talanta，2007，71（5）：1893-900.

[71] 陈坚，李新霞.荧光多元碎灭光纤化学传感器、仪器系统及其在药物分析中的应用[J].新疆医科大学学报，2003，26（6）：515-517.

[72] Sun X，Zhu Y，Wang X Y.Amperometric immunosensor based on deposited gold nanocrystals/4，4-thiobis-benzenethiol for determination of carbofuran[J].Food Control，2012，28（1）：184-191.

[73] 李理，卢红梅，邓留.基于石墨烯和金纳米棒复合物的过氧化氢电化学传感器[J].分析化学，2013，41（5）：719-724.

[74] Wang Q X，Zhang H L，Wu Y W，et al.Amperometric hydrogen peroxide biosensor based on a glassy carbon electrode modified with polythionine and gold nanoparticles[J].Microchimica Acta，2012，176（3-4）：279-285.

[75] Zou L L，Li Y F，Cao S K，et al.Gold nanoparticles/polyaniline Langmuir Blodgett film modified glassy carbon electrode as voltammetric sensor for detection of epinephrine and uric acid[J].Talanta，2013，117：333-337.

[76] LeeJ H，Kang W S，Najeeb C K，et al.Glucose oxidase enzyme inhibition sensorsfor heavy metals at carbon film electrodes modified with cobalt or copper hexacyanoferrate[J].Sensors and Actuators B：Chemical，2013，178：270-278.